工程识图

沈利菁　周　良　主编

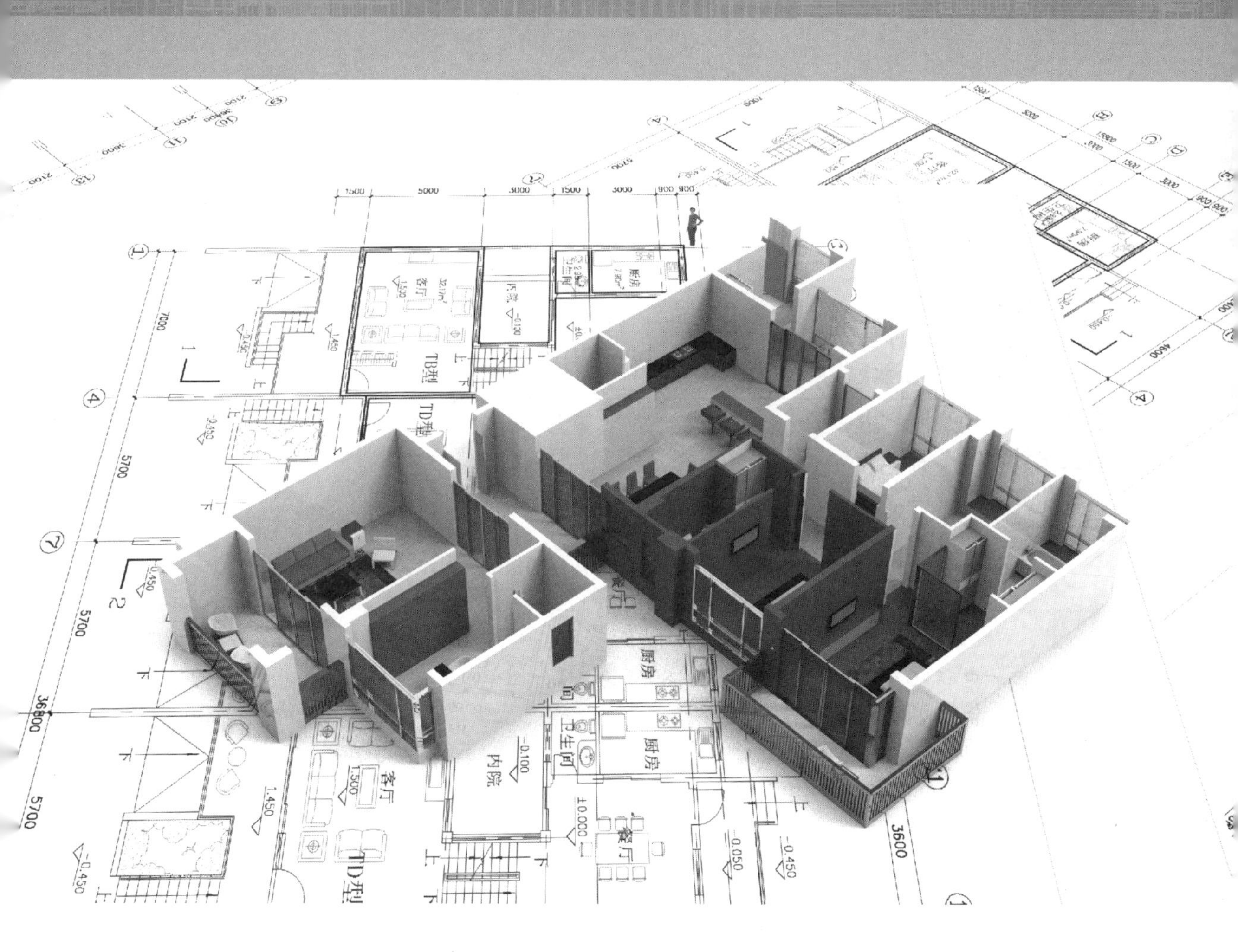

·杭州·

图书在版编目(CIP)数据

工程识图 / 沈利菁,周良主编. —杭州:浙江工商大学出版社,2020.6

ISBN 978-7-5178-3817-3

Ⅰ. ①工… Ⅱ. ①沈… ②周… Ⅲ. ①工程制图—识图 Ⅳ. ①TS193

中国版本图书馆 CIP 数据核字(2020)第070713号

工程识图

GONGCHENG SHITU

沈利菁　周　良 主编

责任编辑　杨　戈　厉　勇

封面设计　雪　青

责任印制　包建辉

出版发行　浙江工商大学出版社

(杭州市教工路198号　邮政编码310012)

(E-mail:zjgsupress@163.com)

(网址:http://www.zjgsupress.com)

电话:0571-88904980,88831806(传真)

排　　版　杭州朝曦图文设计有限公司

印　　刷　浙江全能工艺美术印刷有限公司

开　　本　787mm×1092mm　1/16

印　　张　16.75

字　　数　330千

版 印 次　2020年6月第1版　2020年6月第1次印刷

书　　号　ISBN 978-7-5178-3817-3

定　　价　50.00元

编委会

主　编　沈利菁　周　良

编　委　陆佳琴　钱丽萍　范李明

刘　洁　俞星星　王　聪

主编简介

沈利菁，女，中学一级教师。长期从事中职建筑教学研究，热爱学习，热爱钻研。已主编“建筑类专业建筑力学与结构同步辅导与能力训练”方面的书，参编《建筑类专业复习训练:基础理论阶段综合测试卷集》《高职考建筑类专业总复习》《高职考建筑类专业总复习同步综合检测卷》《建筑工程安全管理》等书。

周良，男，高级讲师，绍兴市建筑评标委员会专家。长期从事建筑教学及研究，主编了《建筑施工技术与工艺》《建筑地基与基础工程施工》《建筑工程安全管理》等教材、教辅书籍9部；主持开发了《建筑工程安全管理》全国数字教学资源，主持的多个课题在省市获奖，现主持学校建筑工程施工品牌专业等多个项目建设。

目录

项目一　工程图样

工程图样是建筑识图的学习对象，学会正确识读工程图样是建筑工程施工技术人员必备的核心技能。本项目通过建筑工程图的实例引入，初步识读建筑工程图样的基本内容，了解建筑专业的职业岗位群，知道学习建筑识图的重要性，了解建筑识图课程的基本内容和学习要求。

任务　工程图样

1. 徒手绘制理想中的私家别墅功能布置图和外形轮廓图。
2. 学会分析一套工程图样的设计意图和设计要求。

一、专业定位与课程

建筑专业技能人才是现代社会紧缺的技能型人才。既然你选择了学习建筑这个专业，那么，你知道毕业后能从事哪些技术管理工作吗？

建筑专业培养目标：面向建筑工程施工行业、企业，培养德、智、体、美、劳全面发展，身心健康，具有与本专业相适应的文化水平和良好的职业道德，掌握本专业基础知识、基本技能，具有较强的实际工作能力，达到建筑工程施工管理技能型人才的要求。

本专业毕业生可在相关企业从事施工工艺管理、现场安全管理、工程造价、工程质量检验、制图绘图、资料管理、材料管理、材料检测等工作，担任施工员、安全员、造价员、资料员、质检员和材料员等。经过学习，也可从事工程设计和现场监理工作。

以上这些职业岗位都必须学习和掌握建筑识图的基础知识和识图技能。建筑识图不仅是后续专业课和技能学习的基础，也是工作中必须具有的知识和技能。不但建筑专业的学生要学好建筑识图，其他土木工程类专业（水利、铁道等）的学生也要学习建筑识图。

二、工程界的技术语言——工程图样

从古至今，人类的生活离不开各种各样的房屋。房屋是建筑工人建造出来的，那么建筑工人是如何建造房屋的？他们依据的是图纸。在建造房屋之前，建筑设计人员将一幢拟建房屋的内外形状和大小，以及各部分的结构等，按照国家标准的规定，用正投影的方法详细、准确地画出图样，这样的图样称为房屋建筑图，它是用以指导建筑施工的图样，所以又称为建筑工程图。建筑工人建造房屋的依据就是建筑工程图。如图1-1-1所示为依据建筑工程图建造的某私人别墅正立面效果图。

图1-1-1　某私人别墅正立面效果图

三、本课程的基本内容和学习方法

本课程围绕工程图样的识读和实训要求开展，由基础实训模块和专业实训模块两部分组成。项目一到项目十为基础实训模块，项目十一为专业实训模块。

学习基础实训部分，要熟悉制图的国家标准，掌握制图工具、仪器和用品的使用，掌握建筑工程图的形成和制图方法。学习专业实训部分，要多观察身边已建成和正在施工的建筑，便于在识图时加深对建筑工程图图示内容和图示方法的理解。在学习中，要有意识地培养严肃认真的工作态度和一丝不苟的工作作风，为今后职业生涯发展打下良好的基础。

说一说

说说建筑工程图样的作用和本课程的学习方法。

想一想

想一想房屋建筑工程图样的设计程序和设计要求。

练一练

1. 对照教学图纸完成识读工程图样的以下信息(括弧内为建议评分),见表1-1-1。

表1-1-1　工程图样信息

建筑名称(1分)	建筑层数(1分)	图纸幅面(2分)	图框大小(2分)
标题栏位置(1分)	图纸名称(1分)	工程地址(1分)	比例(1分)
图纸总数(0.5分)	建施图张数(0.5分)	结施图张数(0.5分)	其他图张数(0.5分)

2. 假如你是一个施工员,收到了一套建筑工程施工图。请你完成图纸登记工作(填写图纸登记表),见表1-1-2。

表1-1-2　图纸登记表

<table>
<tr><td colspan="4">工程名称:</td><td colspan="4">设计单位:</td></tr>
<tr><td>图号</td><td>图纸名称</td><td>数量</td><td colspan="5">图纸收到日期</td></tr>
<tr><td></td><td></td><td></td><td></td><td></td><td></td><td></td><td></td></tr>
<tr><td></td><td></td><td></td><td></td><td></td><td></td><td></td><td></td></tr>
<tr><td></td><td></td><td></td><td></td><td></td><td></td><td></td><td></td></tr>
<tr><td></td><td></td><td></td><td></td><td></td><td></td><td></td><td></td></tr>
</table>

知识拓展

房屋建筑工程图的产生

房屋设计一般包括建筑设计、结构设计和设备设计等几个部分。建筑设计一般分为三个阶段。

初步设计是建筑设计的第一阶段,它的主要任务是提出设计方案。初步设计的图样和设计文件有建筑总平面图,各层平面及主要剖面、立面图,说明书,建筑概算书。为了反映设计意图,还可在图上加设阴影、透视、配景,或用色彩消染、用色纸绘画等,以加强图面效果,表示建筑物竣工后的外貌,以便比较和审查。必要时,还可做出小比例的模型来表达。

技术设计是建筑设计的中间阶段。它的主要任务是在初步设计的基础上,进一步确定房屋各工种之间的技术问题。其一般用于比较复杂的工程项目。

施工图设计是建筑设计的最后阶段。它的主要任务是满足施工要求,施工图设计的内容包括确定全部工程尺寸和用料,绘制建筑、结构、设备等全部施工图样,编制工程说明书、结构计算书和预算书。

一套完整的施工图,根据其专业内容或作用的不同,一般分为以下几部分:

1. 图样目录,先列新绘制的图样,后列所选用的标准图样或重复利用的图样。

2. 设计总说明(即首页图),内容一般应包括施工图的设计依据、本工程项目的设计规模和建筑面积、本项目的相对标高与总图绝对标高的对应关系;室内室外的用料说明,如砖标号、砂浆标号和墙身防潮层、地下室防水、屋面、勒脚、散水、台阶、室内外装修等做法。

3. 建筑施工图(简称建施图),包括总平面图、平面图、立面图、剖面图和构造详图。

4. 结构施工图(简称结施图),包括结构平面布置图和各构件的结构详图。

5. 设备施工图(简称设施图),包括给水排水、采暖通风、电气等设备的布置平面图和详图。

项目二　绘图工具、仪器和用品的使用

熟悉并学会使用绘制工程图样的工具和仪器，获得识图与制图的感性认识，练习简单的几何作图。

任务一　绘图工具、仪器和用品

任务要求

1. 熟悉绘制建筑工程图样的工具、仪器与用品，掌握使用方法。

2. 学会画等分线段、坡度。

3. 学会画圆内接正三边形、正五边形、正六边形、正十二边形。

绘制工程图样，先要了解各种绘图工具和仪器的性能，熟练掌握其正确的使用方法；并注意对绘图工具和仪器进行保养，这样才能提高绘图速度，保证绘图质量。

一、常用绘图工具

1. 绘图板和丁字尺

绘图板和丁字尺如图2-1-1所示。绘图板，简称图板，是固定图纸和绘图的工具，板面

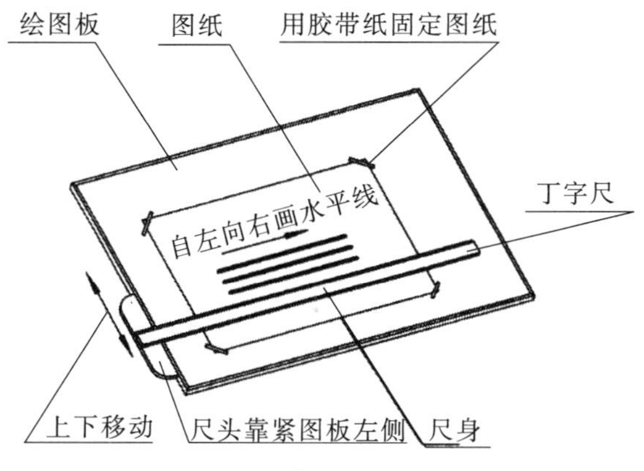

图2-1-1　绘图板和丁字尺

要平整，工作边要平直。图板不能受潮、暴晒、烘烤和重压，以防变形。固定图纸要用透明胶带，不能使用图钉固定，不得使用刀具在图板上刻划。

丁字尺主要用于画水平线，它由尺头和尺身两部分组成。尺身沿长度方向带有刻度的侧边为工作边。使用时，左手握尺头，使尺头紧靠图板左边缘。尺头沿图板的左边缘上下滑动到需要画线的位置，画线时，左手移至尺身上，压紧尺身。丁字尺的常用方法如图2-1-2所示。

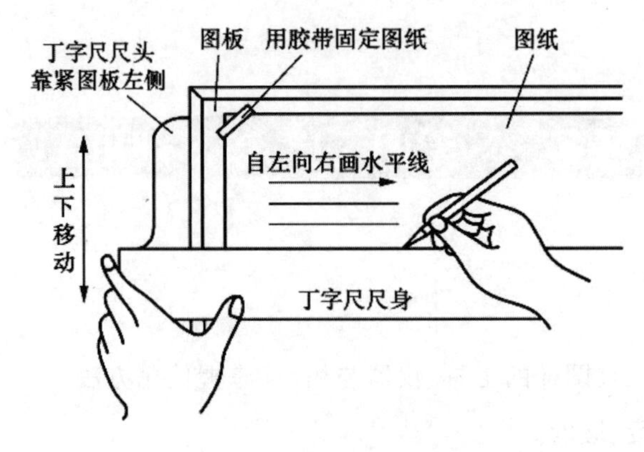

图2-1-2　丁字尺的使用

2. 三角板

三角板是制图的主要工具之一。另外，三角板常与丁字尺或一字尺配合使用。一副三角板配合丁字尺或一字尺除了可以画30°、45°、60°斜线及直线90°外，还可以画15°、75°斜线，还能推出任意方向的平行线，如图2-1-3所示。

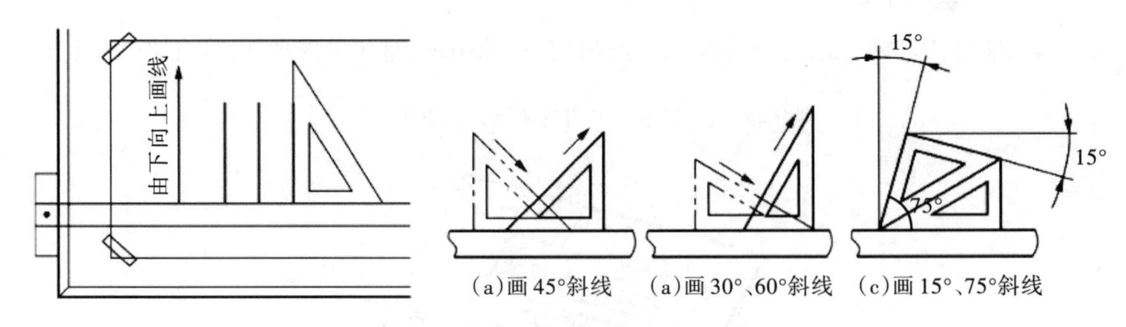

图2-1-3　用三角板配合丁字尺画线

3. 比例尺

常用的比例尺是三棱比例尺，上有6种刻度，如图2-1-4所示。画图时，可按所需比例用尺上标注的刻度直接量取，不需要换算。但所画图样如正好是比例尺上刻度的10倍或

1/10,则可换算使用比例尺。

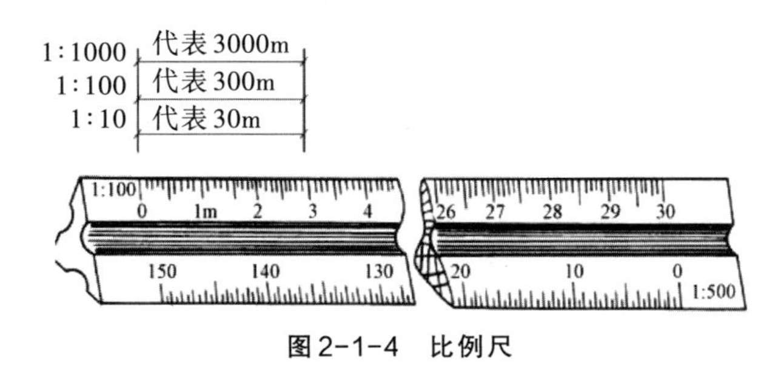

图2-1-4　比例尺

二、绘图仪器

成套的绘图仪器种类很多,包括圆规、绘图笔、插脚、延伸杆。

1. 圆规

圆规用来画圆和圆弧。画圆弧时,首先调整好钢针和铅芯,使钢针和铅芯并拢时钢针略长于铅芯。再取好半径,右手食指和拇指捏好圆规旋柄,左手协助将针尖对准圆心,顺时针旋转。转动时圆规可稍向画线方向倾斜,如图2-1-5所示。

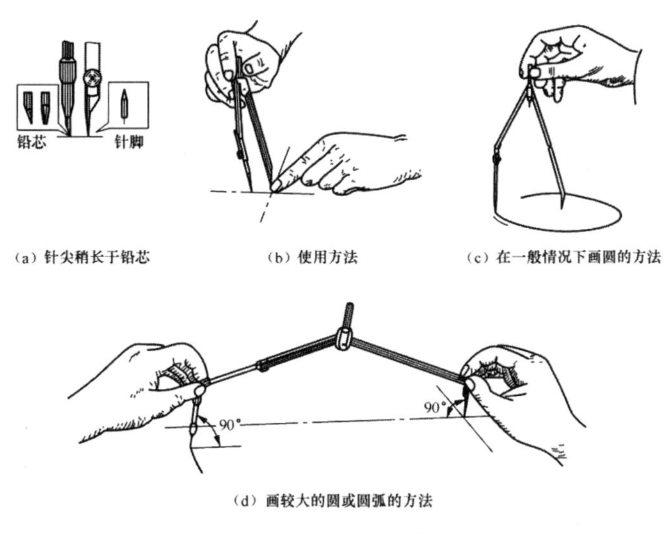

图2-1-5　圆规的用法

2. 绘图笔

绘图笔是描图上墨的画线工具,由针管、通针、吸墨管和笔套组成,如图2-1-6所示。针管直径有0.2—1.2mm粗细不同的规格。画线时,针管笔应略向画线方向倾斜,并稍离开丁字尺及三角板底部,发现下水不畅时,应上下晃动笔杆,使通针将针管内的堵塞物穿通。绘图笔应使用专用墨水,用完后应立即清洗针管,以防堵塞。

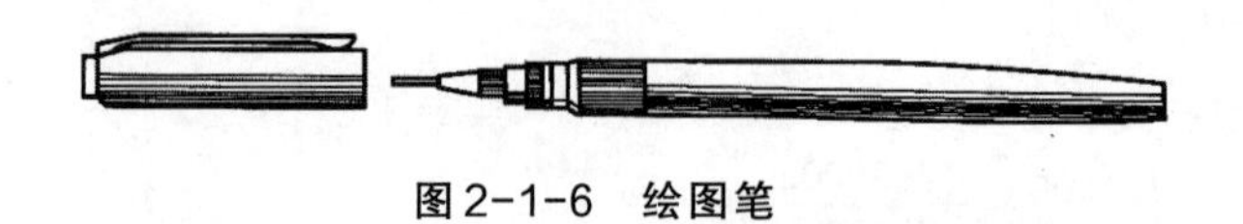
图2-1-6　绘图笔

三、绘图用品

1. 绘图纸和描图纸

画绘建筑工程图要用绘图纸。绘图纸要求纸面洁白，质地坚硬，用橡皮擦后不起毛。用胶带将绘图纸固定在图板的适当位置上。

描图纸，又称硫酸纸，有一定的透明度，用于描画图像，作为复制蓝图的底图图纸，要求图纸洁白，透明度高。

2. 铅笔

铅笔是绘图最常用的用品。绘图铅笔是木质的，有软硬之分。铅芯的软硬程度是用字母“B”及“H”表示的，“H”前面的数字越大表示铅芯越硬，“B”前面的数字越大表示铅芯越软。绘图时，一般用2H或H规格的铅笔画底稿及细线，用HB或B规格的铅笔画粗线，用HB规格的铅笔写字。铅笔应从无标志的一端开始使用，以便保留标志易于辨认软硬规格。铅笔应削成长度20—25mm的圆锥形，铅芯露出6—8mm。画线时运笔要均匀，并应边画边转动铅笔，向运动方向倾斜75°，并使笔尖与尺边距离始终保持一致，这样线条才能画得平直准确、粗细一致，如图2-1-7所示。

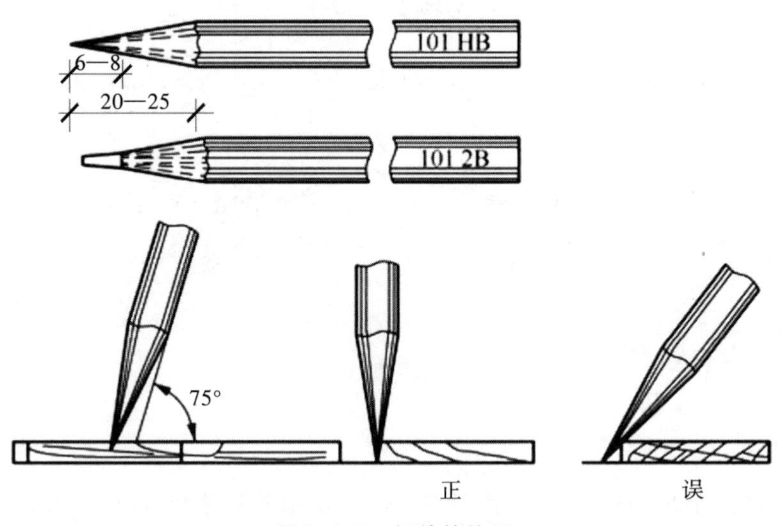

图2-1-7　铅笔的使用

3. 建筑模板

为了提高制图速度和质量，将图样上常用的符号、图形刻在有机玻璃板上，做成模板，方便使用。模板的种类很多，如建筑模板、结构模板、给排水模板等，图2-1-8所示是建筑模板。

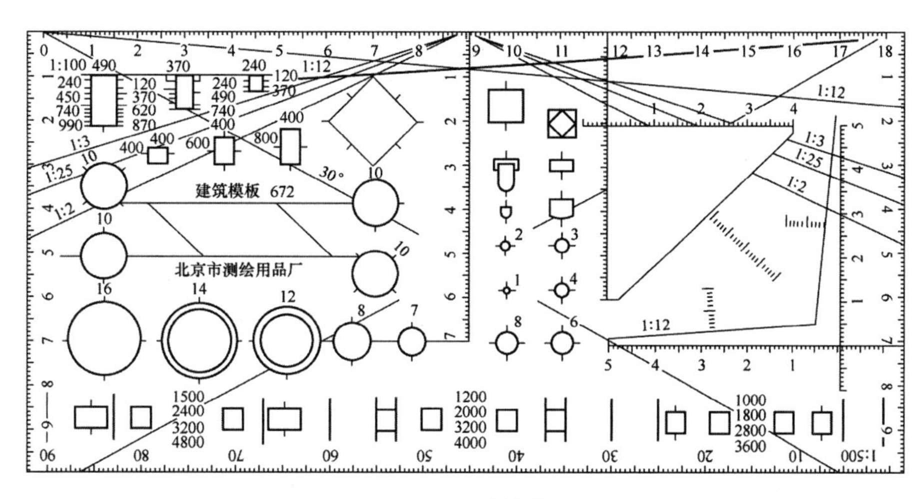

图2-1-8　建筑模板

四、等分线段和坡度

等分线段，是将一已知线段分成需要的相等的份数，在楼梯详图等图样中经常用到。等分线段和坡度的作法和步骤如图2-1-9和图2-1-10所示。图2-1-9 为用平行线法将AB线段9等分。图2-1-10所示为坡度（以1∶5坡度为例）的画法。

图2-1-9　等分线段

过点*A*在*AB*上任取长度为1的5等分点，得点1、2、3、4、5

过点*B*作*AB*的垂线BC=1，连接*AC*即为所求坡度

图2-1-10　坡度的画法

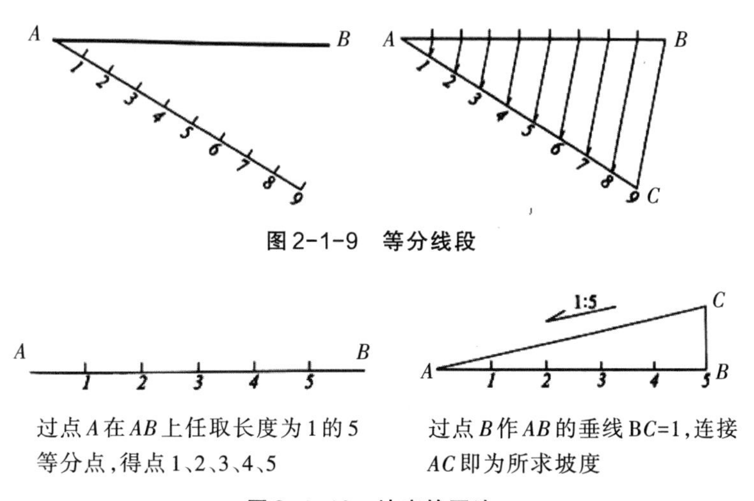

五、正多边形画法

作正多边形的一般方法是先作出正多边形的外接圆，然后将其等分。因此，等分圆周的作图包含作正多边形的问题。作图时可以用三角板、丁字尺配合等分，也可用圆规等分。

1. 内接正三边形

用尺规作圆内接正三边形的方法如图2-1-11所示。

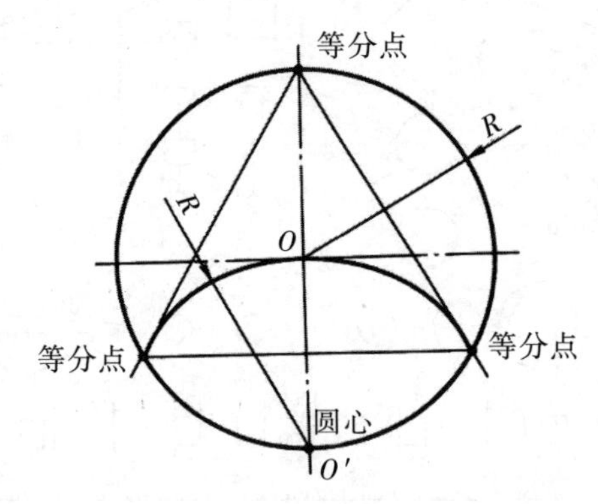

图2-1-11　作圆内接正三边形

2. 内接正五边形

圆的五等分及正五边形的作图步骤，如图2-1-12所示。

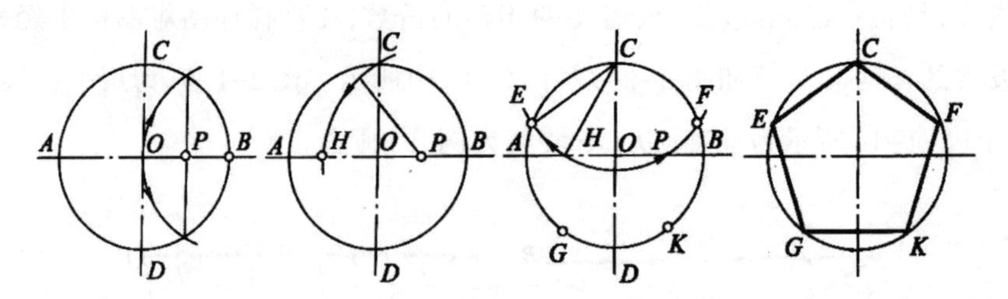

图2-1-12　作圆内接正五边形

(1)作 OB 的垂直平分线交 OB 于点 P。

(2)以 P 为圆心、PC 为半径画弧，交直径 AB 于点 H。

(3)CH 即为五边形的边长，等分圆周得五等分点 C、E、G、K、F。

(4)连接圆周各等分点，即为正五边形。

试一试

1. 三等分已知线段 AB。

2. 绘制3%的坡度。

3. 画圆内接正四边形。

想一想

1. 绘制建筑工程图样常用的工具、仪器与用品有哪些?

2. 你见过的计算机绘图的软件是什么？为什么在学习计算机绘图之前要学习手工绘图?

练一练

1.完成在绘制楼梯平面图时对线段的11等分,如图2-1-13所示。

2.绘制圆内接正五边形。

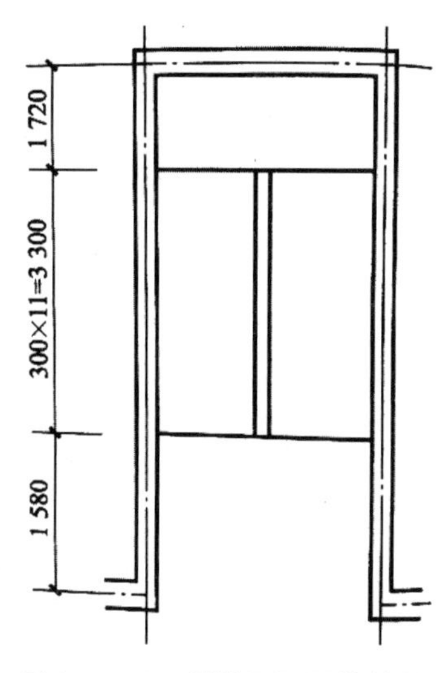

图2-1-13 楼梯平面图的绘制

知识拓展

计算机绘图简介

计算机绘图的基本流程为:把需绘制的物体用数据来描述,使其变为计算机可以接受的信息,也就是建立数学模型;采用方便的数据结构或数据库把数学模型输入计算机存储起来;经计算机图形处理生成模型的图像,在屏幕上显示或由自动绘图机绘出。

1. 计算机绘图系统

计算机绘图系统由硬件和软件两大部分组成。硬件系统是计算机绘图的设备条件,它包括图形输入设备、图形处理设备、图形输出设备三部分。常用的计算机绘图硬件系统如图2-1-14所示。软件是计算机程序、方法、规则及相关的文档,以及计算机运行时所必需的数据。

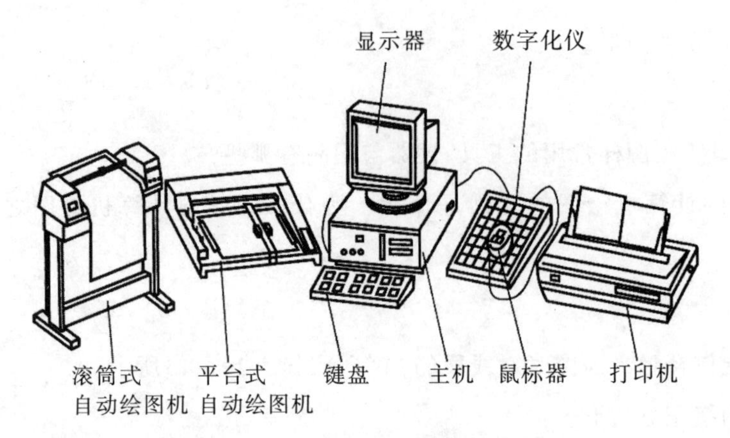

图 2-1-14　计算机绘图常用的硬件系统

2. 绘图软件

绘图软件是用高级算法语言编写的一些具有各种功能的绘图子程序包，它由基本子程序、功能子程序、应用子程序三部分组成。计算机系统显示或绘出图样的途径有以下两种。

(1)利用交互式的图形软件绘图，如图 2-1-15 所示的荷兰风车的立面图、平面图。

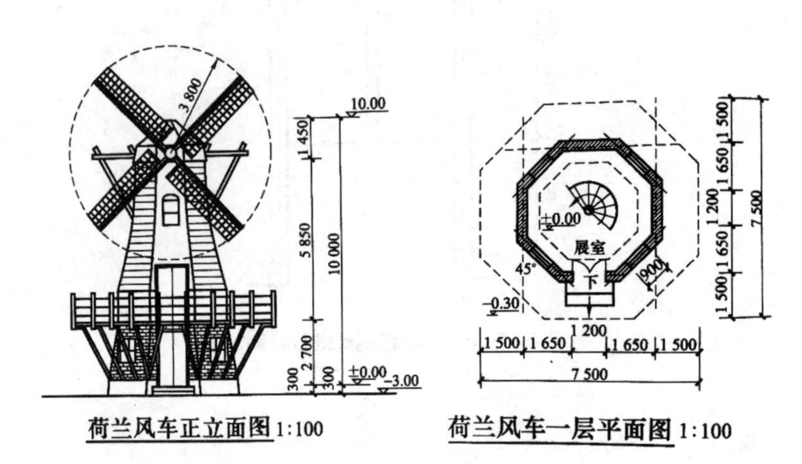

图 2-1-15　荷兰风车的立面图、平面图

(2)用各种高级语音编写绘图程序进行绘图，如应用高级 BASIC 语言等。

任务二　简单几何作图

任务要求

1. 学会画直线的平行线和垂直线。
2. 学会画圆弧连接。
3. 学会画椭圆。

一、直线的平行线和垂直线

要提高绘图速度，准确地完成绘图工作，除了应掌握绘图仪器及工具的正确使用方法外，还应熟悉各种几何图形的作图原理和方法。

1. 作水平线。

2. 作竖直线。

3. 作15°倍角斜线。

4. 作平行线。

二、圆弧连接

1. 基本原理

绘制平面图形时，有时会遇到从一条直线（或圆弧）经圆弧光滑地过渡到另一条直线（或圆弧）的情况，我们称这种作图为圆弧连接。在中间起连接作用的圆弧称为连接弧。连接弧与直线（或圆弧）的光滑过渡，其实质是线（或圆弧）与圆弧相切，切点称为连接点。

2. 基本作图

基本作图圆弧连接，如图2-2-1所示。

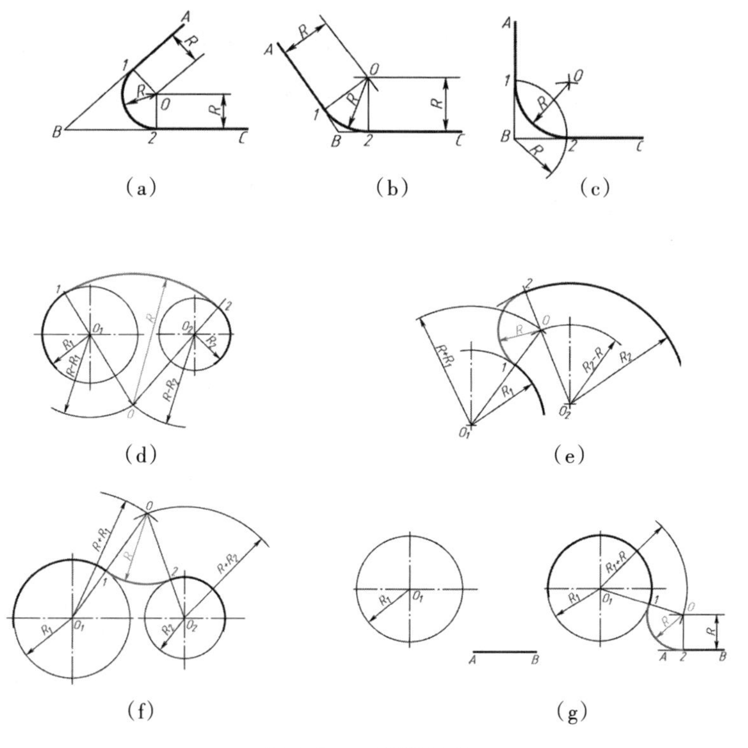

图2-2-1　圆弧连接

三、椭圆的画法

设椭圆的长轴为AB,短轴CD,中心为O。可应用“同心圆法”“四心法”两种方法作出椭圆。

1. 同心圆法作椭圆(图2-2-2)

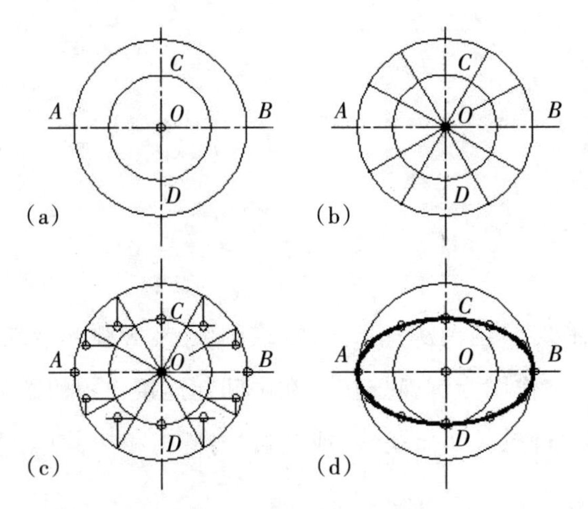

图2-2-2　同心圆法作椭圆

(1)以O为圆心,分别以OA、OC为半径,作出同心的两个圆;

(2)将其中的一个圆作任意等分(如12等分),过圆心和各等分点作直线,与两圆相交;

(3)过大圆上的交点引平行于CD的直线,过小圆上的交点引平行于AB的直线,它们的交点即为椭圆上的点;

(4)用曲线板光滑地连接所得的各点,即为所求椭圆。

2. 四心法作椭圆(图2-2-3)

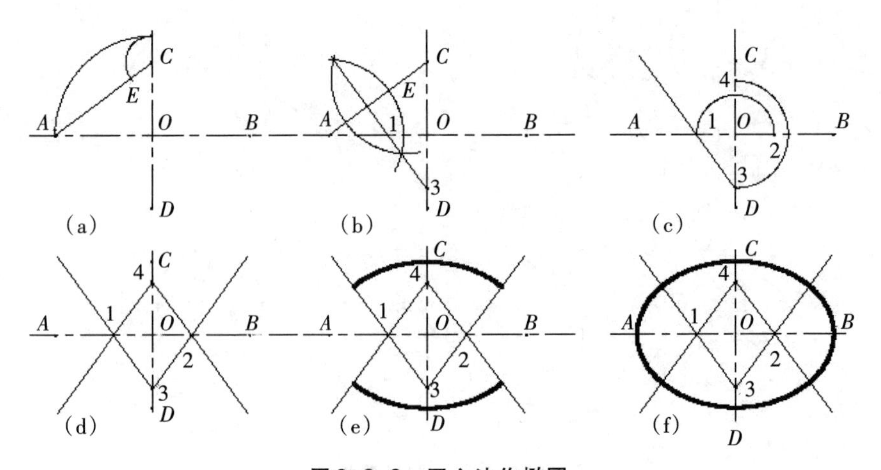

图2-2-3　四心法作椭圆

(1)连接 AC,在 AC 上截取 $CE=OA-OC$;

(2)作 AE 的垂直平分线,分别交长轴和短轴于点 1 和点 3;

(3)分别在长、短轴上找出点 1 和点 3 的对称点 2 和点 4;

(4)连接点 13,点 14,点 23 和点 24;

(5)分别以点 3 和点 4 为圆心,3C(或 4D)为半径作圆弧。

(6)再分别以点 1 和点 2 为圆心,1A(或 2B)为半径作圆弧,即完成作图。

试一试

试着进行圆弧连接。

想一想

归纳两种画椭圆方法的规律。

练一练

用四心法作出椭圆。

项目三 制图的基本标准

图样是工程交流的技术语言,交流的前提必须有统一的标准。建筑工程施工图样均应绘制图框线和标题栏,各种图线有不同的用途,掌握图线的制图标准是每个工程技术人员必备的专业基础技能。尺寸标注是工程施工技术人员在施工变更、竣工验收资料等环节中经常要操作的工作任务。通过本项目的学习,能绘制各种幅面图纸的图框线和标题栏,知道各种线型的作用、要求、画法和用途,认识常用的工程图例,为识读和绘制建筑工程施工图做准备。通过明确尺寸标准知识和技术规范,完成实物模型的尺寸丈量和尺寸标注,学会建筑工程施工图的尺寸标注,理解施工图与实物之间的内在联系,提高识读工程图样的能力。

任务一 图幅

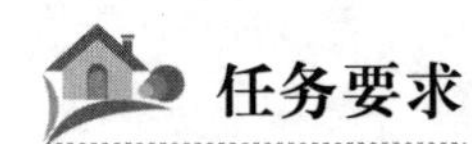

任务要求

1. 了解建筑制图标准的主要内容。
2. 绘制A4图纸(立式)的幅面线、图框线和标题栏。

一、《房屋建筑制图统一标准》简介

建筑工程图是表达建筑工程设计意图的重要手段,也是建筑施工的重要依据,是相关人员进行设计交流的“技术语言”。为使工程技术人员或建筑技术工人都能看懂建筑工程图,或用图样来交流表达技术意思,就必须对建筑工程图的内容、画法和格式等有一个统一的规定。

我国现行的建筑制图国家标准有6个,分别是《房屋建筑制图统一标准》(GB/T 50001—2017)、《总图制图标准》(GB/T 50103—2001)、《建筑制图标准》(GB/T 50104—2001)、《建筑结构制图标准》(GB/T 50105—2001)、《给水排水制图标准》(GB/T 50106—2001)、《采暖通风与空气调节制图标准(GB/T 50114—2001)。

1.《房屋建筑制图统一标准》(GB/T 50001—2017)主要内容

(1)总则。规定了本标准的适用范围。

(2)术语。介绍建筑制图中涉及的相关专业用语名称。

(3)图纸幅面规格与图纸编排顺序。规定了图纸幅面的格式、尺寸要求、标题栏、会签栏的位置及图纸编排顺序。

(4)图线。规定了图线的线型、线宽及用途。

(5)字体。规定了图纸上的文字、数字、字母、符号的书写要求和规则。

(6)比例。规定了比例的系列和用法。

(7)符号。对图面符号做了统一的规定。

(8)定位轴线。规定了定位轴线的绘制方法、编写方法。

(9)常用建筑材料图例。规定了常用建筑材料的统一画法。

(10)图样画法。规定了图样的投影法、图样布置、断面图与剖面图、轴测图等的画法。

(11)尺寸标注。规定了标注尺寸的方法。

本项目主要学习《房屋建筑制图统一标准》(GB/T 50001—2017)中图幅、图框、标题栏和会签栏的有关规定。

2. 图纸的幅面规格

图纸幅面也就是图纸的大小,图纸幅面有A0、A1、A2、A3、A4共5种规格,各种图纸幅面尺寸、图框尺寸都有明确的规定,具体见表3-1-1。

表3-1-1　图纸幅面与图框尺寸

图幅代号	A0	A1	A2	A3	A4
尺寸代号 $b \times l$	841×1189	594×841	420×594	297×420	210×297
c	10			5	
a	25				

长边作为水平边使用的图幅称为横式图幅,短边作为水平边使用的图幅称为立式图幅。图纸的短边一般不应加长,长边可加长。

(1)横式使用的图纸应如图3-1-1所示的形式布置。

(2)立式使用的图纸应如图3-1-2所示的形式布置。

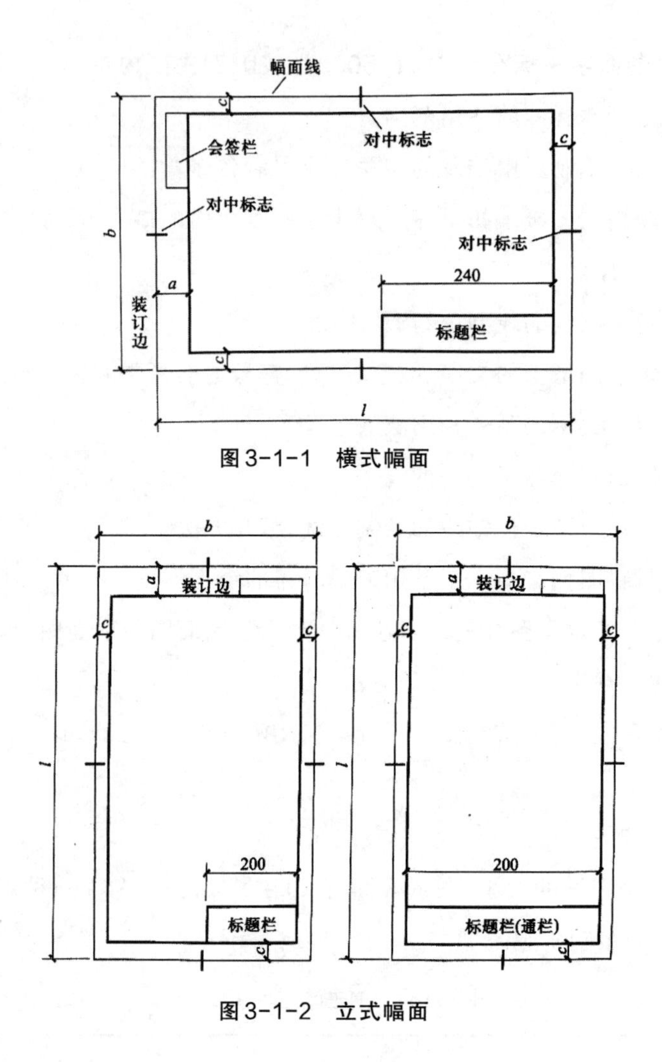

图3-1-1 横式幅面

图3-1-2 立式幅面

3. 标题栏和会签栏

(1)每张图纸都应在图框的右下角设立标题栏(简称图标)。如图3-1-3、图3-1-4所示,根据工程需要确定其尺寸、格式及分区。标题栏外框线用中粗实线绘制,分格线用细实线绘制。

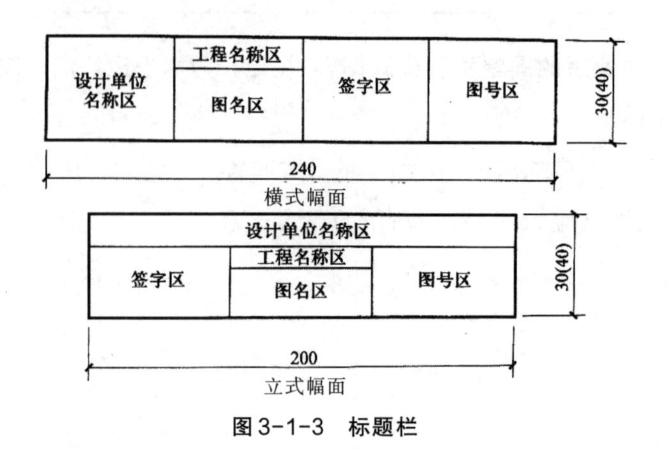

图3-1-3 标题栏

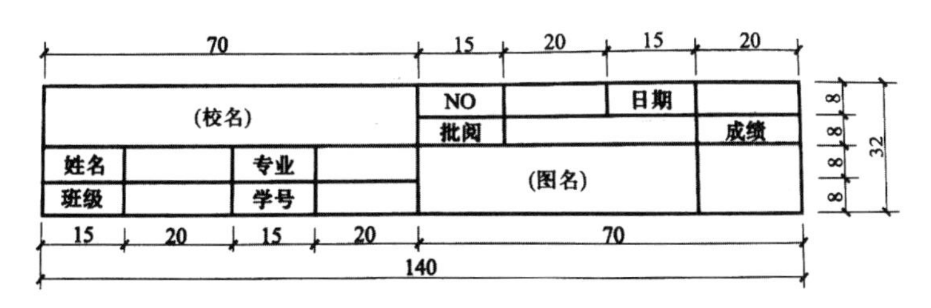

图 3-1-4　作业用标题栏

（2）会签栏包含实名列与签名列，是各工种负责人审验后签字的表格。会签栏一般放在装订边内，格式如图 3-1-5 所示。不需会签的图纸可不设会签栏。

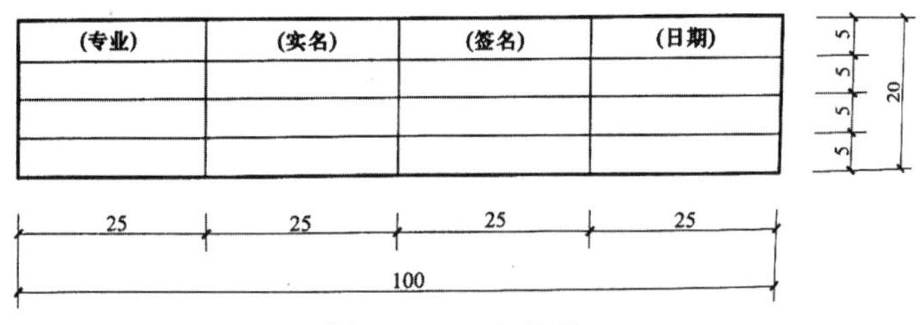

图 3-1-5　会签栏

二、绘制 A4 图纸的幅面线、图框线和标题栏

1. 制图仪器与用品准备

准备一张比 A4 图纸稍大的图线、绘图板、丁字尺、三角板、铅笔盒等其他制图用品。

2. 绘制步骤

（1）在绘图板上用透明胶带固定图纸。

（2）在图纸上绘制 A4 图纸的幅面线、图框线。

（3）绘制标题栏、会签栏。

试一试

1. A4 图纸的幅面尺寸为________，绘制图框线时 a 取________mm，c 取________mm。

2. 图纸上标题栏长边的长度应为________或________mm，短边宜采用________或________mm。

3. 图纸上的图框线用________线绘制。标题栏外框线用________ 绘制，分格线用________________。

想一想

1. 图纸幅面尺寸有几种，分别用什么代号表示？

2.《房屋建筑制图统一标准》（GB/T 50001—2017）的主要内容有哪些？

练一练

以小组为单位,分绘图、审核(小组长)和会审人员检查各份图纸并在合适的位置签名,在组内交流,推荐优秀作品并展示说明。

建议评分标准:幅面线占4×5分,图框线占4×5分,标题栏占40分(绘制20分、填写20分),会签栏占20分(绘制10分、填写10分)。完成任务考核表,建立学生实训考核登记和公布制度。

任务二 图线、字体

任务要求

1. 知道各种图线的主要用途。
2. 理解图线的线宽要求,学会图线的画法。
3. 了解长仿宋体字的书写要求。
4. 学会用长仿宋体书写汉字。

一、图线的规定

在建筑制图中,为了表达工程图样的不同内容,并使图面主次分明、层次清楚,必须使用不同的线型与线宽来表示。

1. 线型

建筑工程图中的线型有实线、虚线、单点长画线、折断线和波浪线等多种类型,并把有的线宽分为粗、中、细3种,用不同的线型与线宽来表示工程图样的不同内容。各种线型和线宽的规定及一般用途,见表3-2-1。

表3-2-1 各种线型和线宽的规定及一般用途

名称		宽度	用途
实线	粗	b	①一般作主要可见轮廓线 ②平面图、剖面图中主要构配件断面的轮廓线 ③建筑立面图中的外轮廓线 ④详图中主要部分的断面轮廓线和外轮廓线 ⑤总平面图中新建建筑物的可见轮廓线
	中	$0.5b$	①建筑平面图、立面图、剖面图中一般构配件的轮廓线 ②平面图、剖面图中次要断面的轮廓线 ③总平面图中新建道路、桥涵、围墙等及其他设施的可见轮廓线和区域分界线 ④尺寸起止符号

续表

名称		宽度	用　途
虚线	细	0.25b	①总平面图中新建人行道、撑水沟、草地、花坛等可见轮廓线,原有建筑物、铁路、道路、桥涵、围墙的可见轮廓线 ②图例线、索引符号、尺寸线、尺寸界线、引出线、标高符号、较小图形的中心线
	粗	b	①新建建筑物的不可见轮廓线 ②结构图上不可见钢筋及螺栓线
	中	0.5b	①一般不可见轮廓线 ②建筑构造及建筑构配件不可见轮廓线 ③总平面图计划扩建的建筑物、铁路、道路、桥涵、围墙及其他设施的轮廓线 ④平面图中吊车轮廓线
	细	0.25b	①总平面图上原有建筑物和道路、桥涵、围墙等设施的不可见轮廓线 ②结构详图中不可见钢筋混凝土构件轮廓线 ③图例线
单点长画线	粗	b	①吊车轨道线 ②结构图中的支撑线
	中	0.5b	土方填挖区的零点线
	细	0.25b	分水线、中心线、对称线、定位轴线
双点长画线	粗	b	预应力钢筋线
	细	0.25b	假想轮廓线、成型前原始轮廓线
折断线		0.25b	不需画全的断开界线
波浪线		0.25b	不需画全的断开界线

2. 线宽

线宽即线条粗细度。工程图都是由形式和宽度不同的图线绘制而成,使图面主次分明、形象清晰、易读易懂。对于表示不同内容的线,其宽度(称为线宽)应相互形成一定的比例。一幅图纸中最大的线宽(粗线)的宽度代号为b,其取值范围系图形的复杂程度及比例大小而酌情确定。选定了线宽系列中的粗线宽度为b,其他中粗线(0.5b)、细线(0.25b)也即随之而定。

(1)图线的宽度b,宜从0.35mm、0.5mm、0.7mm、1.0mm、1.4mm、2.0mm的线宽系列中选取。

(2)对于每个图样,应根据其复杂程度与比例大小,先选定基本线宽b,再选用如表3-2-2所示的相应的线宽组。

表3-2-2 图线的线宽组

线宽比	线宽组/mm					
b	2.0	1.4	1.0	0.7	0.5	0.35
0. 5*b*	1.0	0.7	0.5	0.35	0.25	0.18
0. 25*b*	0.5	0.35	0.25	0.18	——	——

注:1. 需要微缩的图纸,不宜采用0.18mm及更细的线宽。
2. 同一张图纸内,相同比例的各图样应选用相同的线宽组。
3. 同一张图纸内,各不同线宽中的细线,可统一采用较细的线宽组的细线。

图框线、标题栏线的宽度,见表3-2-3。

表3-2-3 图框线与标题栏的线宽

单位:mm

幅面代号	图框线	标题栏边框线	标题栏分格线、会签栏线
A0,A1	1.4	0.7	0.35
A2,A3,A4	1.0	0.7	0.35

二、图线的线型及其应用(见表3-2-4)

表3-2-4 图线的线型及其应用

相互平行的图线,其间隙不宜小于其中的粗线宽度,且不宜小于0.7mm
虚线、单点长画线或双点长画线的线段长度和间隔宜各自相等
单点长画线或双点长画线,当在较小图形中绘制有困难时,可用实线代替
单点长画线或双点长画线的两端不应是点。点画线与点画线交接时,或是点画线与其他图线交接时,均应是线段交接
虚线与虚线交接时,或是虚线与其他图线交接时,应是线段交接。虚线为实线的延长线时,不得与实线连接
图线不得与文字、数字或符号重叠、混淆;不可避免时,应首先保证文字等的清晰

三、字体(见表3-2-5)

表3-2-5 字体

序号	规 定
1	图纸上所需书写的文字、数字或符号等,均应笔画清晰、字体端正、排列整齐、标点符号应正确清楚
2	文字的高度,应从3.5mm、5mm、7mm、10mm、14mm、20mm中选用

续表

序号	规 定
3	图样及说明中的汉字宜采用长仿宋体,字宽度与高度的关系应符合表3-2-6的规定
4	字高即字号,常用10号、7号和5号字,字高与宽的比值约为3:2
5	汉字的简化字书写,必须符合国务院公布的《汉字简化方案》和有关规定
6	拉丁字母、阿拉伯数字与罗马数字,如需写成斜体字,其斜度应是从字的逆时针向上倾斜75°;斜体字的高度与宽度应与相应的直体字相等
7	阿拉伯数字、拉丁字母、罗马数字和汉字并列书写时,它们的字高比汉字的字高小
8	数量的数值注写,应采用正体阿拉伯数字。各种计量单位凡前面有量值的,均应采用国家颁布的单位符号注写。单位符号应采用正体字母
9	分数、百分数和比例数的注写应采用阿拉伯数字和数学符号。例如:四分之一、百分之二十五和一比二十应分别写成1/4,25%和1:20
10	长仿宋体字的书写要点:横平竖直,起落有锋;笔锋满格,因字而异;排列匀称,组合紧凑

表3-2-6 长仿宋体字宽度与高度的关系

字高	20	14	10	7	5	3.5
字宽	14	10	7	5	3.5	2.5

试一试

1.《房屋建筑制图标准》中规定工程建设制图可选用的线型有实线、________、________、双点长画线、折断线、________。

2. 绘图时,主要可见轮廓线用______线绘制,中心线或对称线用______线绘制,断开界线用______线和______线绘制。

3. 点画线与点画线交接或者点画线与其他图线交接时,应是______交接。虚线与虚线交接或者虚线与其他图线交接时,应是______交接;虚线为实线段的延长线时,不得与______连接。

4. 图线不得与文字或数字重叠,不可避免时,应先保证______或______的清晰。

5.《房屋建筑制图标准》中规定粗线、中粗线、细线的宽度比为______。

6. 数字的字体分______体和______体两种,当与汉字混写时,宜写成______体,其高度不应小于______。

想一想

1. 建筑工程图样中尺寸线和主要可见轮廓线宽度间的比例关系如何？

2. 线型规格有哪些？各有何用途？

练一练

四人一组分发一张往届学生制图作品，查找图线种类并试着查找图线画法错误之处。

任务三 比例、图例、尺寸标注

任务要求

1. 学会用适当的比例绘制图线和图形。

2. 能绘制常用建筑材料图例，并能说出图例所对应的建筑材料。

3. 掌握尺寸标准的基本规则及标注方法。

一、比例

1. 图样的比例，应为图形与实物相对应的线性尺寸之比。比例的大小，是指其比值的大小，如1:50大于1:100。

2. 比例的符号为"："，比例应以阿拉伯数字表示，如1:1、1:2、1:100等。

3. 比例宜注写在图名的右侧，字的基准线应取平；比例的字高宜比图名的字高小一号或二号，如图3-3-1所示。

平面图 1:100　　　　⑤ 1:20

图3-3-1 比例的注写

4. 绘图所用的比例，应根据图样的用途与被绘对象的复杂程度从表3-3-1中选用，并优先选用表中常用比例。

表3-3-1 绘图所用的比例

常用比例	1:1、1:2、1:5、1:10、1:20、1:50、1:100、1:200、1:500、1:1000
可用比例	1:3、1:4、1:6、1:15、1:25、1:30、1:40、1:60、1:80、1:150、1:80、1:150、1:250、1:300、1:400、1:600

5. 一般情况下，一个图样应选用一种比例。根据专业制图需要，同一图样可选用两种比例。

6. 特殊情况下也可自选比例，这时除应注出绘图比例外，还必须在适当位置绘制出相应的比例尺。

二、图例

常用建筑材料图例，见表3-3-2。

表3-3-2　常用建筑材料图例

序号	名　称	图　例	备　注
1	自然土壤	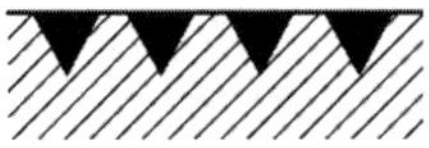	包括各种自然土壤
2	夯实土壤	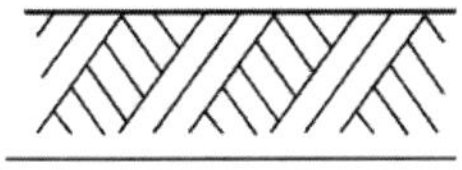	
3	砂、灰土	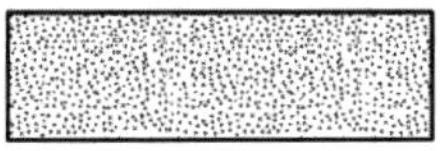	靠近轮廓线绘较密的点
4	砂砾石、碎砖三合土	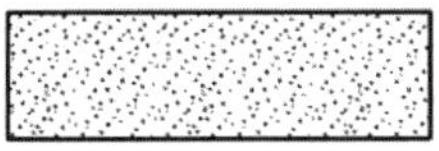	
5	石材	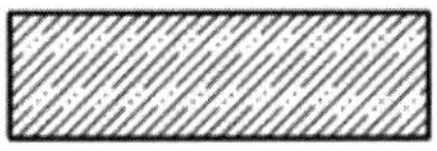	
6	毛石	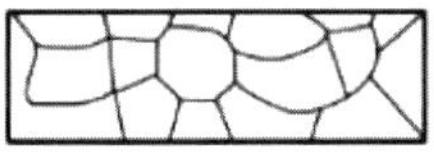	
7	普通砖	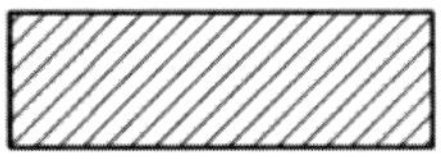	包括实心砖、多孔转、砌块等砌体。断面较窄不易绘出图例线时，可涂红
8	耐火砖	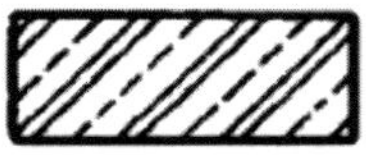	包括耐酸砖等砌体
9	空心砖	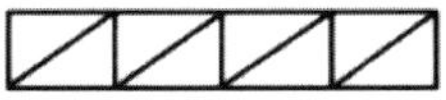	指非承重砖砌体

续表

序号	名　称	图　例	备　注
10	饰面砖		包括铺地砖、马赛克、陶瓷锦砖、人造大理石等
11	焦渣、矿渣		包括与水泥、石灰等混合而成的材料
12	混凝土	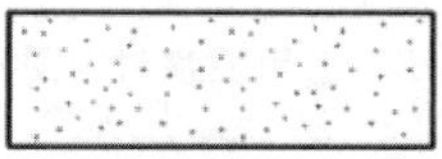	1. 本图例指能承重的混凝土及钢筋混凝土,包括各种强度等、骨料添加剂的混凝土 2. 在剖面上画出钢筋时,不画图例线 3. 断面图形小,不易画出图例线时,可涂黑
13	钢筋混凝土	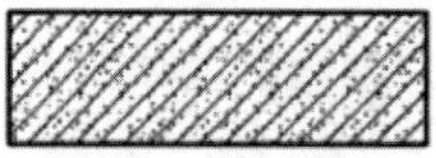	
14	多孔材料	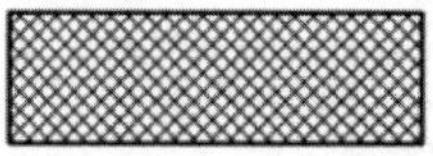	包括水泥珍珠岩、沥青珍珠岩、泡沫混凝土、非承重加气混凝土、软木、蛭石制品等
15	纤维材料		包括矿棉、岩棉、玻璃棉、麻丝、木丝板、纤维板等
16	泡沫塑料材料	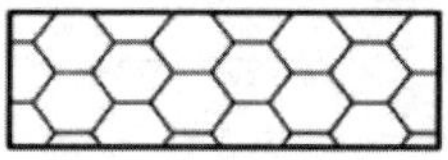	包括聚苯乙烯、聚乙烯、聚氨酯等多孔聚合物类材料
17	木材	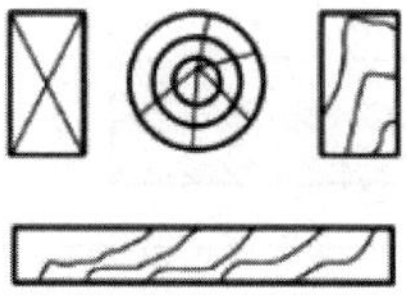	1. 上图为横断面,分别为垫木、木砖或木龙骨 2. 下图为纵断面
18	胶合板		应注明为X层胶合板
19	石膏板	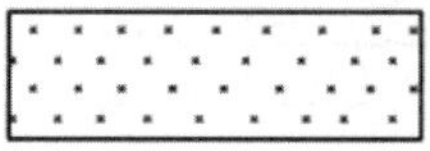	包括圆孔、方孔石膏板、防水石膏板等
20	金属	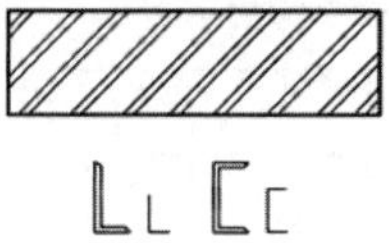	1. 包括各种金属 2. 图形小时,可涂黑

续表

序号	名　称	图　例	备　注
21	网状材料		1. 包括金属、塑料网状材料 2. 应注明具体金属材料
22	液体		应注明具体液体名称
23	玻璃		包括平板玻璃、磨砂玻璃、夹丝玻璃、钢化玻璃、中空玻璃、夹层玻璃、镀膜玻璃等
24	橡胶		
25	塑料		包括各种软、硬塑料及有机玻璃等
26	防水材料		构造层次多或比例大时,采用上面图例
27	粉刷		本图例采用较稀的点

注:序号1、2、5、7、8、13、14、16、18、20、24、25图例中的斜线、短斜线、交叉斜线等一律为45°。

三、尺寸标注

1. 尺寸界线、尺寸线及尺寸起止符号

(1)图样上的尺寸组成,包括尺寸界线、尺寸线、尺寸起止符号和尺寸数字,如图3-3-2所示。

(2)尺寸界线应用细实线绘制,一般应与被注长度垂直,其一端应离开图样轮廓线不小于2mm,另一端宜超出尺寸线2—3mm。图样轮廓线可用做尺寸界线,如图3-3-3所示。

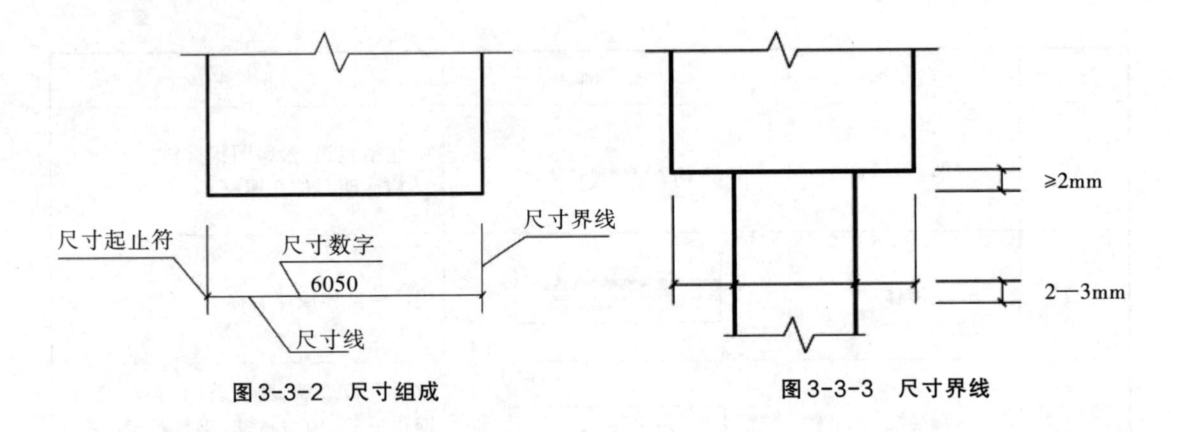

图3-3-2　尺寸组成

图3-3-3　尺寸界线

(3)尺寸线应用细实线绘制,应与被注长度平行。图样本身的任何图线均不得用做尺寸线。

(4)尺寸起止符号一般用中粗斜短线绘制,其倾斜方向应与尺寸界线成顺时针15°角,长宜为2—3mm。半径、直径、角度与弧长的尺寸起止符号宜用箭头表示,如图3-3-4所示。

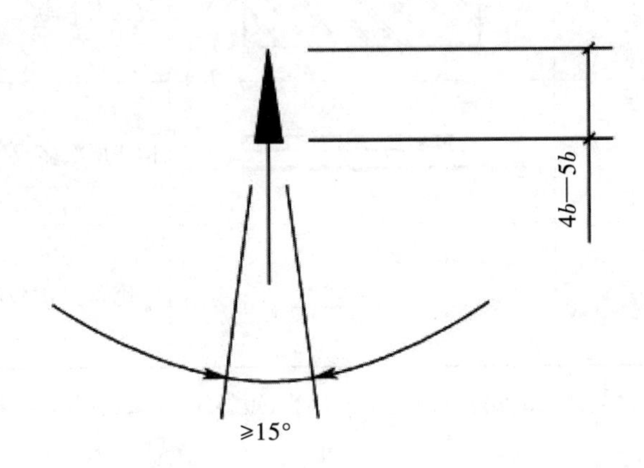

图3-3-4　箭头表示尺寸起止符号

2. 尺寸数字

(1)图样上的尺寸,应以标注的尺寸数字为准,不得从图上直接量取。

(2)图样上的尺寸单位,除标高及总平面以m为单位外,其他必须以mm为单位。

(3)尺寸数字的方向,应按如图3-3-5(a)所示的规定注写。若尺寸数字在30°斜线区内,宜按如图3-3-5(b)所示的形式注写。

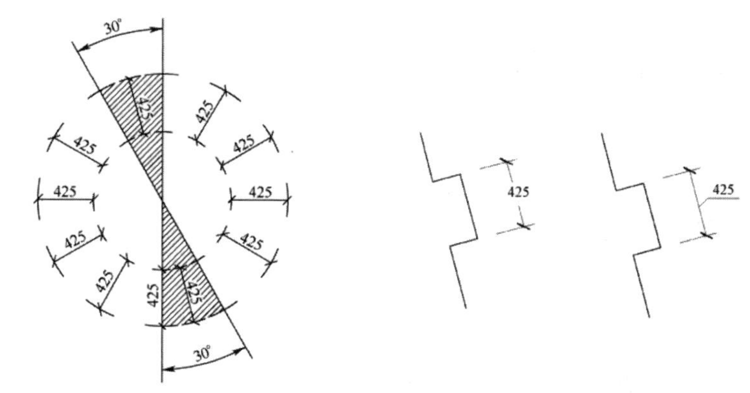

（a）严禁在30°斜线区内注写尺寸数字　　（b）在30°斜线区内注写尺寸数字的形式

图3-3-5　尺寸数字的注写方向

（4）尺寸数字一般应依据其方向，注写在靠近尺寸线的上方中部。若没有足够的注写位置，最外边的尺寸数字可注写在尺寸界线的外侧，中间相邻的尺寸数字可错开注写，如图3-3-6所示。

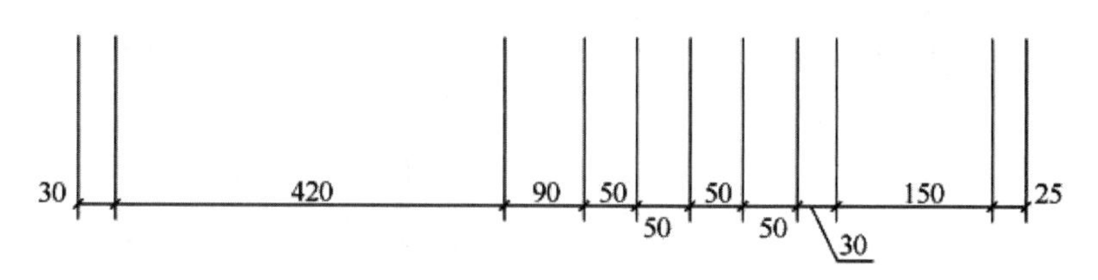

图3-3-6　尺寸数字的注写位置

（5）圆弧半径、圆直径、球的尺寸标注如图3-3-7所示。

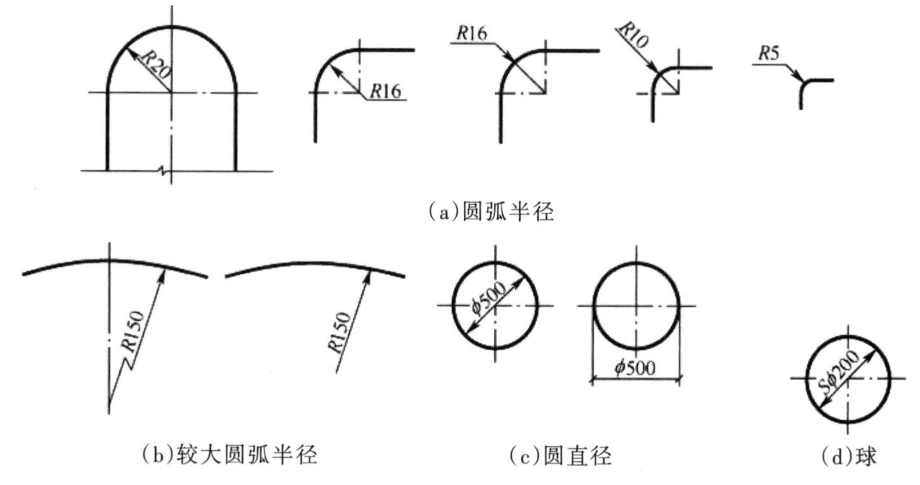

（a）圆弧半径

（b）较大圆弧半径　　（c）圆直径　　（d）球

图3-3-7　圆弧半径、圆直径、球的尺寸标注图

试一试

1. 图样上的尺寸由起止符号、__________、__________和__________组成。起止符号一般用__________线绘制，其倾斜方向与尺寸界线成__________时针__________角，长度宜为__________。

2. 图样轮廓线以外的尺寸线，距图样最外轮廓线之间的距离不宜小于__________，平行排列的尺寸线的距离宜为__________。

想一想

尺寸标注时容易出现哪些问题，如何修正？

练一练

标注图3-3-8建筑平面图中未标注的尺寸。

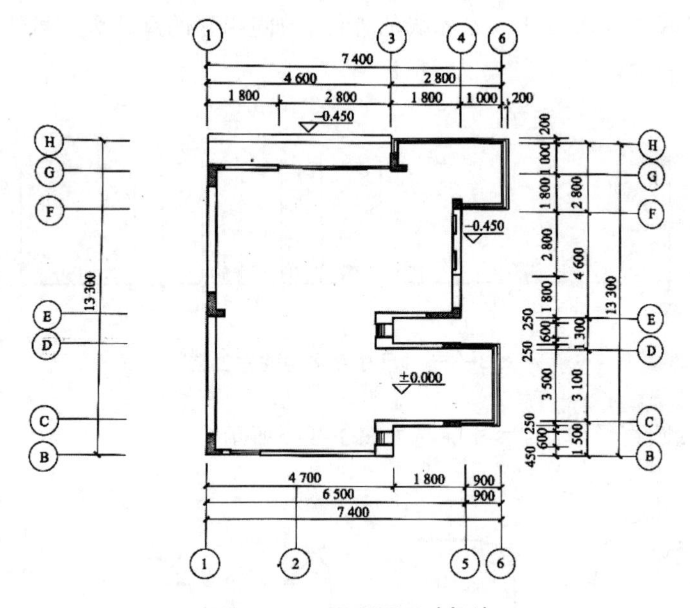

图3-3-8　平面图尺寸标注

项目四　正投影原理

建筑工程图样绝大部分是采用正投影原理绘制的。什么是正投影？为什么要用正投影来反映建筑物的形状和大小？本项目是通过建筑模型三面投影的形成和展开，学习基本体、组合体三面投影图的识读与绘制，理解点、直线、平面在三面投影的投影特点，为能正确识读和绘制建筑平面图、立面图和剖面图做准备。

任务一　投影的基本知识

任务要求

1. 掌握投影的基本概念。
2. 掌握正投影的基本特征。

一、投影的基本概念

在日常生活中，人们对“形影不离”的现象习以为常，知道其形成要有光线、物体及投影面。经阳光或灯光照射的物体，会在地面或墙面上产生影子，这就是投影现象。如果把这种现象抽象总结，将发光点称为光源，光线称为投射线，地面或墙面称为投影面，形体在投影面上的影像称为形体在投影面上的投影。这种用光线照射形体，在投影面上产生影像的方法，称为投影法。

二、投影法的分类

投影法分为中心投影法和平行投影法两大类。

1. 中心投影法，如图4-1-1所示。投射中心S（光源）在有限的距离内发出放射状投射线SA、SB、SC，延长这些投射线与投影面P相交，作出的投影点a、b、c即为三角形各顶点A、B、C在P平面上的投影。由于投射线均从投射中心出发，所以这种投影法称为中心投影法。三角形ABC在点光源S照射下，在平面P上投射的影像为三角形abc，该影像称为投影；光源S

称为投射中心，光线 SAa、SBb、SCc 称为投射线，投影所在的平面 P 称为投影面。

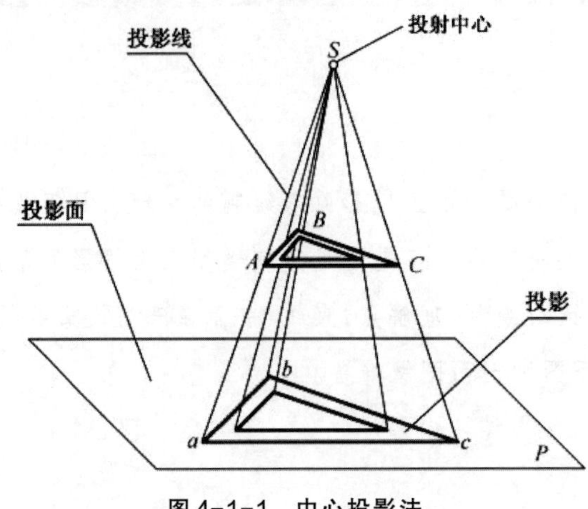

图 4-1-1 中心投影法

2. 平行投影法，如图 4-1-2(a)、图 4-1-2(b)所示。当投射中心 S(光源)在无限远处时，所有投射线近似于互相平行，用平行投射线做出投影的方法称为平行投影法。在平行投影法中，S 表示投射方向。根据投射方向 S 与投影面 P 倾角的不同，平行投影法又可分为斜投影法和正投影法两种。

①斜投影法：当投射线采用平行光线，而且投射线倾斜于投影面时所做出的平行投影，称为斜投影，如图 4-1-2(a)所示。这种做出斜投影的方法称为斜投影法。

②正投影法：当投射线采用平行光线，而且投射线垂直于投影面时所做出的平行投影，称为正投影，如图 4-1-2(b)所示。这种做出正投影的方法称为正投影法。根据正投影法所得到的图形称为正投影图。正投影图直观性不强，但能准确反映形体的真实形状和大小，图形度量性好，便于尺寸标注，而且投影方向垂直于投影面，作图方便。绝大多数工程图纸都是采用正投影法画出的。

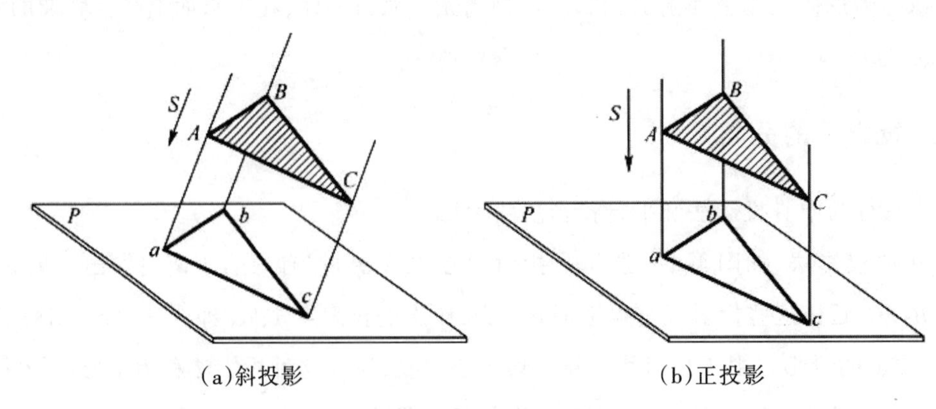

图 4-1-2 平行投影法分类

三、正投影的基本特征

在建筑施工图中，最常用的投影法是正投影法。正投影法有如下基本特征。

1. 显实性，如图 4-1-3(a)、图 4-1-3(d)所示，当直线段或平面图形平行于投影面时，直线段的正投影反映真长，平面图形的正投影反映真形，这种特性称为度量性或显实性。反映线段或平面图形的真长或真形的投影，称为真形投影。

2. 积聚性，如图 4-1-3(b)、图 4-1-3(e)所示，当直线段或平面图形垂直于投影面时，直线段的正投影积聚成为一点，平面图形的正投影积聚成一条直线，这种投影特性称为积聚性。这种具有积聚性的投影，称为积聚投影。

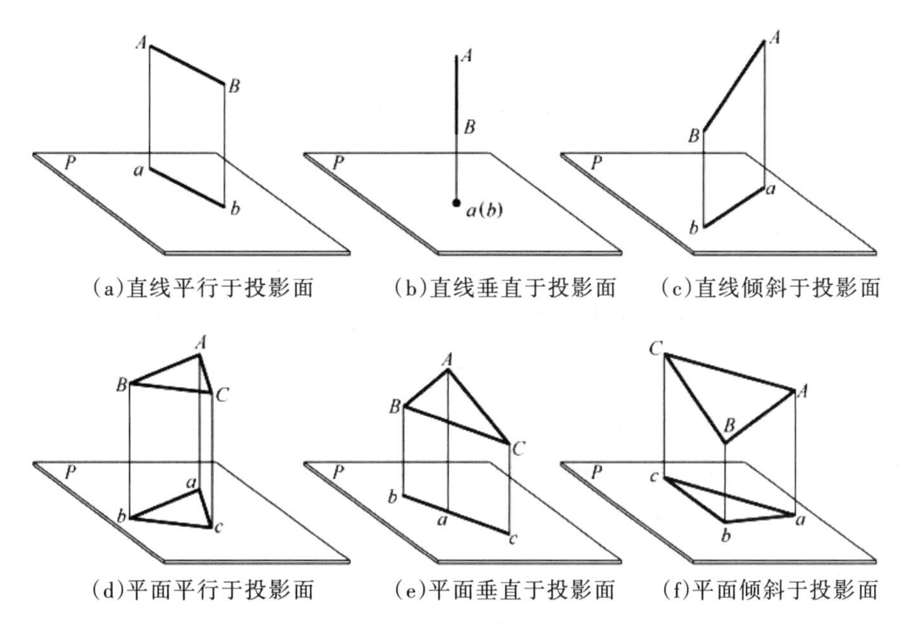

图 4-1-3　正投影的基本特征

3. 类似性，如图 4-1-3(c)、图 4-1-3(f)所示，当直线段或平面图形倾斜于投影面时，直线段的投影仍为直线，但小于真长，平面图形的投影小于真实形状，但类似于空间平面图形，图形的基本特征不变，如多边形的投影仍为多边形，其边数、平行关系、凹凸、曲直等保持不变，这种投影特性称为类似性。

依据正投影法得到的空间形体的图形称为空间形体的正投影，简称投影。若无特殊说明，本教材中所指的投影均为正投影。

试一试

1. 投影法一般分__________和平行投影法，其中平行投影法又分为__________和__________。

2. 正投影的投射线相互__________，且__________于投影面。

想一想

工程上常用的投影法分为哪几类？每种投影法的特点是什么？

任务二 三面投影图

任务要求

1. 掌握三面正投影图的形成、投影规律及投影作图方法。

2. 学会运用绘图工具和仪器绘制建筑模型的三面正投影图。

一、三面投影体系的建立

形体的一个投影不能确定形体的形状。如图4-2-1所示两个完全不同的形状的形体，在同一投影面上的投影却相同。这说明仅仅根据一个投影是不能完整地表达形体的形状和大小的。要确切地反映形体的完整形状和大小，必须增加由不同的投射方向、在不同的投影面上所得到的投影，互相补充，才能将形体表达清楚。

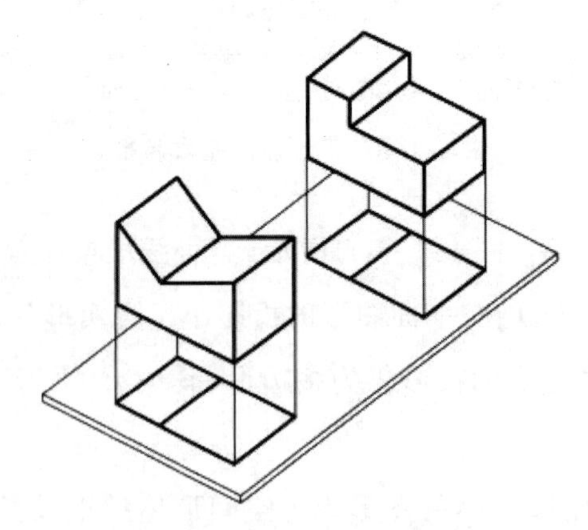

图4-2-1 不同形状的形体在同一个投影面上的投影相同

根据实际的需要，通常将空间形体放在3个互相垂直相交的平面所组成的投影面体系中，然后将形体分别向3个投影面做投影。这3个相互垂直相交的投影面就组成了三投影面体系。3个投影面分别称为正投影面(简称正面,用V表示)、水平投影面(简称水平面,用H表示)和侧面投影面(简称侧面,用W表示)。3个投影面分别两两相交,形成3条投影轴:V面和H面的交线称为OX轴,H面和W面的交线称为OY轴,V面和W面的交线称为OZ轴,3个轴线的交点O称为投影原点,如图4-2-2所示。

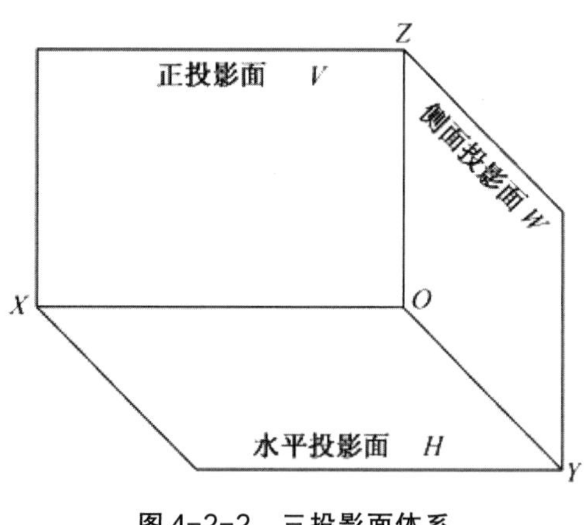

图4-2-2 三投影面体系

二、三面投影的投影规律

如图4-2-3(a)所示,将形体放置于三投影面体系中,按照正投影法分别向V、H、W3个投影面进行投影,即可得到该形体的三面投影。由形体的前方向后投射,在正面上所得到的投影称为正面投影或V面投影;由形体的上方向下投射,在水平面上所得到的投影称为水平投影或H面投影;由形体的左方向右投射,在侧面上所得到的投影称为侧面投影或W面投影。在工程图纸上,形体的3个投影是画在同一平面上的。为了使处于空间位置的三面投影能画在同一张图纸上,在绘图时必须将相互垂直的3个投影面展开为一个平面。其展开的方法是:正面保持不动,将水平面绕OX轴向下旋转90°,将侧面绕OZ轴向右旋转90°,把V、H、W面展开为同一平面,如图4-2-3(b)所示。当投影面展开时,OX轴和OZ轴保持不动,OY轴展开后分为两根,一根随H面旋转到OZ轴的正下方,与OZ轴成一条直线,用OY_H轴表示;另一根随W面旋转到OX的正右方,与OX轴成一条直线,用OY_W轴表示。由于在实际画图时不必画出投影面的边框,所以省去边框不画就得到如图4-2-3(c)所示的三面投影图。

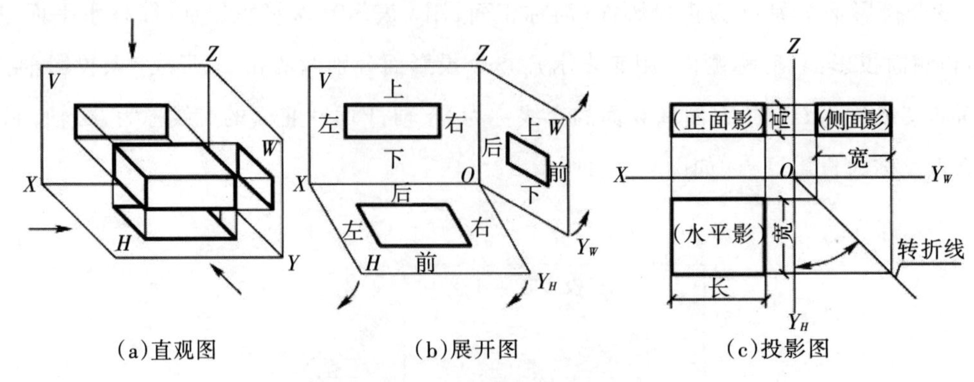

(a)直观图 (b)展开图 (c)投影图

图4-2-3 三投影面体系的建立

形体的左右、前后、上下及长、宽、高是初学时容易出错的内容。

从图4-2-3可以看出，三个投影图之间存在下述投影关系("三等"关系)：

(1)正面投影与水平投影——长对正；

(2)正面投影与侧面投影——高平齐；

(3)水平投影与侧面投影——宽相等。

"长对正、高平齐、宽相等"的投影对应关系，是三面投影之间的重要特性，也是画图和读图时必须遵守的投影规律。这种对应关系无论是对整个形体，还是对形体的每一个组成部分都成立。在运用这一规律画图和读图时，要特别注意形体的水平投影与侧面投影的前后对应关系，即"宽相等"的关系。

下面以如图4-2-4(a)所示形体为例，说明三面投影图的绘制方法与步骤。

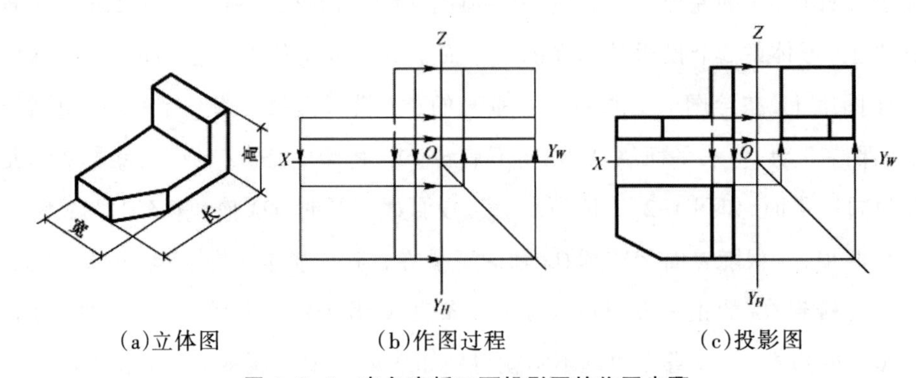

(a)立体图 (b)作图过程 (c)投影图

图4-2-4 直角弯板三面投影图的作图步骤

(1)建立坐标轴；

(2)根据尺寸及选定的投影方向，确定布图方位，先作出 V 面或 W 面投影图，按照"长对正、高平齐、宽相等"投影对应关系，作出 H 面投影图，如图4-2-4(b)所示；

(3)检查无误后，描深完成三面投影图，如图4-2-4(c)所示。

试一试

1. 三面正投影图的投影规律（“三等”关系）可概为_________、_________、_________。

2. 在三面投影图中，能反映形体宽度的投影面是_________，能反映上下、左右位置关系的投影图是_________。

想一想

请你在教室内找一个符合要求的三面投影体系，并说明三个投影面、三个投影轴的位置。

任务三 点的投影

任务要求

1. 掌握三面投影体系中点的投影规律。
2. 学会点的投影与直角坐标。

一、点的投影

一切形体的构成都离不开点、直线和面（平面、曲面）等基本几何元素。例如，如图4-3-1所示的房屋建筑形体是由7个侧面所围成的，各个侧面相交形成15条侧棱线，各侧棱线又相交于A、B、C、D、…，J10个顶点。从分析的观点看，只要把这些顶点的投影画出来，再用直线将各点的投影一一连接起来，便可以作出一个形体的投影。掌握点的投影规律是研究线、面、体投影的基础。

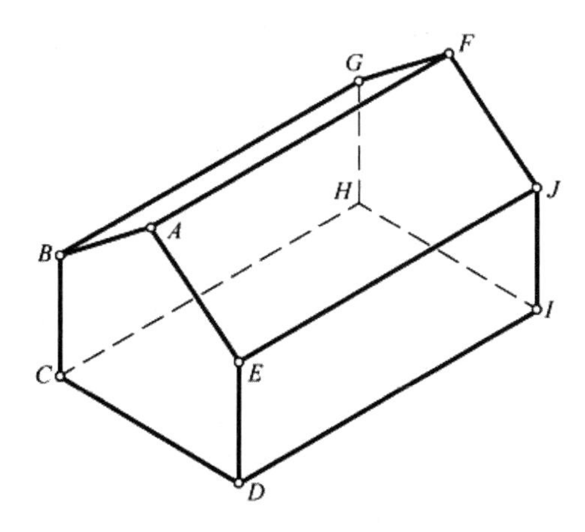

图4-3-1 房屋建筑形体

二、点的三面投影及投影规律

1. 点的三面投影

表示空间点A在三投影面体系中的投影，如图4-3-2(a)所示，将点A分别向3个投影面投射，就是过点A分别作垂直于3个投影面的投射线，则其相应的垂足a、a'、a''就是点A的三面投影。点A在水平投影面上的投影用a表示，称为点A的水平投影；在正投影面上的投影用a'表示，称为点A的正面投影；在侧面投影面上的投影用a''表示，称为点A的侧面投影。如图4-3-2(b)所示为点A的三面投影图。

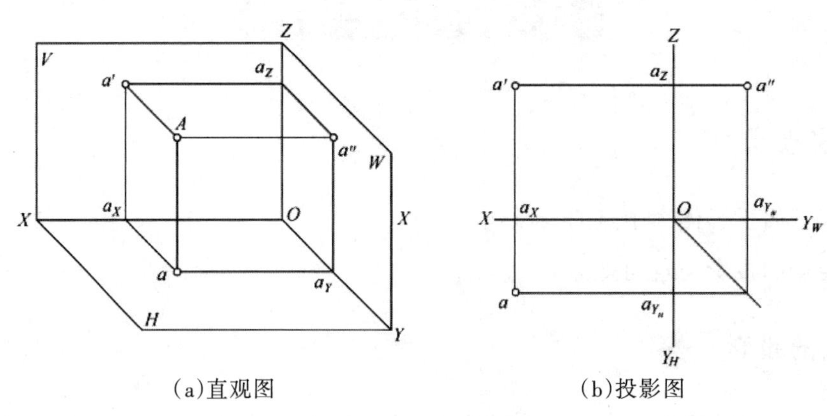

(a)直观图　　(b)投影图

图4-3-2　点的投影规律

2. 三面投影体系中点的投影规律

从图4-3-2(a)可知，平面$Aa'a_Xa$是一个矩形，$a'a_x$与Aa平行且相等，反映出点A到H面的距离；aa_x与Aa'平行且相等，反映出点A到V面的距离；aa_Y与Aa''平行且相等，反映出点A到W面的距离。

可见，三面投影体系中点的投影规律是：

(1)点的V面投影和H面投影的连线垂直于OX轴，即$a'a \perp OX$；

(2)点的V面投影和W面投影的连线垂直于OZ轴，即$a'a'' \perp OZ$；

(3)点的H面投影至OX轴的距离，等于其W面投影至OZ轴的距离，即$aa_x=a''a_z$。应用上述投影规律，可根据一点的任意两个已知投影，求得它的第3个投影。

【例1】如图4-3-3(a)所示，已知点A的正面投影a'和侧面投影a''，求作水平投影a。

根据点的投影规律，即可作出点的三面投影。其步骤如下：

①过点a'按箭头方向作$a'a_x \perp OX$轴，并适当延长；

②过点a''按箭头方向，作线垂直OY_W轴并延长，交于转折线后向左垂直交于OY_H轴并适当延长，与$a'a_X$延长线交于点a。则点a即为所求，如图4-3-3(b)所示。

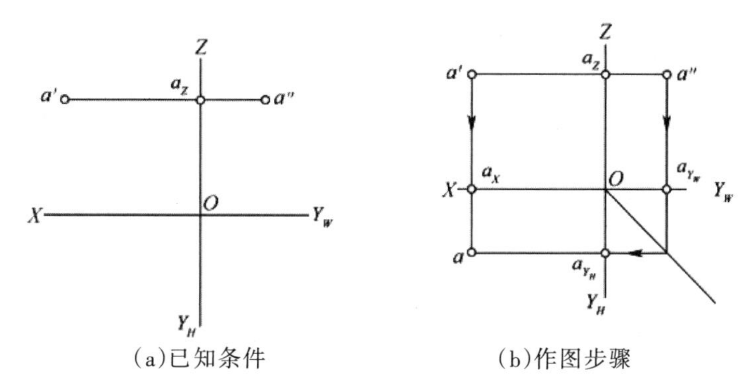

(a)已知条件　(b)作图步骤

图 4-3-3　已知点的两面投影求第三投影

三、点的投影与直角坐标

如图4-3-4所示，空间一点的位置可用其直角坐标表示为$A(x,y,z)$，点A三投影的坐标分别为$a(x,y)$，$a'(x,z)$，$a''(y,z)$。

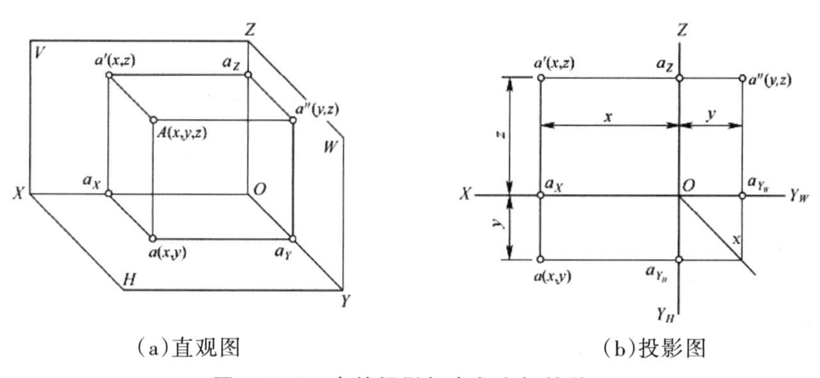

(a)直观图　(b)投影图

图 4-3-4　点的投影与直角坐标的关系

点A的直角坐标与点A的投影及点A到投影面的距离有如下关系：

(1)点A的X坐标(x)=点A到W面的距离$Aa'' = a'a_z = aa_{Y_H} = a_xo$；

(2)点A的Y坐标(y)=点A到V面的距离$Aa' = a''a_z = aa_x = a_{Yw}o$；

(3)点A的Z坐标(z)=点A到H面的距离$Aa = a''a_{YH} = a'a_x = a_zo$。

由于空间点的任一投影都包含了两个坐标，所以一点的任意两个投影的坐标值，就包含了确定该点空间位置的3个坐标，即确定了点的空间位置。可见，若已知空间点的坐标，则可求其三面投影，反之亦可。

【例2】如图4-3-5所示，已知空间点$A(15,12,20)$，求作A点的三面投影图。

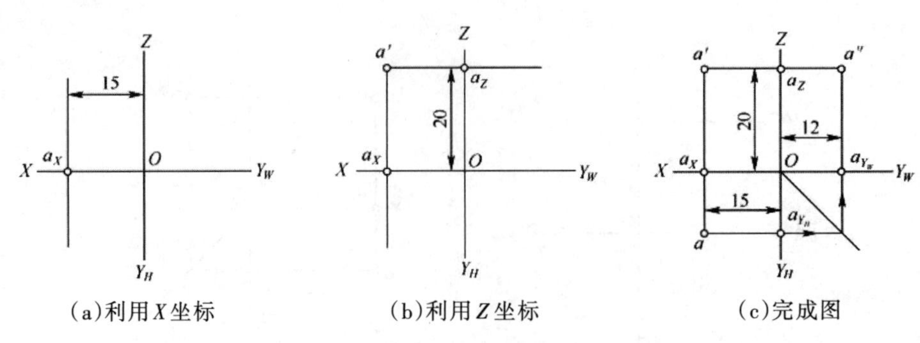

图4-3-5　点A的投影

根据点的投影和点的坐标之间的关系，即可作出点的三面投影。其步骤如下：

①先画出投影轴（即坐标轴），在OX轴上从O点开始向左量取X坐标15mm，定出a_X，过a_x作OX轴的垂线，如图4-3-5(a)所示；

②在OZ轴上从O点开始向上量取Z坐标20mm，定出a_z，过点a_z作OZ轴的垂线，两条垂线的交点即为a'，如图4-3-5(b)所示；

③在$a'a_x$的延长线上，从a_x向下量取Y坐标12mm得a；在$a'a_z$的延长线上，从a_z向右量取Y坐标12mm得a''。或者由投影点a'、a借助45°转折线的作图方法（即“宽相等”的对应关系）也可作出投影点a''。a'、a、a''即为A点的三面投影，如图4-3-5(c)所示。

四、两点的相对位置及重影点

1. 两点的相对位置

两点的相对位置是指空间两个点的左右、前后、上下3个方向的相对位置。其可根据它们的坐标关系来确定。X坐标大者在左，小者在右；Y坐标大者在前，小者在后；Z坐标大者在上，小者在下。两点在投影中反映出：正面投影为上下、左右关系，水平投影为左右、前后关系，侧面投影为上下、前后关系。

【例3】已知空间点A(15，15，15)，点B在点A的左方5mm，后方6mm，上方3mm，求作空间点B的三面投影图。

作图步骤如下：

①根据点A的三个坐标可作出点A的三面投影a、a'、a''，如图4-3-6(a)所示；

②在OX轴上从O点开始向左量取X坐标15+5=20(mm)得一点b_x，过该点作OX轴的垂线，如图4-3-6(b)所示；

③在OY_H轴上从O点开始向后量取Y_H坐标15−6=9(mm)得一点，过该点作OY_H轴的垂线，与OX轴的垂线相交，交点为空间点B的H面投影b，如图4-3-6(c)所示；

④在OZ轴上从O点开始向上量取Z坐标15+3=18(mm)得一点bz，过该点作OZ轴的垂

线，与 OX 轴的垂线相交，交点为空间点 B 的 V 面投影 b'，再由 b 和 b' 作出 b''，完成空间点 B 的三面投影，结果如图 4-3-6(d)所示。

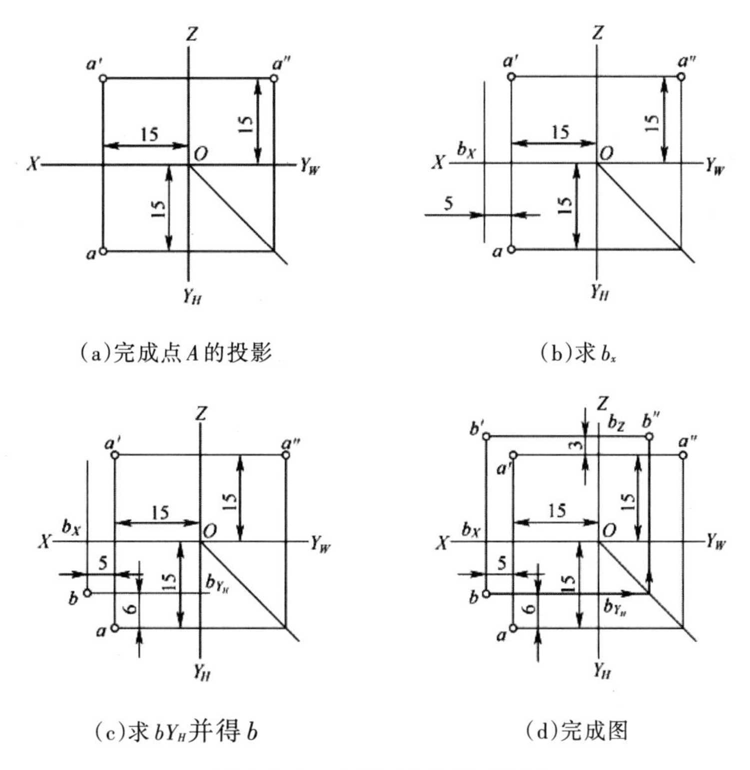

(a)完成点 A 的投影　(b)求 b_x

(c)求 bY_H 并得 b　(d)完成图

图 4-3-6　空间两点的相对位置

2. 重影点及其可见性

如图 4-3-7(a)所示，如果空间点 A 和点 B 的 X、Y 坐标相同，只是点 A 的 Z 坐标大于点 B 的 Z 坐标，则 A、B 两点的 H 面投影 a 和 b 将重合在一起，V 面投影 a' 在 b' 之上，且在同一条 OX 轴的垂线上，W 面投影 a'' 在 b'' 之上，且在同一条 OY_W 轴的垂线上。这种投影在某一投影面上重合的两个点，称为该投影面的重影点。重影点在标注时，将不可见的点的投影加上括号，如图 4-3-7(b)所示。

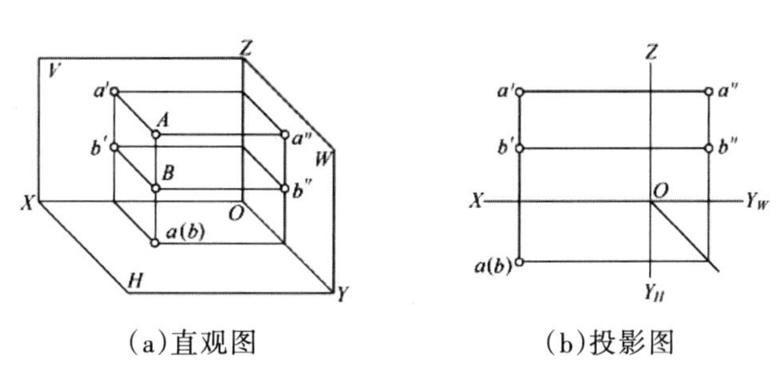

(a)直观图　(b)投影图

图 4-3-7　重影点的投影

说一说

三面投影体系中点的投影规律是什么？

想一想

1. 判断空间两点相对位置关系的依据是什么？

2. 为什么说掌握点的投影规律是研究直线、平面、形体投影的基础？

练一练

1.根据直观图4-3-8，作出点A、B、C的三面投影。

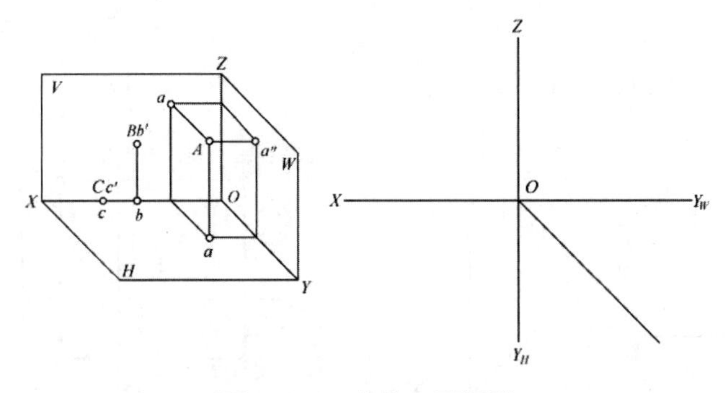

图4-3-8　点的三面投影

2. 如图4-3-9所示，求各点的第三面投影。

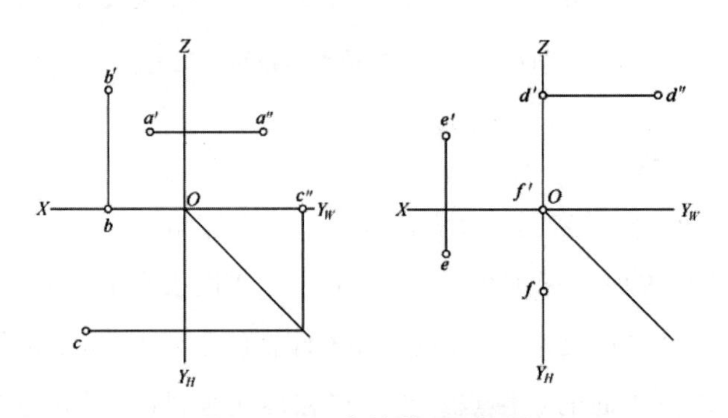

图4-3-9　点的第三面投影

任务四　直线的投影

任务要求

1. 掌握各种位置直线的投影。

2. 掌握特殊直线投影的规律。

一、各种位置直线的投影

直线在投影面上的投影仍为直线，特殊直线投影为点。作图时，只要分别作出线段两端点的三面投影，再连接该两端点的同面投影(同一投影面上的投影)，即可得到空间直线的三面投影。根据空间直线相对于投影面的位置不同，直线可分为3种：一般位置直线、投影面平行线和投影面垂直线。后两种又称为特殊位置直线。

1. 一般位置直线

如图4-4-1(a)所示，*AB*为一般位置直线。它既不平行也不垂直于任何一个投影面，即与3个投影面都处于倾斜位置的直线，这样的直线称为一般位置直线。

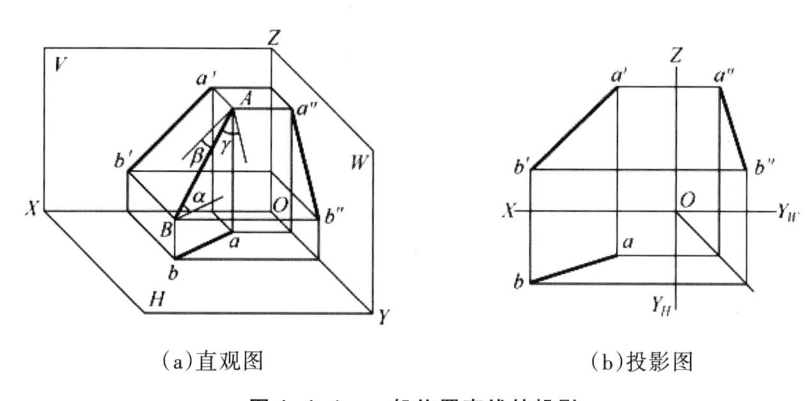

(a)直观图　　(b)投影图

图4-4-1　一般位置直线的投影

一般位置直线与投影面之间的夹角，称为直线对投影面的倾角。直线对*H*面的倾角用α表示，对*V*面的倾角用β表示，对*W*面的倾角用γ表示。

一般位置直线的3个投影均不反映真长，亦不反映空间直线对投影面的真实倾角，如图4-4-1(b)所示。

2. 投影面平行线

平行于某一个投影面，而倾斜于另外两个投影面的直线，称为投影面平行线。投影面平行线有3种位置：平行于水平面的称水平线，平行于正面的称正平线，平行于侧面的称侧平线。

投影面平行线的直观图、投影图和投影特性，见表4-4-1。

表 4-4-1　投影面平行线

	水平线(//*H* 面)	正平线(//*V* 面)	侧平线(//*W* 面)
直观图	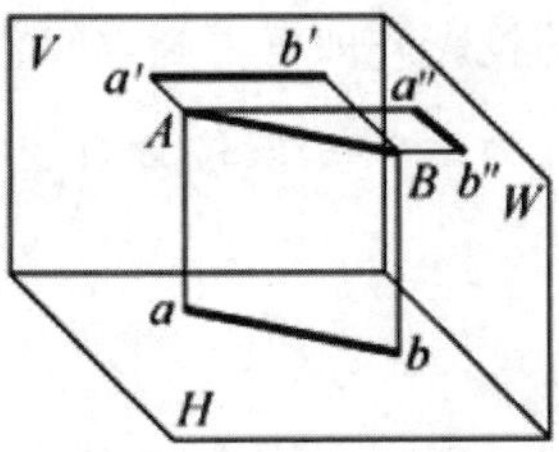	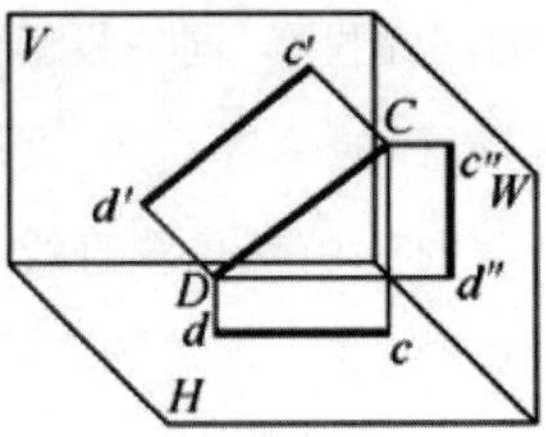	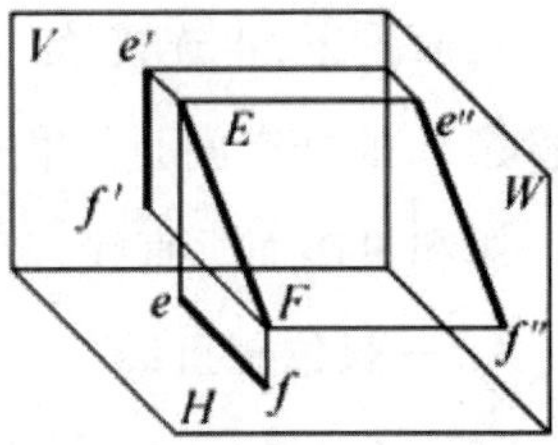
投影图	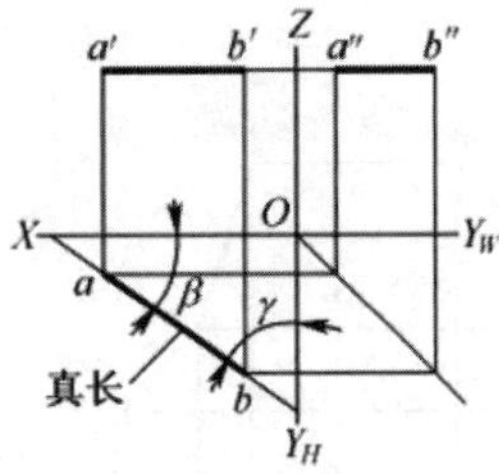	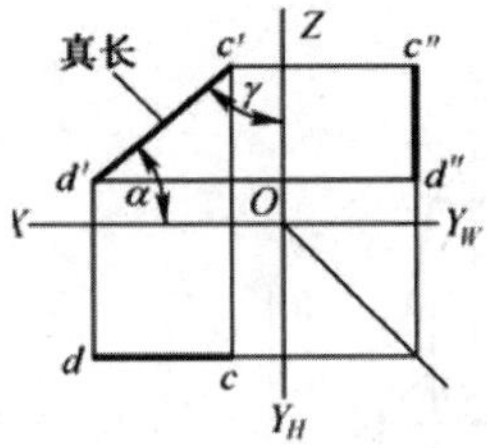	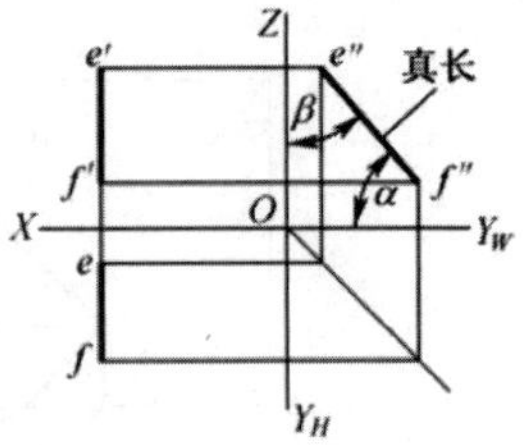
投影特性	1. *V* 面、*W* 面投影均短于直线段的真长，且平行于相应的投影轴，即 $a'b'//OX$ 轴而水平； 2. *H* 面投影倾斜而反映直线段的真长，即 $ab=AB$； 3. ab 与水平线和垂直线的夹角，反映直线段 *AB* 对 *V* 面和 *W* 面的实际倾角 β、γ	1. *H* 面、*W* 面投影均短于直线的真长，且平行于相应的投影轴，即 $cd//OX$ 轴而水平，$c''d''//OZ$ 轴而垂直； 2. *V* 面投影倾斜而反映直线段的真长，即 $c'd=CD$； 3. $c'd'$ 与水平线和垂直线的夹角，反映直线段 *CD* 对 *H* 面和 *W* 面的实际倾角 α、γ	1. *V* 面、*H* 面投影均短于直线段的真长，且平行于相应的投影轴，即 $e'f'//OZ$ 轴而垂直，$ef//OY_H$ 轴也垂直； 2. *W* 面投影倾斜而反映直线段的真长，即 $e''f''=EF$； 3. $e''f''$ 与水平线和垂直线的夹角，反映直线段 *EF* 对 *H* 面和 *V* 面的实际倾角 α、β

3. 投影面垂直线

直线垂直于某一个投影面时，称为投影面垂直线。投影面垂直线有3种位置：垂直于水平面的称为铅垂线，垂直于正面的称为正垂线，垂直于侧面的称为侧垂线。投影面垂直线的直观图、投影图和投影特性，见表 4-4-2。

表 4-4-2　投影面垂直线

	铅垂线（⊥H面）	正垂线（⊥V面）	侧垂线（⊥W面）
直观图			
投影图			
投影特性	1. H面投影积聚为一个点$a(b)$； 2. V面、W面投影均反映直线段AB的真长，且分别垂直于相应的投影轴，即$a'b'=a''b''=AB$，$a'b' \perp OX$轴，$a''b'' \perp OY_W$轴	1. V面投影积聚为一个点$d'(C)$； 2. H面、W面投影均反映直线段CD的真长，且分别垂直于相应的投影轴，即$cd=c''d''=CD$，$cd \perp OX$轴，$c''d'' \perp 0Z$轴	1. W面投影积聚为一个点$e''(f'')$； 2. H面、V面投影均反映直线段EF的真长，且分别垂直于相应的投影轴，即$ef=e'f'=EF$，$ef \perp OY_H$轴，$e'f' \perp OZ$轴

【例4】如图4-4-2所示为正三棱锥的投影图，试分析各棱线与投影面的相对位置关系。

步骤分析如下：①棱线sb，如图4-4-2(a)所示，sb与$s'b'$分别平行于OH轴和OZ轴，可确定棱线SB为侧平线，侧面投影$s''b''$反映棱线sb的真长。

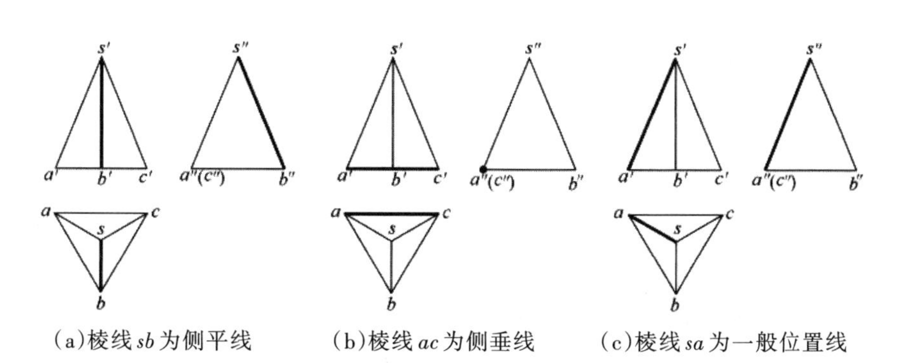

(a)棱线sb为侧平线　(b)棱线ac为侧垂线　(c)棱线sa为一般位置线

图4-4-2　正三棱锥各棱线与投影面的相对位置

②棱线 ac，如图4-4-2(b)所示，侧面投影 $a''(c'')$ 为积聚点，可判断棱线 AC 为侧垂线，其正面投影与水平投影均反映棱线 ac 的真长，即 $a'c'=ac=AC$。

③棱线 sa，如图4-4-2(c)所示，棱线 sa 的3个投影 s a、$s'a'$、$s''a''$ 对各投影轴均倾斜，由此可判断出棱线 SA 必定是一般位置直线。

二、直线上的点

1. 直线上点的投影

点在直线上，其投影一定落在该直线的同面投影上，且符合点的投影规律，这一特性称为从属性。如图4-4-3(a)所示，因为点 C 在直线 AB 上，所以点 C 的投影一定落在该直线的同面投影上；点 D 不在直线 AB 上，点 D 的投影一定不落在该直线的同面投影上（V 面投影 d' 与 $a'b'$ 重影），其投影如图4-4-3(b)所示。

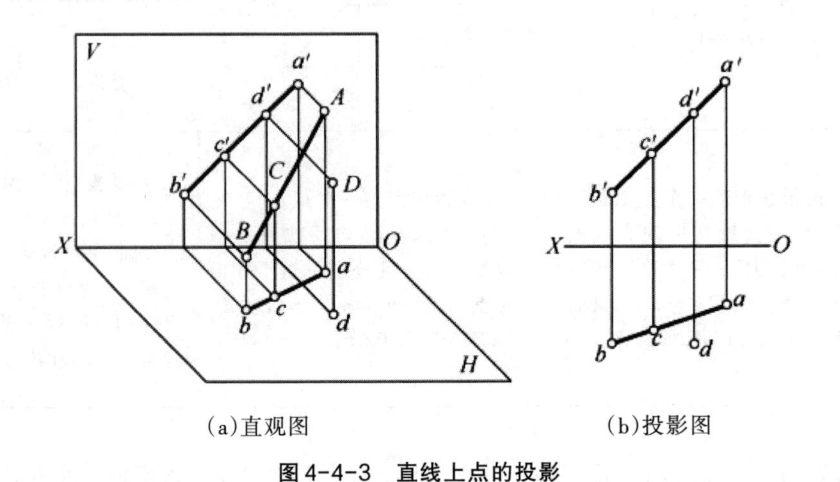

(a)直观图　　(b)投影图

图4-4-3　直线上点的投影

2. 点分直线段成定比

直线上的点分割直线段长度之比，等于其同面投影长度之比。如图4-4-3所示，点 C 将直线段 AB 分成 AC 和 CB 两段，点 C 的投影 c 也分 AB 的投影 ab 为 ac、cb 两段，则 $AC:CB=ac:cb=a'c':c'b'=a''c'':c''b''$。

【例5】如图4-4-4(a)所示，系已知直线 AB 在 V 面、H 面的投影。在直线 AB 上找一点 C，使其分直线 AB 为2:3。

作图步骤如下：

①过点 a 引一条适当长度并五等分辅助线 aB_1；

②过点 B_1 向 a 连线得 aB_1，距点 a 两等分处得点 k；

③过点 k 作 bB_1 的平行线，交 ab 于点 c；

④ 作 V 面的投影点 c'，结果如图 4-4-4(b)所示。

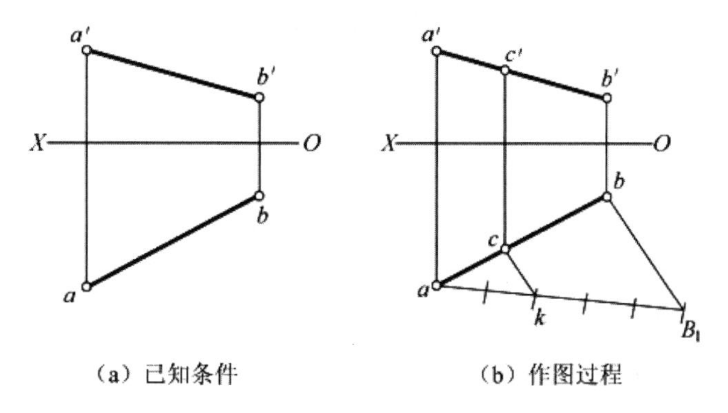

（a）已知条件　　　（b）作图过程

图 4-4-4　直线上点分割直线及投影

说一说

一般位置直线的投影特性是什么？

想一想

直线上的点有哪些特点？

练一练

如图 4-4-5 所示，作下列直线的三面投影。

1. 水平线 AB，点 B 位于点 A 左、前方，$\beta=45°$，长 15mm；

2. 正垂线 CD，点 D 位于点 C 后 20mm。

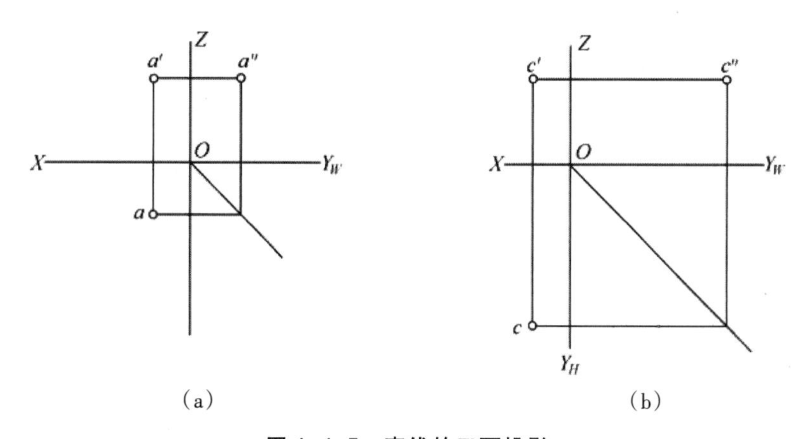

（a）　　　（b）

图 4-4-5　直线的三面投影

任务五　平面的投影

任务要求

1. 掌握各种位置平面的投影。
2. 掌握平面上的直线和点。

一、平面的表示方法

平面的范围是无限的。平面在空间的位置可用下列几何元素来表示：

(1)不在同一条直线上的三个点，如图4-5-1(a)所示的点A、B、C；

(2)一条直线及直线外一点，如图4-5-1(b)所示的点A和直线BC；

(3)相交的两条直线，如图4-5-1(c)所示的直线AB和AC；

(4)平行的两条直线，如图4-5-1(d)所示的直线AB和CD；

(5)平面图形，如图4-5-1(e)所示的三角形ABC。

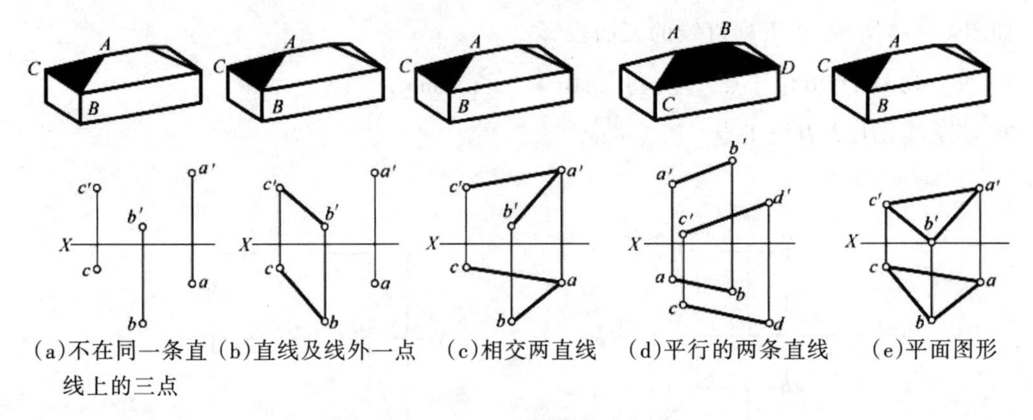

(a)不在同一条直线上的三点　(b)直线及线外一点　(c)相交两直线　(d)平行的两条直线　(e)平面图形

图4-5-1　平面的表示方法

二、各种位置平面的投影

三投影面体系中的平面，相对于投影面有3种不同位置，可分为：一般位置平面，平行于投影面的平面(简称为投影面平行面)，垂直于投影面的平面(简称为投影面垂直面)。后两种平面统称为特殊位置平面。平面对H面的倾角用α表示，对V面的倾角用β表示，对W面的倾角用γ表示。

1. 一般位置平面

当平面与3个投影面都倾斜时，称为一般位置平面。如图4-5-2所示，图中用△ABC来表示一个平面，该平面与 V、H、W3 个投影面都倾斜，投影面上的投影 $\triangle abc$、$\triangle a'b'c'$ 和 $\triangle a''b''c''$ 均为 $\triangle ABC$ 的类似形，也不反映该平面对投影面的真实倾角。

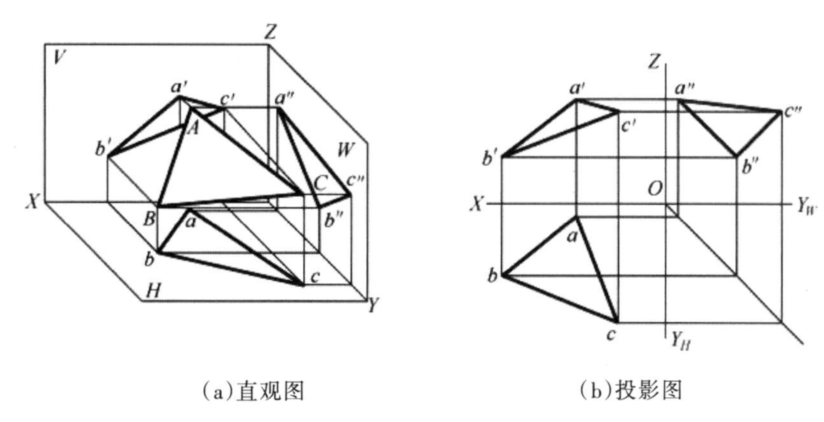

(a)直观图　　(b)投影图

图 4-5-2　一般位置平面

一般位置平面的投影特性是：3 个投影都没有积聚性，仍是平面图形，反映了原空间平面图形的类似形状。

在读图时，一个平面的 3 个投影如果都是平面图形，它必然是一般位置平面。

2. 投影面平行面

投影面平行面有以下 3 种：平行于水平面的平面称为水平面平行面（简称为水平面），平行于正面的平面称为正面平行面（简称为正平面），平行于侧面的平面称为侧面平行面（简称为侧平面）。投影面平行面的直观图、投影图和投影特性，见表 4-5-1。

表 4-5-1　投影面平行面

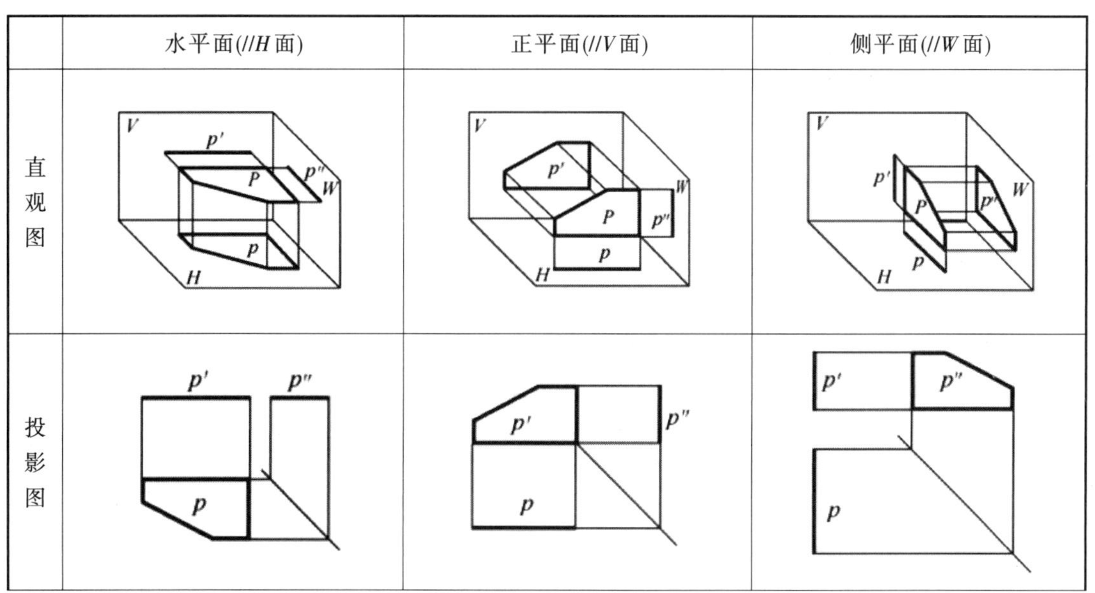

	水平面(//H面)	正平面(//V面)	侧平面(//W面)
直观图			
投影图			

续表

	水平面(//H面)	正平面(//V面)	侧平面(//W面)
投影特性	1. H面投影反映平面图形的真形； 2. V、W面投影积聚为一条直线，且分别平行于相应的投影轴OX轴和OY轴	1. V面投影反映平面图形的真形； 2. H、W面投影积聚为一条直线，且分别平行于相应的投影轴OX轴和OZ轴	1. W面投影反映平面图形的真形； 2. H、V面投影积聚为一条直线，且分别平行于相应的投影轴OZ轴和OY轴

3. 投影面垂直面

投影面垂直面，可分为以下3种：垂直于水平面而倾斜于V、W面的平面称为水平面垂直面（简称为铅垂面），垂直于正面而倾斜于H、W面的平面称为正面垂直面（简称为正垂面），垂直于侧面而倾斜于H、V面的平面称为侧面垂直面（简称为侧垂面）。

投影面垂直面的直观图、投影图和投影特性，见表4-5-2。

表4-5-2　投影面垂直面的直观图、投影图和投影特性

	铅垂面(⊥H面)	正垂面(⊥V面)	侧垂面(⊥W面)
直观图	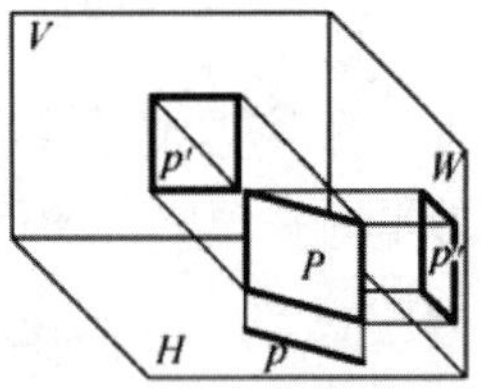	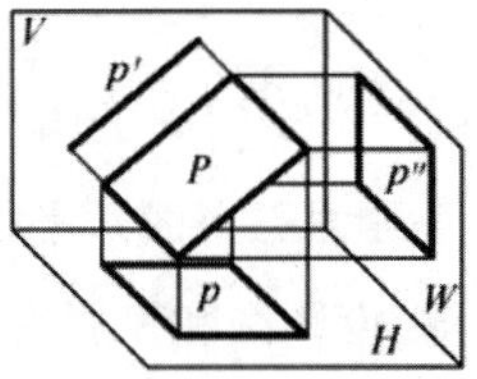	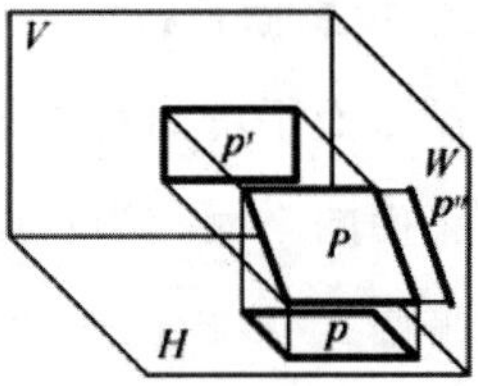
投影图	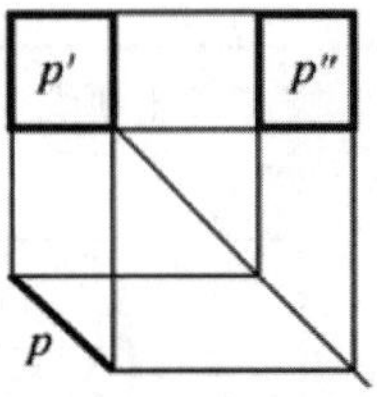	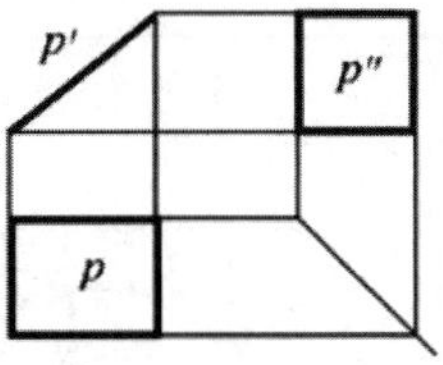	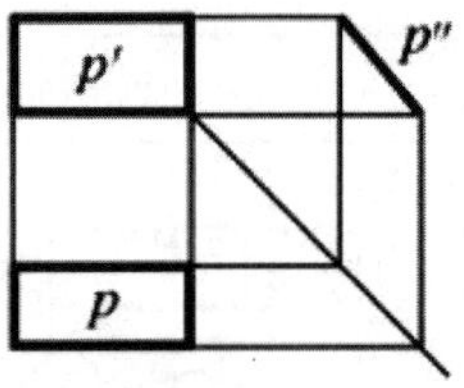
投影特性	1. H面投影积聚为一条直线； 2. V、W面投影均为小于平面图形真形的类似形	1. V面投影积聚为一条直线； 2. H、W面投影均为小于平面图形真形的类似形	1. W面投影积聚为一条直线； 2. H、V面投影均为小于平面图形真形的类似形

三、平面上的直线和点

1. 平面上的直线

如图4-5-3(a)、(b)分别为平面上直线的直观图和投影图。

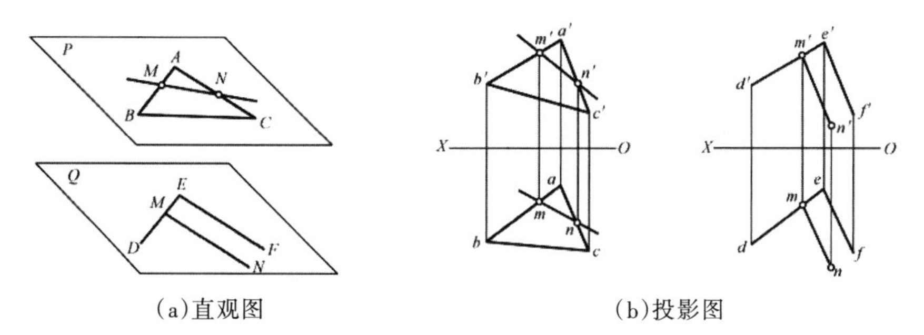

(a)直观图　　(b)投影图

图4-5-3　平面上的直线

直线在平面上的几何条件是:

(1)一条直线若通过平面上的两个点,则此直线必定在该平面上。△*ABC*决定一平面*P*,由于*M*、*N*两点分别在直线*AB*和*AC*上,所以*MN*连线必定在平面*P*上。

(2)一条直线若通过平面上的一个点,又平行于该平面上的另一条直线,则此直线必在该平面上。相交两直线*ED*、*EF*决定一平面*Q*,由于*M*是直线*ED*上的一个点,若过*M*作直线*MN*//*EF*,则*MN*必定在平面*Q*上。

2. 平面上的点

如图4-5-4(a)、(b)分别为平面上点的直观图和投影图。

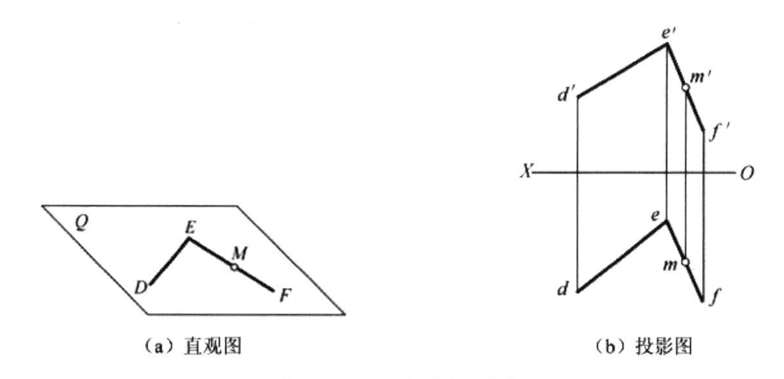

(a) 直观图　　(b) 投影图

图4-5-4　平面上的点

点在平面上的几何条件是:若点在平面内的任意一条直线上,则此点一定在该平面上。相交的两直线*ED*、*EF*决定一平面*Q*,由于*M*点在平面*Q*内的*EF*直线上,因此*M*点在平面*Q*上。

【例6】已知△*ABC*及其平面上点*k'*的投影,求作点*K*的水平投影*k*,如图4-5-5(a)所示。

作图步骤如下：

① 过投影点a'、k'作辅助线交$b'c'$于d'点，再按点的投影规律，由d'向下作铅垂线，与bc相交得d点，如图4-5-5(b)所示；

② 连接ad，如图4-5-5(b)所示；

③ 由k'向下作垂直线，与ad相交得k点。则k点即为所求点，如图4-5-5(c)所示。

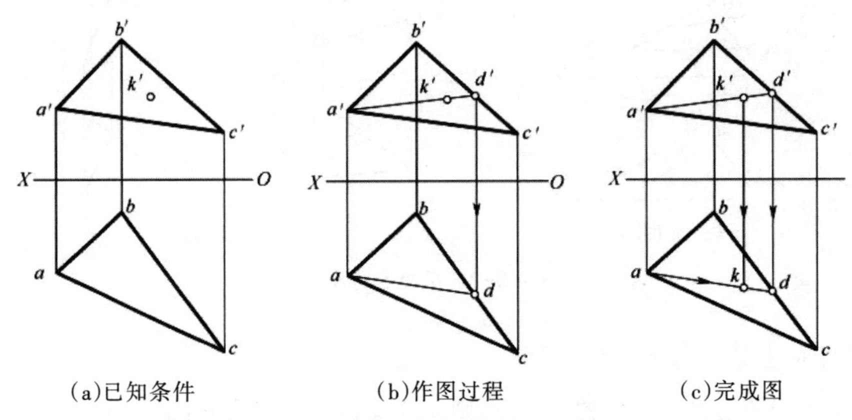

(a)已知条件 (b)作图过程 (c)完成图

图4-5-5 求作平面上点的投影

3. 特殊位置平面上点的投影

投影面平行面或投影面垂直面均称为特殊位置平面，在它们所垂直的投影面上的投影积聚成直线，所以在该投影面上的点和直线的投影必在其有积聚性的同面投影上。如图4-5-6所示，若已知$\triangle ABC$上点F的水平投影f，可利用有积聚性的正面投影$a'b'c'$求得f'，再由f和f'求得f''。

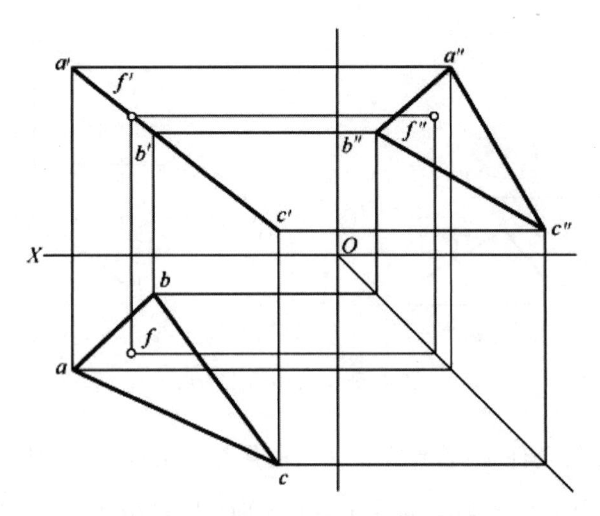

图4-5-6 特殊位置平面上点的投影

说一说

平面的表示方法有哪些？

想一想

1. 一般位置平面的投影特性是什么？

2. 投影面平行面的投影特性是什么？

3. 投影面垂直面的投影特性是什么？

练一练

如图4-5-7所示，已知△*ABC*在*DEFG*上，求△*ABC*在*H*面的投影。

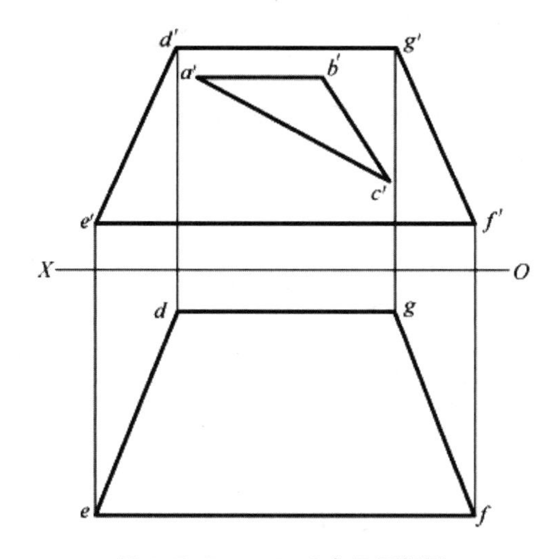

图4-5-7　△*ABC*水平面投影

任务六　组合形体的投影

任务要求

1. 掌握组合体的组成形式。

2. 掌握构成组合体的各基本几何体表面之间的连接关系。

一、概述

1. 组合体的组成形式

由基本几何体组合而成的立体称为组合体。组合体常见的组合方式有3种。

(1)叠加,即组合体是由基本几何体叠加组合而成,如图4-6-1所示。

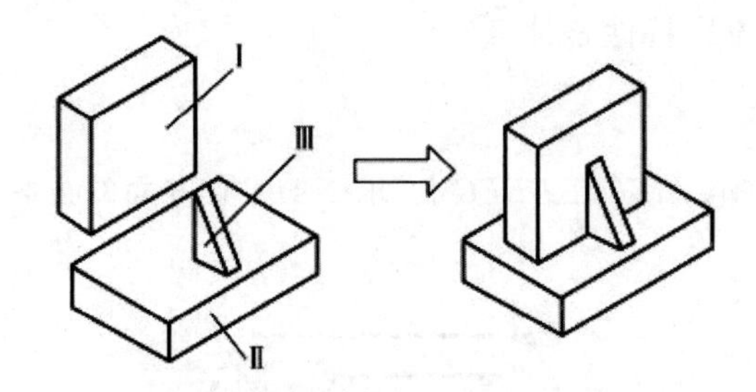

图4-6-1　组合体组成形式(叠加)

(2)切割。即组合体是由基本几何体切割组合而成,如图4-6-2所示。

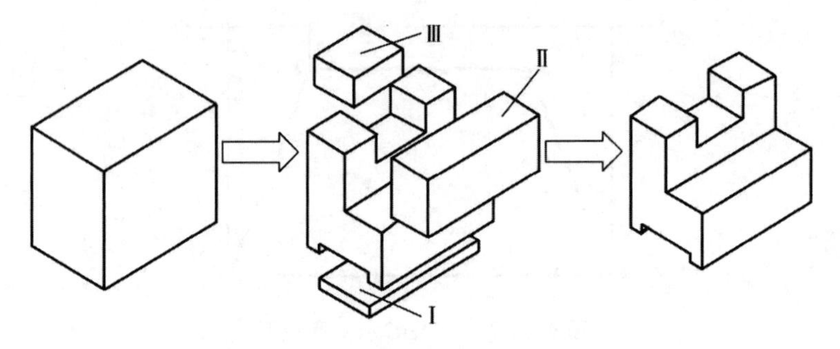

图4-6-2　组合体组成形式(切割)

(3)复合,即组合体是由基本几何体叠加和切割组合而成,如图4-6-3所示。

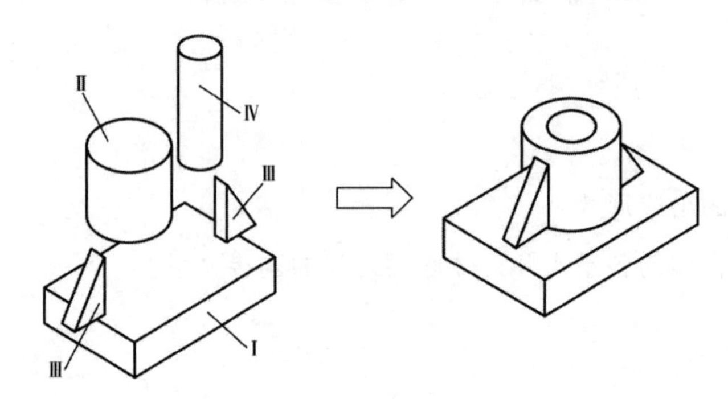

注:Ⅳ切割Ⅰ与Ⅱ

图4-6-3　组合体组成形式(复合)

2. 组合体各形体之间的表面连接关系

构成组合体的各基本形体之间的表面连接关系一般可分为4种。

(1)共面。当两形体的表面连接平齐时，则两形体的连接表面构成同一个面，中间不作分界线，如图4-6-4所示。

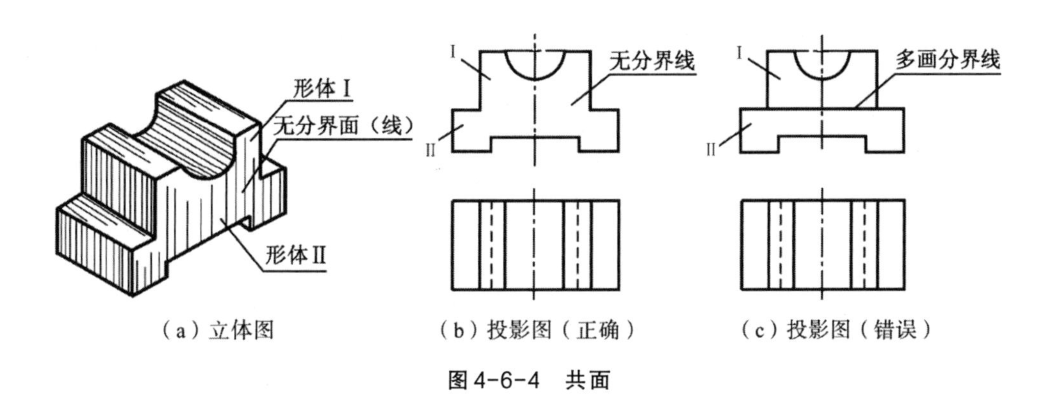

(a)立体图 (b)投影图(正确) (c)投影图(错误)

图4-6-4 共面

(2)不共面。当两形体的表面连接不平齐时，中间应有线隔开，在主视图中就应作出它们的分界线，如图4-6-5所示。

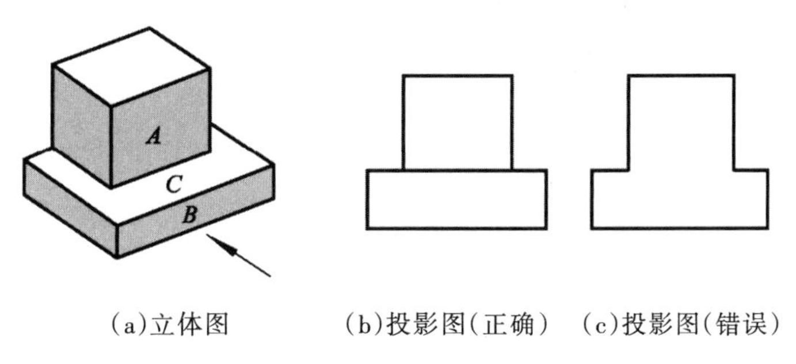

(a)立体图 (b)投影图(正确) (c)投影图(错误)

图4-6-5 不共面

(3)相切。当两形体的表面相切时，两表面光滑过渡，一般情况下在相切处不应作分界线，如图4-6-6所示。

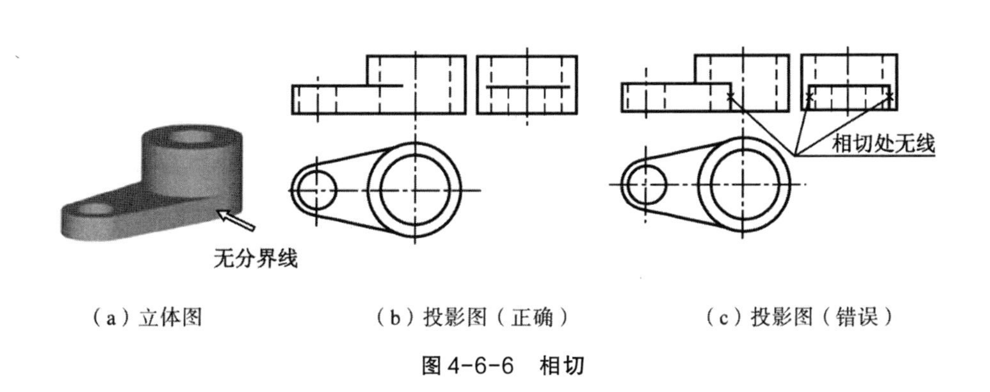

(a)立体图 (b)投影图(正确) (c)投影图(错误)

图4-6-6 相切

(4)相交。当两形体的表面相交时,则交线是它们的分界线,在相交处应作交线的投影,如图4-6-7所示。

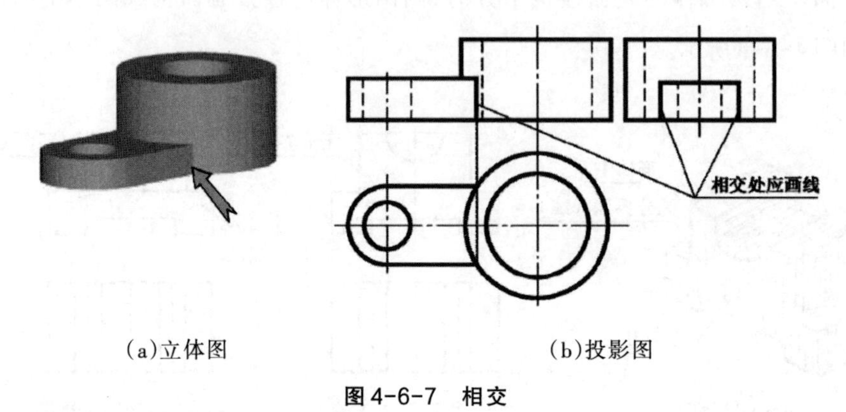

(a)立体图　　(b)投影图

图4-6-7　相交

二、读图的基本方法

组合体读图常用的方法是形体分析法和线、面分析法。

1. 形体分析法

根据投影特性在投影图上分析组合体的图形特征,分析组合体各组成部分的形状和相对位置,将组合体分线框、对投影、辨形体、定位置,然后综合起来想象出整个组合体的形状。读图时,一般以正面投影图为主,同时联系水平面、侧面投影图进行形体分析。

2. 线、面分析法

根据线、面的投影特性,按照组合体上的线及线框来分析各形体的表面形状、形体的表面交线。先分析组合体各局部的空间形状,然后想象出整体形状。一般在组合体读图时,以形体分析法为主,在投影图中有些不易看懂的部分,或有些切割组合方式的形体,还应辅以线、面分析法。

三、读图步骤

读图时,首先应粗读所给出的各个投影图,从整体上了解整个组合体的大致形状和组成方式。然后再从最能反映组合体形状特征的投影(一般是正面投影图)入手,进行形体分析。根据投影中的各封闭线框,把组合体分成几部分,按投影关系结合各个投影图逐步看懂各个组成部分的形状特征。最后综合各部分的相对位置和组合方式,想象出组合体的整体形状。组合体的读图步骤,如图4-6-8所示。

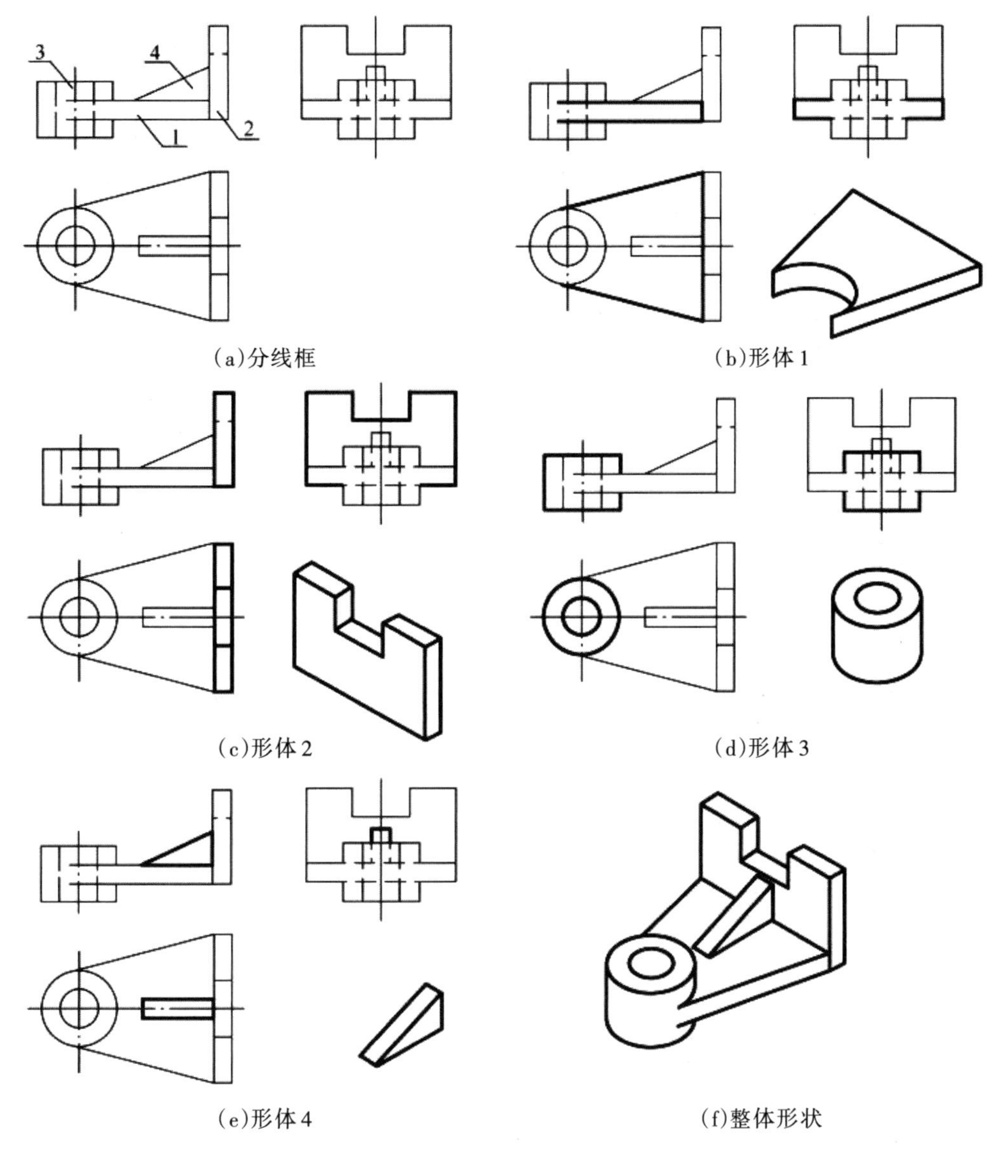

(a)分线框 (b)形体1

(c)形体2 (d)形体3

(e)形体4 (f)整体形状

1—缺口梯形板;2—凹字形板;3—圆筒;4—三角形板

图4-6-8 组合体的读图步骤

读图的方法如下:

(1)看投影图,分解形体(分线框)。首先,粗读所给的各个投影图,经过投影分析可大致了解组合体的形状及其组成方式。在此基础上,应用形体分析法,将组合体分解为1、2、3、4四部分,如图4-6-8(a)所示。

(2)对照投影,确定形状。根据投影的"三等"对应关系,将每部分的各投影划分出来,仔细地分析、想象,确定每个基本部分的形状。在此例中,矩形1和水平面投影图的梯形线框、侧面投影图的矩形线框相对应,这就可以确定该组合体的底部是一个如图4-6-8(b)所示的带缺口的梯形板1;矩形线框2在水平面投影图与侧面投影图中,对应的也分别为矩形线框和带缺口的矩形线框,由此可知其空间形状是如图4-6-8(c)所示的凹字形板2;同样地,可以分析出正面投影图中矩形内有虚线的3所对应的另两投影是两个同心圆及矩形内加虚线,所以可知其空间形状是如图4-6-8(d)所示的圆筒;再看正面投影中的三角形4,在水平面投影图与侧面投影图中与之对应的都是矩形,所以它的空间形状是如图4-6-8(e)所示的三角形板。

(3)分析相对位置和表面连接关系。由水平面、侧面投影图可以看到,该组合体前后对称,水平梯形板的前后两个垂直面均与圆筒表面相切,三角形板前后对称地放在形体1上,形体1和形体2的下表面齐平。

(4)合起来想整体。在看懂每部分形体和它们之间的相对位置及连接关系的基础上,最后综合起来想出组合体的整体形状,结果如图4-6-8(f)所示。

说一说

组合体的组成形式有几种?构成组合体的各基本几何体表面之间的连接关系有几类?

想一想

什么是形体分析法?什么是线、面分析法?

练一练

补画出图4-6-9各投影中所缺少的图线。

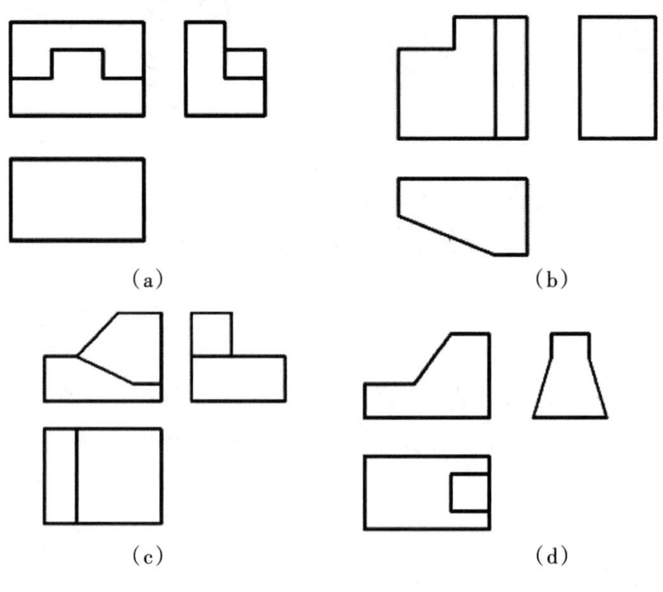

图4-6-9 补线

项目五　轴测投影

多面正投影图能够完整、准确地表示物体的形状和大小，并且作图简单，是工程图中主要和基本的表示方法；但是无立体感，直观性不强，不易看懂。

轴测投影图给人以立体感，能在一个图中同时反映长、宽、高三个向度的形状和近似尺寸，作为建筑识图的辅助工具得到了广泛应用。

任务一　轴测投影的基本知识

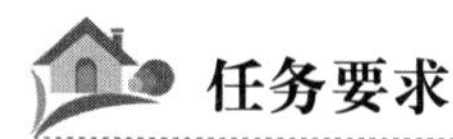

任务要求

1. 学习轴测图的定义、特点和目的。
2. 了解轴测图的优缺点、轴测图的应用。
3. 掌握轴测图的特性：平行性、轴间角和轴向伸缩系数。

一、引言

图 5-1-1(a)和图 5-1-1(b)分别表示同一形体的三面投影图和轴测投影图。比较这两种图可以看出：三面正投影图，既能完整地反映形体的真实形状，又便于标注尺寸，所以在工程中被广泛采用；但这种图缺乏立体感，只有受过专门训练的人才能看懂，而且读图时必须把几个投影图联系起来，才能想象出形体的全貌。轴测投影图是在一个投影上同时反映形体的长、宽、高三个向度，立体感较强，但度量性较差，作图也较烦琐。

在工程中，常采用轴测投影图来弥补多面正投影图直观性差的缺点。故轴测投影图是一种辅助图样。

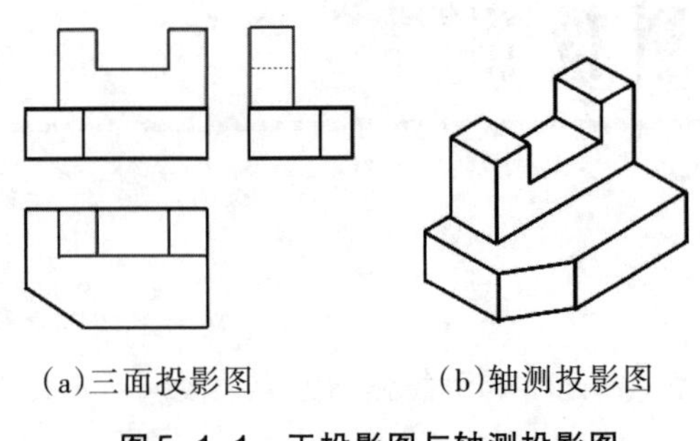

图 5-1-1　正投影图与轴测投影图

二、轴测图的定义和特点

1. 轴测图的定义:轴测图是一种能同时反映物体三维空间形状的单面投影图。

2. 轴测图的特点:轴测图富有立体感,但它作图困难,且有变形。三视图与轴测图,如图5-1-2所示。

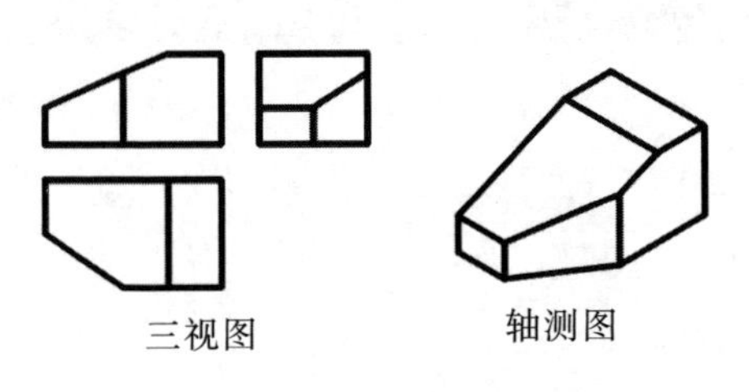

图 5-1-2　三视图与轴测图

三、轴测图的形成(图 5-1-3)

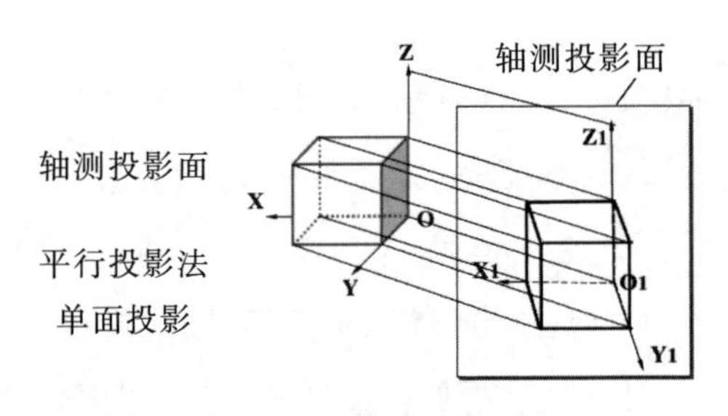

图 5-1-3　轴测图的形成

将物体置于空间直角坐标系中,用平行投影法将物体及直角坐标系一起向一个投影面投影。

轴测图的形成方式包括两种:正轴测和斜轴测,如图 5-1-4 所示。

1. 正轴测:用正投影法得到的轴测图,如图 5-1-4(a)。

2. 斜轴测:用斜投影法得到的轴测图,如图 5-1-4(b)。

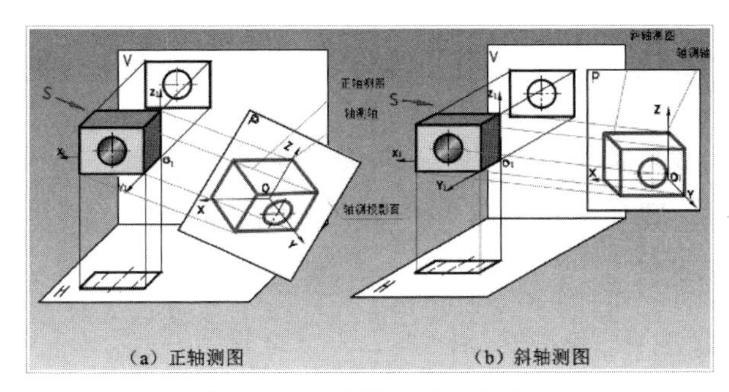

图 5-1-4　轴测投影图的形成

四、轴测投影的术语

1. 轴测轴和轴间角

当物体连同坐标轴一起投射到轴测投影面(P)上时，坐标轴 OX、OY、OZ 的投影 O_1X_1、O_1Y_1、O_1Z_1 称为轴测投影轴。轴测轴之间的夹角$\angle X_1O_1Y_1$、$\angle Y_1O_1Z_1$、$\angle X_1O_1Z_1$称为轴间角。

轴测轴：建立在物体上的坐标轴在投影面上的投影。轴间角：指轴测轴之间的夹角。

轴测轴和轴间角，如图 5-1-5 所示。

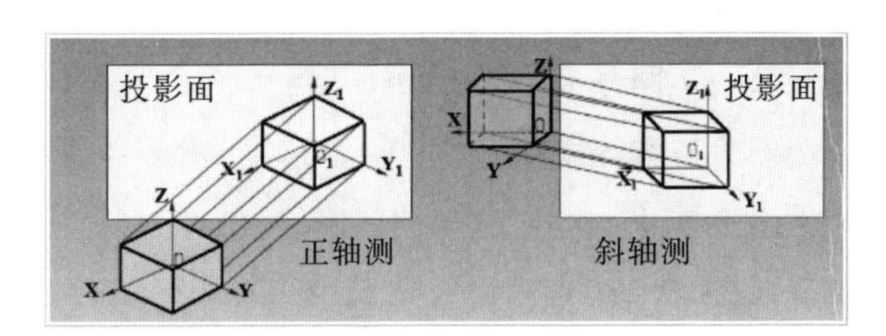

图 5-1-5　轴测轴和轴间角

2. 轴向伸缩系数

轴向伸缩系数，是指轴测轴上的单位长度与相应直角坐标轴上的单位长度的比值，如图 5-1-6 所示。

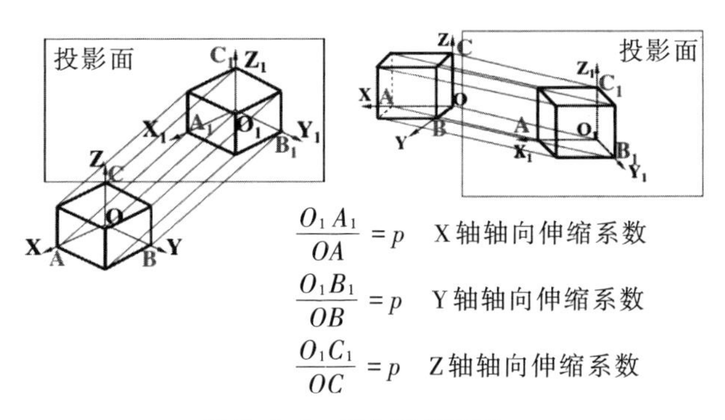

图 5-1-6　轴向伸缩系数

五、轴测投影的特性

轴测投影是在单一投影面上获得的平行投影。所以,它具有平行投影的特性。

1. 空间平行的线段,其轴测投影仍相互平行。因此,形体上平行于某坐标轴的直线,其轴测投影平行于相应的轴测轴。

2. 平行二线段长度之比,等于其轴测投影长度之比。因此,平行于坐标轴的线段的轴测投影与线段实长之比,等于相应的轴向伸缩系数。

思考:与坐标轴平行的线段,其轴测投影如何?

轴测投影长度等于该线段空间实长与相应轴向伸缩系数的乘积。

轴测含义:凡是与坐标轴平行的线段,就可以在轴测图上沿轴向进行度量和作图。

注意:与坐标轴不平行的线段其伸缩系数与之不同,不能直接度量与绘制,只能根据端点坐标,作出两端点后连线绘制。

六、轴测图的分类

轴测图按投射线与投影面是否垂直分为正轴测图和斜轴测图。

轴测图按轴向伸缩系数的不同分为等测、二测、三测。

工程图中常用的轴测图为正等测图和斜二测图。

1. 根据投射线和轴测投影面相对位置的不同,轴测投影可分为两种:

(1)正轴测投影。投射线 S 垂直于轴测投影面,如图 5-1-7(a)所示;

(2)斜轴测投影。投射线 S 倾斜于轴测投影面 Q,如图 5-1-7(b)所示。

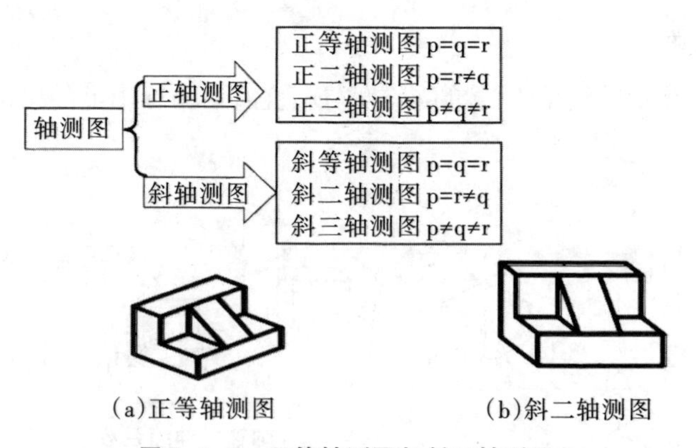

图 5-1-7 正等轴测图与斜二轴测图

2. 根据轴向变形系数的不同，轴测投影又可分为3种：

(1)正(或斜)等轴测投影 $p=q=r$；

(2)正(或斜)二轴测投影 $p=q\neq r$ 或 $p=r\neq q$ 或 $p\neq q=r$；

(3)正(或斜)三轴测投影 $p\neq q\neq r$。

其中，正等轴测投影、正二轴测投影和斜二轴测投影在工程上常用，故本章只介绍正等轴测投影和斜二轴测投影。

说一说

说一说什么是轴测图，它有什么特点。

想一想

想一想轴测投影的形成原理。

练一练

画一画正等轴测图的坐标轴和斜二轴测图的坐标轴。

任务二　绘制轴测图

任务要求

1. 了解轴测投影的基本知识。
2. 掌握轴测图画法及基本步骤。
3. 能画出简单形体的正等轴测图。
4. 能画出复杂组合体的正等轴测图。

一、轴测投影的基本知识

轴测图是一种单一投影面视图，在同一投影面上能同时反映出物体三个坐标面的形状，并接近于人们的视觉习惯，形象、逼真，并富有立体感。但是轴测图一般不能反映物体单个表面的实形，因而度量性差，同时作图较复杂。因此，在工程上，常把轴测图作为辅助图样，来说明机器的结构、安装和使用等情况。

1. 轴测图的形成

如图5-2-1(a)所示为空间物体的投影情况。将物体向 V 和 H 面投影得到正投影图(即得主视图和俯视图)。将物体连同其直角坐标体系，沿(S)不平行于任一坐标平面的方向，用平行投影法将其投射在单一投影面(P)上所得到的具有立体感的图形,称为轴测投影(轴测图)。轴测投影被选定的单一投影P,称为轴测投影面。

图5-2-1(b)所示为轴测投影图。由于轴测投影图同时反映了物体三个方向的形状,与正投影图相比较,富有立体感,它是工程上常用的辅助图样。

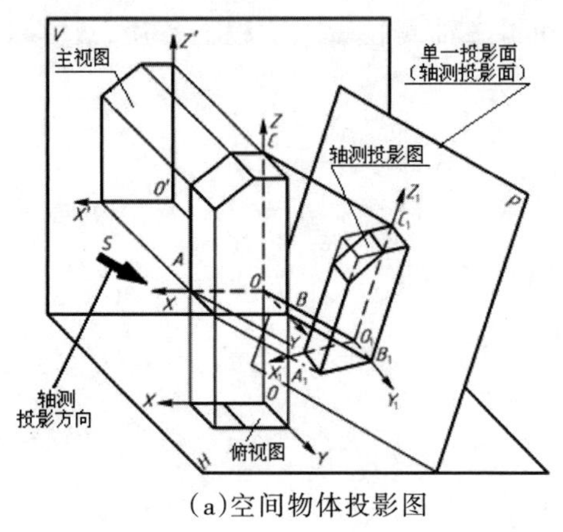

(a)空间物体投影图

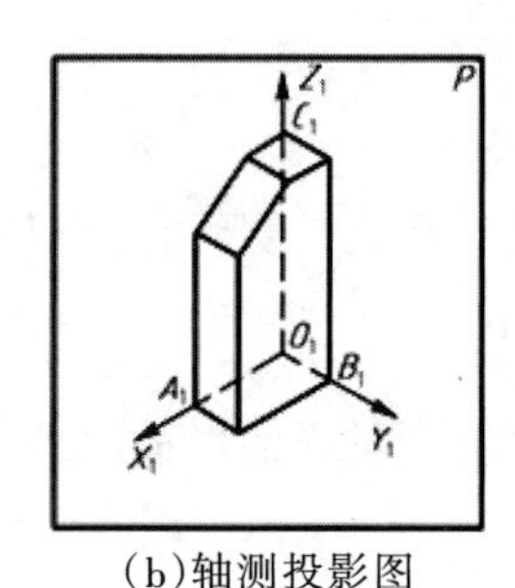

(b)轴测投影图

图5-2-1　轴测图的形成

2. 轴测轴、轴间角和轴向伸缩系数

(1)轴测轴。物体上的直角坐标轴(OX、OY、OZ),在轴测投影面P上的投影O_1X_1、O_1Y_1、O_1Z_1,称为轴测投影轴,简称轴测轴。

(2)轴间角。在轴测投影中,任意两根轴之间的夹角$\angle X_1O_1Z_1$、$\angle X_1O_1Y_1$、$\angle Y_1O_1Z_1$,称为轴间角。

(3)轴向伸缩系数。轴测轴上的单位长度与相应直角坐标轴上的单位长度的比值,称为轴向伸缩系数。O_1X_1、O_1Y_1、O_1Z_1轴上的轴向伸缩系数分别用p_1、q_1、r_1表示。

为了便于作图,绘制轴测图时,对轴向伸缩系数进行简化,以使其比值成为简单的数值。简化轴向伸缩系数分别用p、q、r表示。

3. 轴测投影的基本特性

由于轴测图是根据平行投影法画出来的,因此它具有平行投影的基本性质。其主要投影特性概括如下:

(1)物体上互相平行的线段,轴测投影一定互相平行。与坐标轴平行的线段,其轴测投影仍平行于相应的轴测轴,且同一轴向所有线段的轴向伸缩系数相同。

(2)物体上不平行于轴测投影面的平面图形,在轴测图上变成原来的类似形,如正方形的轴测投影为菱形,圆轴测投影为椭圆。

画轴测图时,凡物体上与轴测轴平行的线段的尺寸可以沿轴向直接量取。所谓"轴测",

就是指沿轴进行测量的意思。

二、正等轴测图及其画法

1. 正等轴测图的轴间角、轴向伸缩系数

正等轴测图，如图5-2-2(a)所示，正等轴测图的轴间角$\angle X_1O_1Y_1=\angle Y_1O_1Z_1=\angle X_1O_1Z_1=120°$，正等轴测图轴向伸缩系数为$p_1=q_1=r_1=0.82$。画图时，一般使$O_1Z_1$轴处于竖直位置，$O_1X_1$、$O_1Y_1$轴与水平成30°，可利用30°的三角板与丁字尺方便地画出三根轴测轴。为了便于作图，通常将轴向伸缩系数加以简化，用$p_1=q_1=r_1=1$，如图5-2-2(b)所示。这样在绘制正等轴测图时，凡平行于轴测轴的线段，可直接按物体上相应线段的实际长度量取，不必换算。

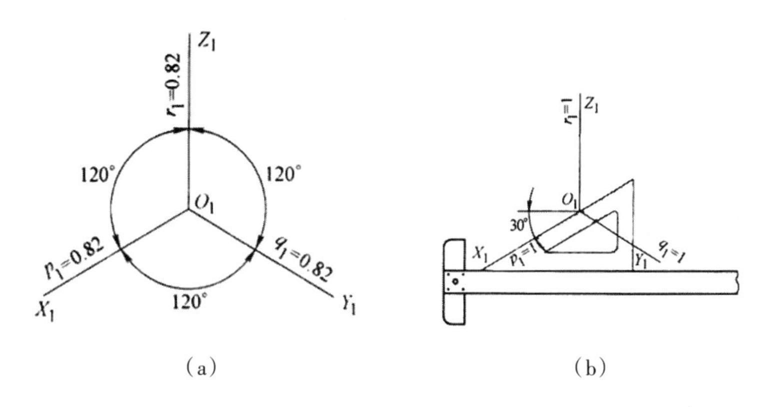

图5-2-2 正等轴测图

2.正等轴测图的画法

(1)平面立体正等轴测图的画法。

【例1】根据图5-2-3(a)长方体三视图，绘制正等轴测图。

作图方法和步骤如下：

①在三视图上定出原点和坐标轴的位置，设定右后下方为原点，X、Y、Z轴是过原点O的三条棱线，如图5-2-3(a)所示；

②绘制轴测轴，先用30°的三角板画出轴测轴O_1X_1、O_1Y_1、O_1Z_1，如图5-2-3(b)所示；

③绘制长方体正等轴测图，先在O_1X_1轴上量取长方体的长a，在O_1Y_1轴上量取长方体宽b；再分别通过Ⅰ$_1$、Ⅲ$_1$画出平行于O_1X_1和O_1Y_1轴的平行线，交于Ⅱ点，即画出长方体底面的形状；最后，过Ⅰ$_1$、Ⅱ$_1$、Ⅲ$_1$点画出O_1Z_1轴方向的棱线，尺寸为h，画出顶面各边，如图5-2-3(b)所示。

④擦去轴测轴，描深轮廓线，即得长方体正等轴测图，如图5-2-3(c)所示。

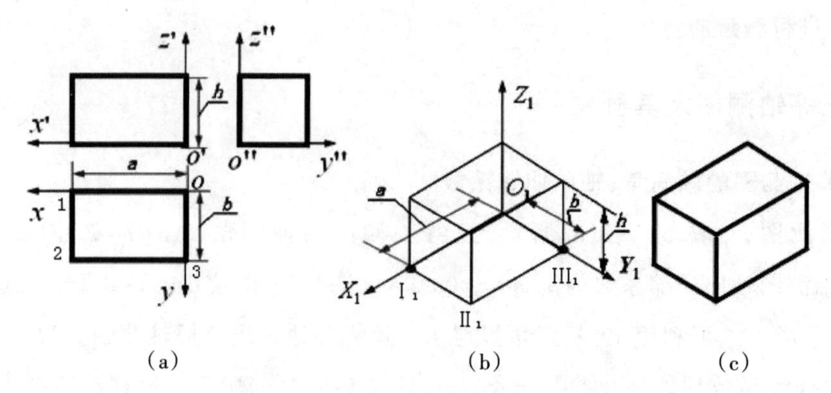

(a) (b) (c)

图 5-2-3 绘制长方体的正等轴测图

【例 2】根据图 5-2-4(a)所示正六棱柱主、俯视图,绘制正等轴测图。

作图方法和步骤如下:

①六棱柱的左右、前后均对称,选择顶面中心为坐标原点,并定出坐标轴,如图 5-2-4(a)所示;

②画 O_1X_1、O_1Y_1 轴测轴,根据尺寸 S、D 沿 O_1X_1 和 O_1Y_1 定出点 Ⅰ$_1$、Ⅱ$_1$ 和 Ⅲ$_1$、Ⅳ$_1$,如图 5-2-4(b)所示;

③过点 Ⅰ$_1$、Ⅱ$_1$ 作直线平行于 O_1X_1,并在所作两直线上分别量取 $a/2$,连接各点,如图 5-2-4(c)所示;

④过各顶点向下侧棱,取尺寸 H;画底面各边度;描深、加粗全图(虚线省略不画),如图 5-2-4(d)所示。

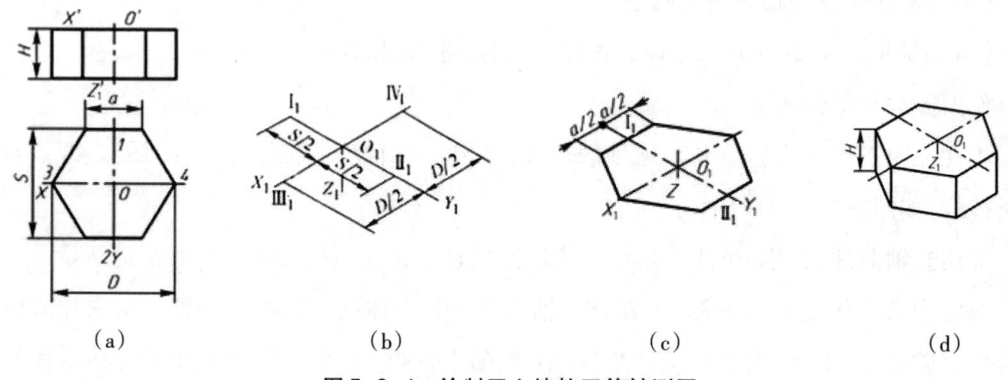

(a) (b) (c) (d)

图 5-2-4 绘制正六棱柱正等轴测图

(2)圆的正等轴测图的画法。

首先,平行于不同坐标面的圆的正等轴测图。

平行于坐标面的圆的正等轴测图都是椭圆,除了长短轴的方向不同外,画法都是一样的。图 5-2-5 所示为三种不同位置的圆的正等轴测图。

作圆的正等轴测图时，必须弄清椭圆长短轴的方向。分析图5-2-5所示的图形(图中的菱形为与圆外切的正方形的轴测投影)即可看出，椭圆长轴的方向与菱形的长对角线重合，椭圆短轴的方向垂直于椭圆的长轴，即与菱形的短对角线重合。

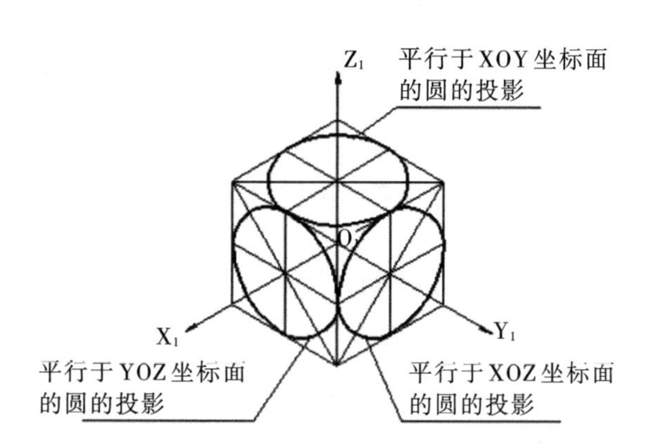

图5-2-5　绘制平行于坐标面上圆的正等轴测图

通过分析，还可以看出，椭圆的长短轴和轴测轴有关，即：

①圆所在平面平行于$X_1O_1Y_1$面时，它的轴测投影—椭圆的长轴垂直于O_1Z_1轴，即成水平位置，短轴平行于O_1Z_1轴；

②圆所在平面平行于$X_1O_1Z_1$面时，它的轴测投影—椭圆的长轴垂直于O_1Y_1轴，短轴平行于O_1Y_1轴；

③圆所在平面平行于$Y_1O_1Z_1$面时，它的轴测投影—椭圆的长轴垂直于O_1X_1轴，短轴平行于O_1X_1轴。

其次，圆的正等轴测图画法。

圆的正等轴测图通常采用四心法画椭圆，就是用四段圆弧代替椭圆。下面以平行于H面(即XOY坐标面)的圆，如图5-2-6(a)为例，说明圆的正等轴测图的画法。其作图方法与步骤如图5-2-6所示。

①确定坐标轴，并作圆外切正方形$abcd$；

②画出轴测轴O_1X_1、O_1Y_1并在O_1X_1、O_1Y_1上截取$O_1\text{I}_1=O_1B_1=O_1\text{II}_1=O_1\text{IV}_1=D/2$，得切点$\text{I}_1$、$\text{II}_1$、$\text{III}_1$、$\text{IV}_1$，过这些点分别作$O_1X_1$、$O_1Y_1$平行线，得辅助菱形$A_1B_1C_1D_1$，如图5-2-6(b)所示；

③分别以B_1、D_1为圆心，$B_1\text{III}_1$为半径画两个大弧(III_1IV_1和(I_1II_1)，如图5-2-6(c)所示；

④连接$B_1\text{III}_1$和$B_1\text{IV}_1$分别交A_1C_1于长轴E_1、F_1两点。以E_1、F_1为圆心，$E_1\text{IV}_1$为半径画两小弧；在I_1、II_1、III_1、IV_1处与大弧相切，即得由四段圆弧所组成的近似椭圆，如图5-2-6 (d)所示。

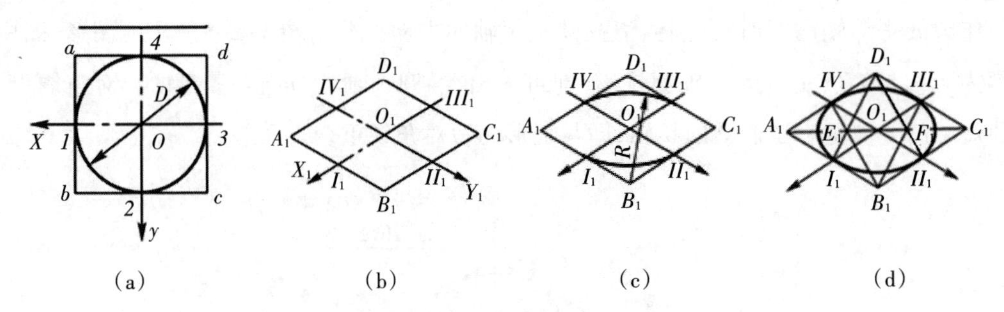

图 5-2-6　用四心法作圆的正等轴测图

平行于V面(即XOZ坐标面)的圆、平行于W面(即YOZ坐标面)的圆的正等轴测图的画法,这里不再一一叙述(请读者自行分析)。

(3)圆柱的正等轴测图画法。

【例3】根据图5-2-7(a)所示圆柱主、俯视图,绘制正等轴测图。

作图方法和步骤如下:

①确定坐标轴并作圆外切正方形$abcd$,如图5-2-7(a)所示;

②过O_1作轴测轴O_1X_1、O_1Y_1、O_1Z_1,在O_1Z_1轴上截取圆柱高H,并过O_1作O_1X_1、O_1Y_1的平行线,如图5-2-7(b)所示;

③用四心法作上下底圆轴测投影的椭圆,如图5-2-7(c)所示;

④作两椭圆的公切线,对可见轮廓线进行加深(虚线不画),如图5-2-7(d)所示。

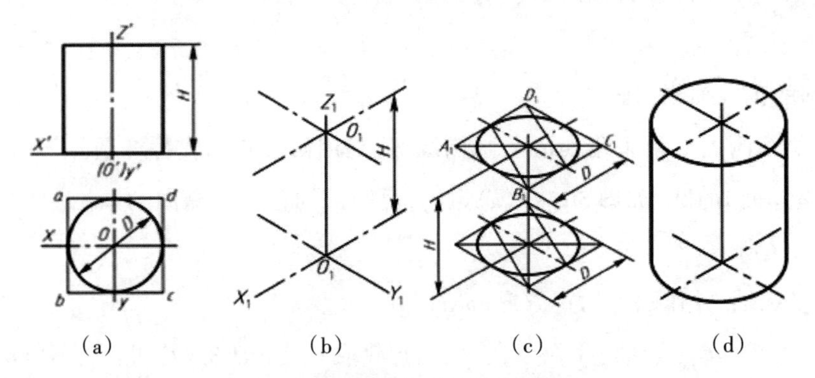

图 5-2-7　圆柱的正等轴测图画法

3. 绘制带圆角平板的正等轴测图

在实际生产中,经常遇到由1/4圆柱面形成的圆角轮廓,绘图时就需要绘出由1/4圆周组成的圆弧。如图5-2-8(a)所示为带圆角平板的两面视图。其正等轴测图的作图方法与步骤如下:

①在俯视图上确定出圆弧切点1、2、3、4及圆弧半径R,如图5-2-8(a)所示;

②先绘制平板的正等轴测图,在对应边上截取R得1、2、3、4各点,如图5-2-8(b)所示;

③过 1、2、3、4各点分别作该边垂线交于O_1、O_2，如图5-2-8(c)所示；

④分别以O_1、O_2为圆心，以$O_1 1$、$O_2 3$为半径画圆弧12、圆弧34，即得平板上底面圆角的正等轴测图，如图5-2-8(d)所示；

⑤将圆心O_1、O_2下移平板的厚度h，画出平板下底面圆角的正等轴测图，并画出右边上、下两圆角的公切线，如图5-2-8(e)所示；

⑥擦去多余的图线，描深即得带圆角平板的正等轴测图，如图5-2-8(f)所示。

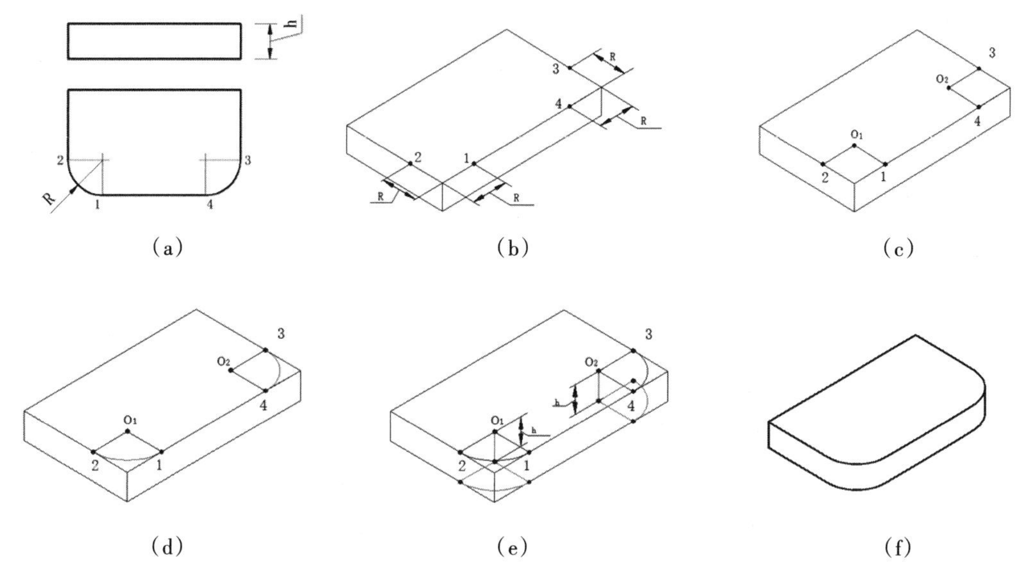

图5-2-8　圆角平板的正等轴测图画法

三、斜二轴测图及其画法

1. 斜二轴测图的形成

斜二轴测图的形成，如图5-2-9(a)所示，物体上的两个坐标轴OX与OZ与轴测投影面平行，而投射方向与轴测投影面倾斜时，所得到的轴测图，简称斜二轴测图。

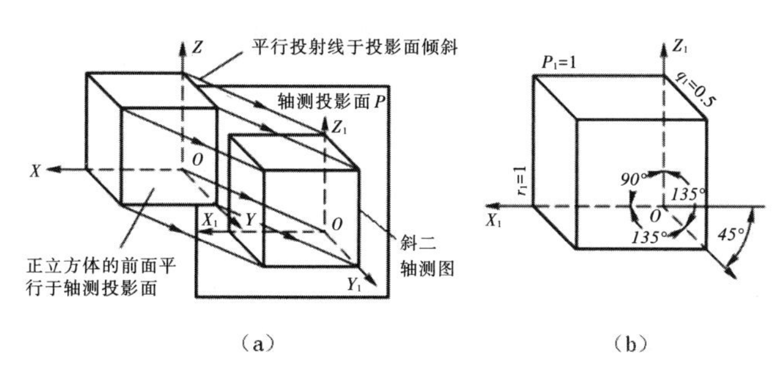

图5-2-9　斜二轴测图的形成

2. 轴间角和轴向伸缩系数

轴间角和轴向伸缩系数，如图 5-2-9(b)所示，斜二轴测图的轴间角$\angle X_1O_1Z_1=90°$、$\angle X_1O_1Y_1=\angle Y_1O_1Z_1=135°$，$OY$与水平成45°，可用45°三角板和丁字尺画出。轴测轴的轴向伸缩系数分别为$p_1=1$、$q_1=0.5$、$r_1=1$。在绘制斜二测轴测图时，沿轴测轴O_1X_1和O_1Z_1方向的尺寸，可按实际尺寸选取比例度量，沿OY方向的尺寸，则要缩短一半度量。

斜二轴测图能反映物体正面的实形，且画圆方便，适用于画正面有较多圆的零件斜二轴测图。

四、轴测投影图的绘制

1. 叠加法

当形体是由几个基本体叠加而成时，可逐一画出各个基本体的轴测图；然后再按基本体之间的相对位置，将各部分叠加而形成叠加类形体的轴测图。

【例1】根据形体的正投影图，如图5-2-10(a)所示，用叠加法作出形体的正等轴测图。

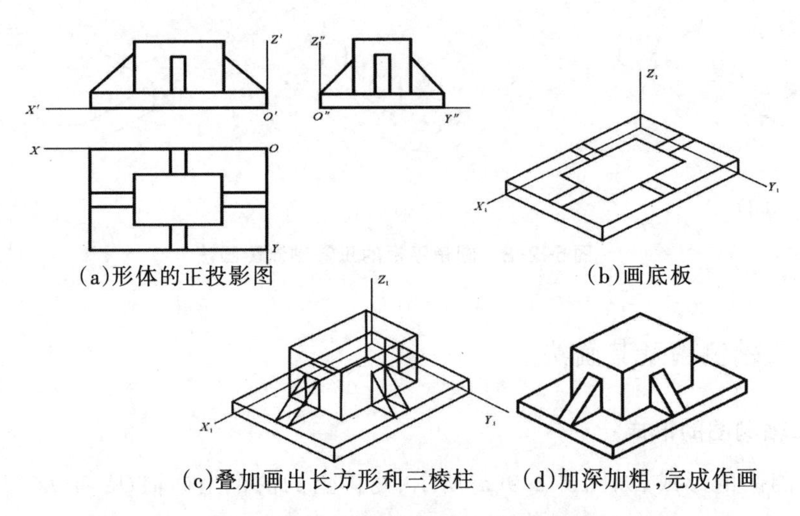

(a)形体的正投影图　(b)画底板

(c)叠加画出长方形和三棱柱　(d)加深加粗，完成作画

图5-2-10　用叠加法画正等轴测图

【例2】如图5-2-11所示，已知具有四坡顶的房屋模型的三视图，画出它的正等轴测图。

作图方法和步骤如下：

①看懂三视图，想象房屋模型形状，如图5-2-11(a)所示；

②选定坐标轴，画出房屋的屋檐，如图5-2-11(b)所示；

③作下部的长方体，如图5-2-11(c)所示；

④作四坡屋面的屋脊线，如图5-2-11(d)所示；

⑤过屋脊线上的左、右端点分别向屋檐的左、右角点连线，即得四坡屋顶的四条斜脊的正

等轴测,便完成这个房屋模型正等轴测的全部可见轮廓线的作图,结果如图5-2-11(e)所示。

⑥校核,清理图面,加深图线。

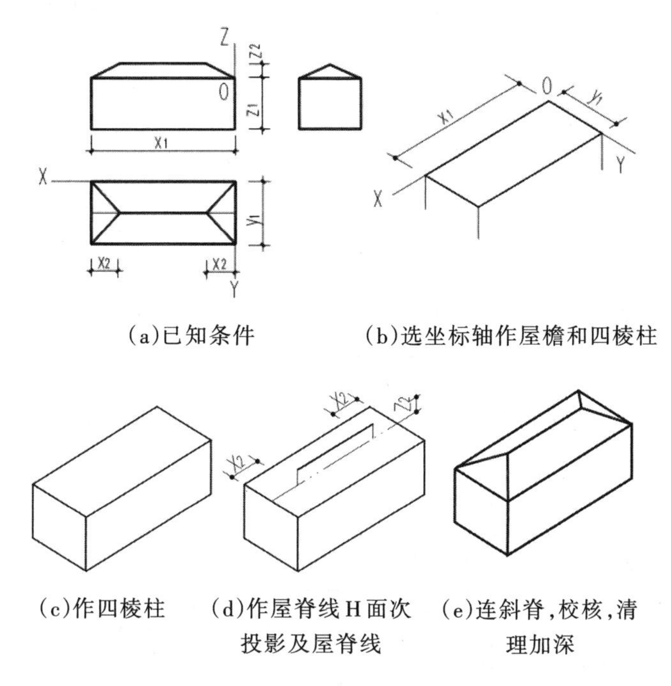

(a)已知条件　(b)选坐标轴作屋檐和四棱柱

(c)作四棱柱　(d)作屋脊线H面次投影及屋脊线　(e)连斜脊,校核,清理加深

图5-2-11　作房屋模型的正等轴测图

2. 切割法

当形体是由基本体切割而成时,可先画出基本体的轴测图;然后再逐步切割而形成切割类形体的轴测图。

【例3】根据正投影图,如图5-2-12(a)所示,用切割法作出形体的正等轴测图。

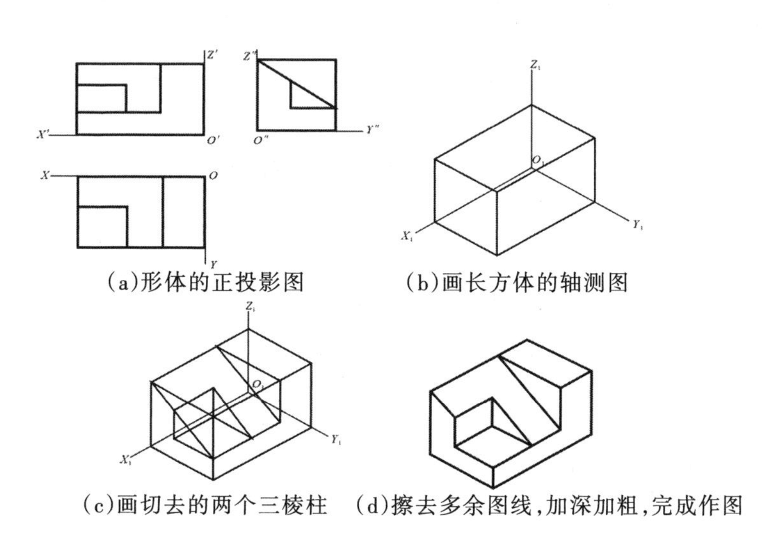

(a)形体的正投影图　(b)画长方体的轴测图

(c)画切去的两个三棱柱　(d)擦去多余图线,加深加粗,完成作图

图5-2-12　用切割法画正等轴测图

3. 坐标法

(1)绘图步骤。

①读懂正投影图,并确定原点和坐标轴的位置,如图5-2-12(a)所示;

②选择轴测图种类,画出轴测轴,如图5-2-12(b)所示;

③作出各顶点的轴测投影,如图5-2-12(c)所示;

④连接各顶点完成轴测图,结果如图5-2-12(d)所示。

(2)绘图举例。

画正等轴测图时,首先要确定正等轴测轴,一般将O_1Z_1轴画成铅垂位置,再用丁字尺画一条水平线,在其下方用含30°的三角板作出O_1X_1轴和O_1Y_1轴(图5-2-13)。画正等轴测图时,3个轴测轴的轴向伸缩系数均为1,即按实长量取。

【例4】根据正投影图,如图5-2-13(a)所示,作出长方体的正等轴测图。

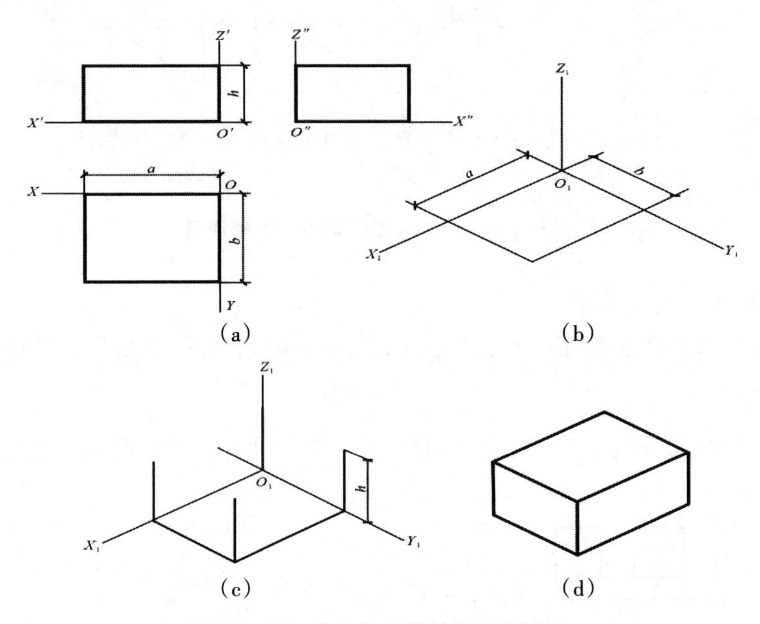

图5-2-13 长方体正等轴测图的画法

4. 正面法

正面法的概念:利用斜轴测图中有一个面不发生变形的特点来画轴测图,方法比较简便。

适用范围:常用于绘制正面形状比较复杂的形体。

步骤:

①按投影图将正面形状画出,如图5-2-13(a)所示;

②在正面轮廓线的各转折点作45°斜线,按变形系数在各斜线上量取投影图原线段长度的一半,如图5-2-13(b)所示;

③连接各点，加深图线，如图5-2-13(c)所示。

【例5】根据台阶的正投影图，如图5-2-14(a)，作出它的正面斜二轴测图。

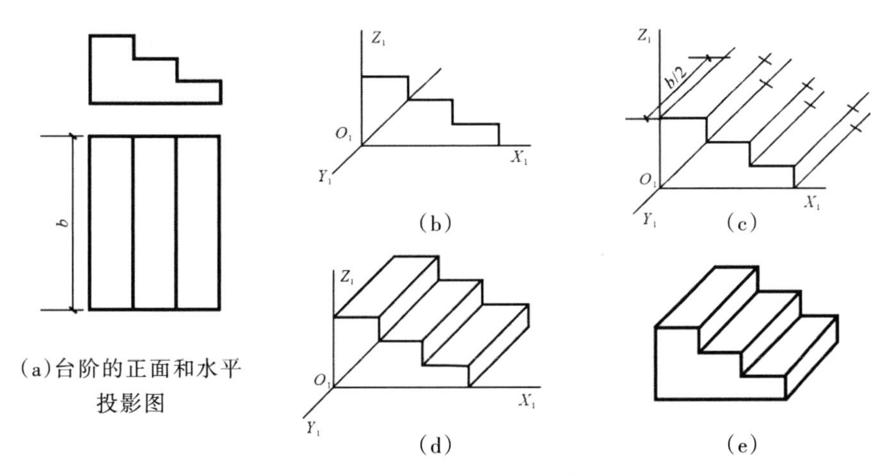

图5-2-14 台阶的正面斜二轴测图画法

【例6】根据拱门的正投影图，如图5-2-15(a)，作出它的正面斜二轴测图。

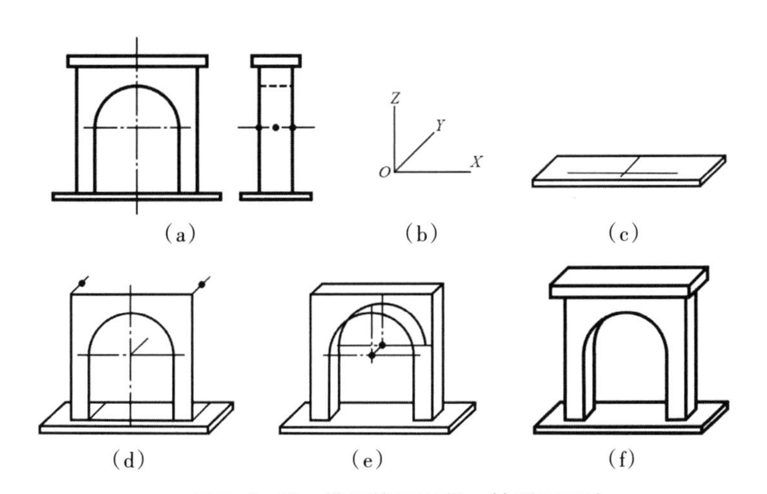

图5-2-15 拱门的正面斜二轴测图画法

说一说

说一说正等轴测图的轴测轴、轴间角、轴向伸缩系数的概念。

想一想

想一想如何根据组合体的三视图画出正等轴测图。

练一练

绘制如图5-2-16所示支架零件三视图的正等轴测图。

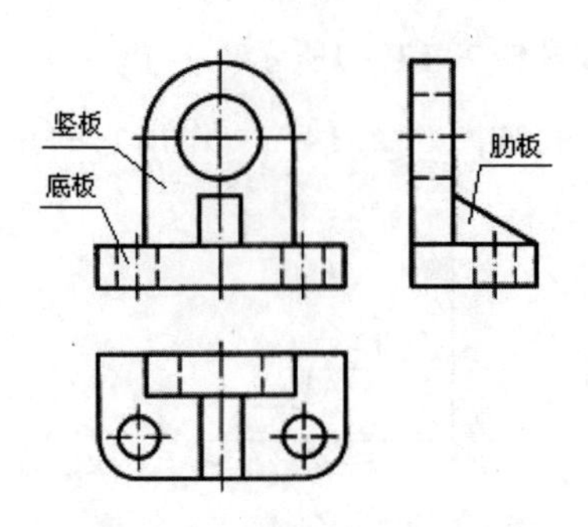

图 5-2-16 支架零件三视图

1. 要求学生独立完成作图任务，理论与实践相结合。

2. 本作图任务的评价内容、评价标准及分值分配，见表 5-2-1。

表 5-2-1 评价内容、评价标准及分值分配

评价内容	评价标准及分值		学生自评	学生互评	教师评价
任务 1	能正确理解轴测图的概念	10			
	能正确理解正等轴测图的概念	10			
	会建立正等轴测图轴测轴	5			
	会绘制正等轴测图	15			
	图面整洁	5			
总评		45			

知识拓展

绘制斜二轴测图

绘制如图 5-2-17 所示支承座的斜二轴测图。

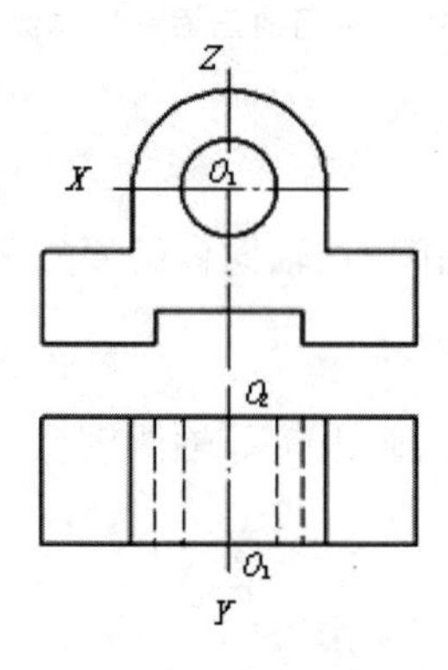

图 5-2-17 支承座

作图方法与步骤见表5-2-2。

表5-2-2　支承座斜二轴测图作图方法与步骤

方法和步骤	图例
(1)在两视图上确定原点 O_1、O_2和坐标轴X、Y、Z的位置 (2)用45°三角板画出 O_1X_1、O_1Y_1 O_1Z_1斜二轴测轴	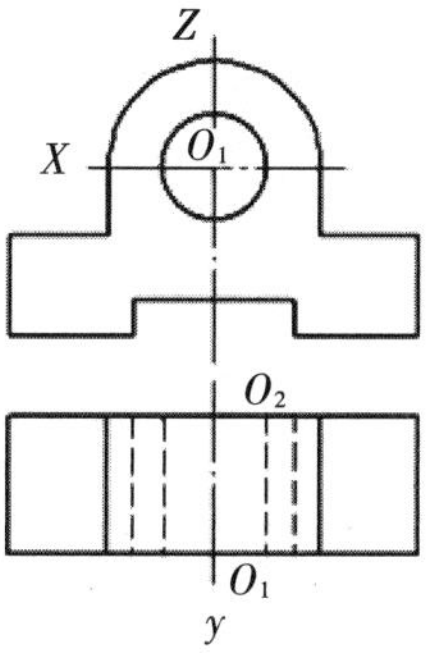 Z X O_1 O_2 O_1 y ① Z_1 O_2 X_1 O_1 Y_1 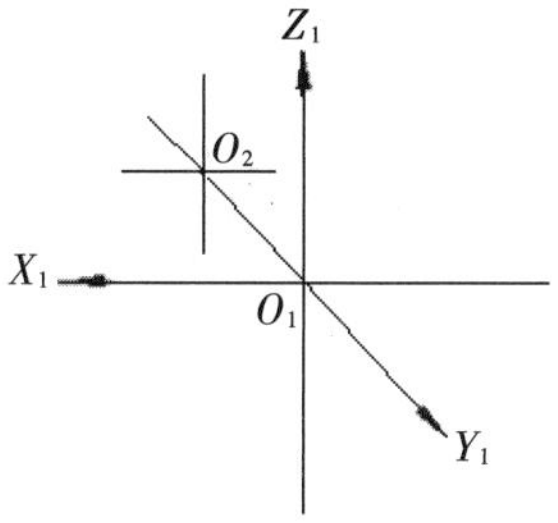 ②
(3)取圆孔所在的平面为正平面，在轴测投影面XOZ上画出与图①主视图一样的实形 (4)在Y轴上沿圆心O_1向后移$L/2$定点O_2位置，以点O_2画后面的圆及其他部分，最后作半圆柱前后圆弧的公切线	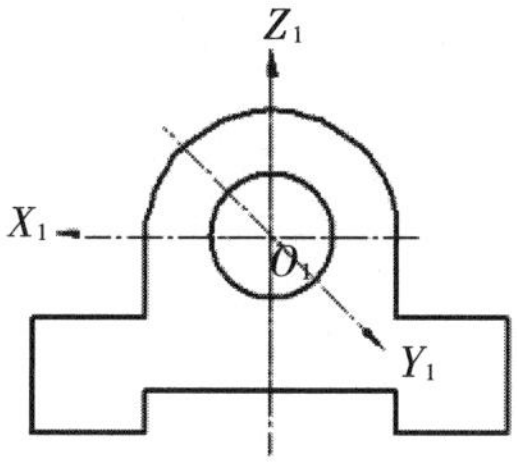 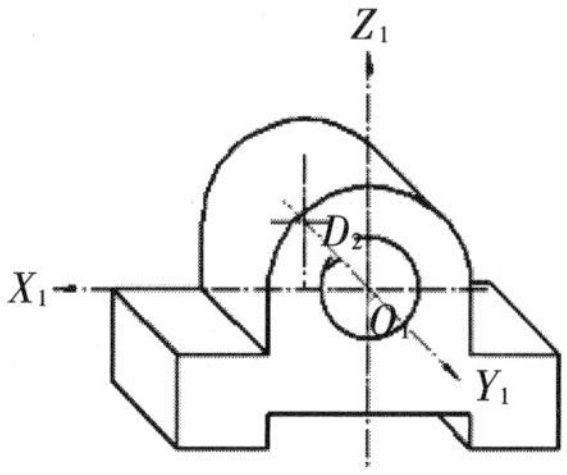 Z_1 X_1 O_1 Y_1 ③ Z_1 X_1 O_2 O_1 Y_1 ④
(5)擦去作图辅助线，描深轮廓线，作图完成	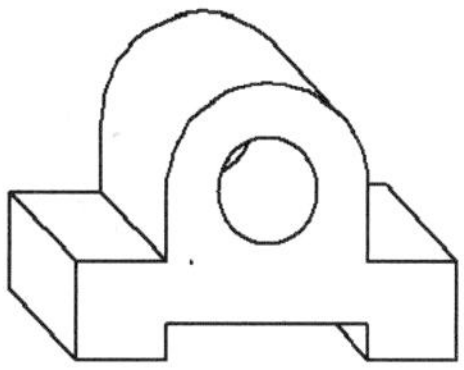 ⑤

项目六　剖面图、断面图

剖面图与断面图是建筑工程图样的主要表达形式，能真实反映房屋内部的布置形式、构造类型等。通过本项目的学习，理解剖面图与断面图的形成方法，学会建筑模型的剖面图与断面图的绘制，为进一步识读建筑工程图样做准备。

任务一　剖面图、断面图的识读

任务要求

1. 学会识读剖面图。
2. 学会识读断面图。

一、剖面图与断面图的概念

假想用剖切平面剖开物体，将处在观察者和剖切平面之间的部分移去，将剩余的部分向投影面进行投影，所得图形称为剖面图，如图 6-1-1(b)所示。仅对剖切平面与形体接触的部分作的正投影，所得图称为断面图，如图 6-1-1(c)。

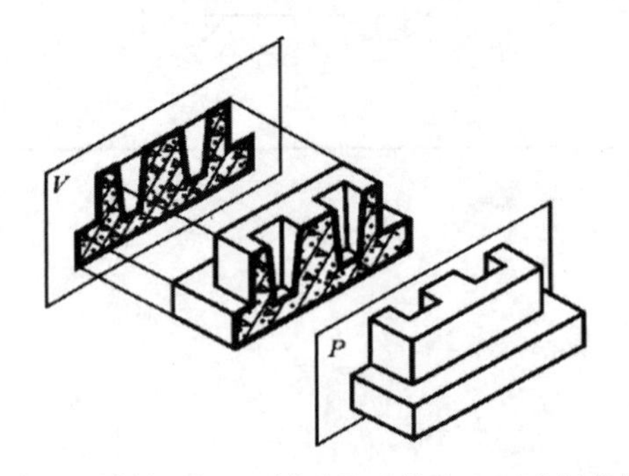

(a)假想用剖切平面 P 剖开基础并向 V 面进行投影

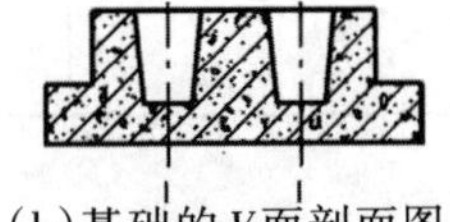

(b)基础的 V 面剖面图

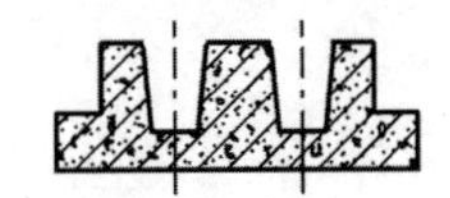

(c)基础的 V 面断面图

图 6-1-1　剖面图与断面图的形成

二、剖面图的剖视方法

剖面图的剖视，一般在形体的正投影图上，用剖切符号确定剖切平面的位置以及投射的方向。剖视的剖切符号应由三部分组成，如图 6-1-2(a)所示。

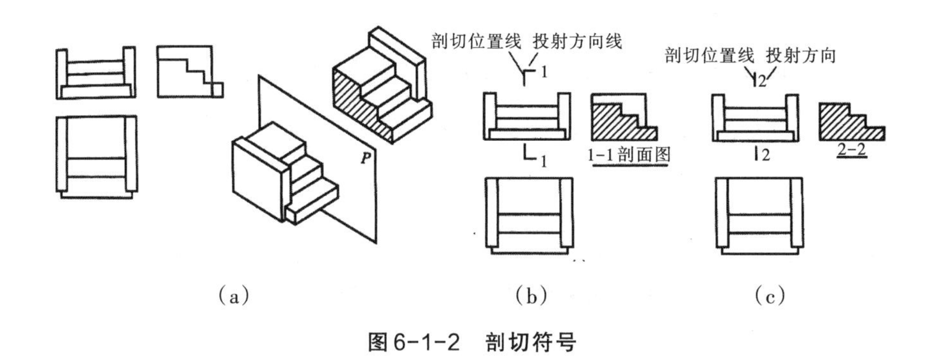

图 6-1-2 剖切符号

1. 剖切位置线，表示剖切平面的位置，长度宜为 6—10mm，用粗实线绘制。该线一般不与图线相交。

2. 投射方向线，表示剖切后的投射方向，长度宜为 4—6mm，用粗实线绘制。投射方向线与剖切位置线相垂直，如在剖切位置的右侧，则表示投射方向为从左向右。

3. 剖切面编号，采用阿拉伯数字，按顺序由左至右、由下至上连续编排，并应注写在投射方向线的端部。

三、断面图的剖视方法

断面图的剖视，也是在形体的正投影图上，用剖切符号确定剖切平面的位置以及投射的方向，但剖视的剖切符号只有两部分，如图 6-1-2(b)所示。

1. 剖切位置线，表示剖切平面的位置，长度宜为 6—10mm，用粗实线绘制。该线一般不与图线相交。

2. 剖切面编号，采用阿拉伯数字按顺序连续编排，数字所在的一侧即为投射方向。如编号注写在剖切位置线的左侧，则表示投射方向为从右向左。

四、断面图与剖面图的区别

1. 在剖切符号的标注上，断面图只需标注剖切位置线，用编号所在一侧表示投射方向；而剖面图用投射方向线表示投射方向。

2. 在画法上，断面图只画出物体被剖开后断面的投影；而剖面图除了要画出断面的投影，还要画出剖切面后物体可见部分的投影。

五、剖面图的分类

剖面图剖切平面的位置、数量、方向、范围，应根据物体的内部结构和外形来选择。根据具体情况，剖面图宜选用下列几种。

1. 全剖面图

用一个剖切平面完全地剖开物体后所画出的剖面图，称为全剖面图。全剖面图适用于外形结构简单而内部结构复杂的物体。图6-1-3中的1—1剖面图和2—2剖面图，均为全剖面图。

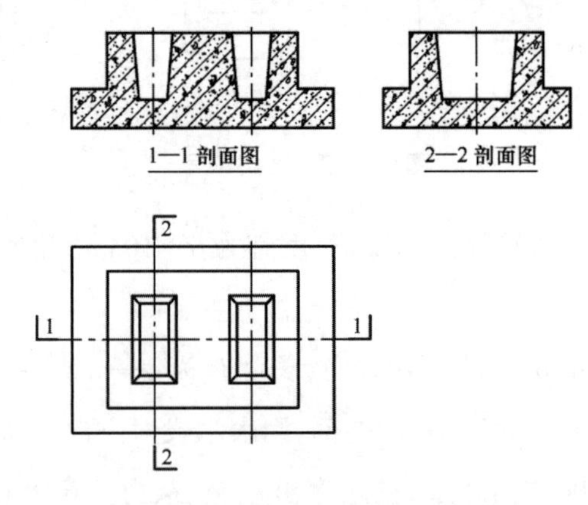

图6-1-3　双杯形基础的剖面图

2. 半剖面图

当物体具有对称平面、且内外结构都比较复杂时，以图形对称线为分界线，一半绘制物体的外形（投影图），一半绘制物体的内部结构（剖面图），这种图称为半剖面图，如图6-1-4所示。半剖面图可同时表达出物体的内部结构和外部结构。

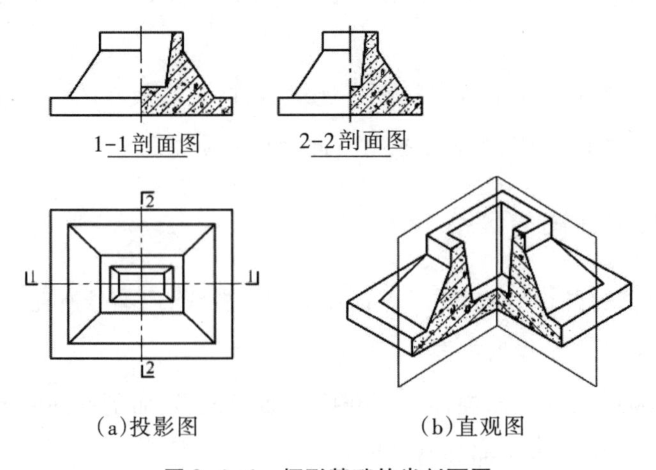

图6-1-4　杯形基础的半剖面图

3. 阶梯剖面图

用两个或两个以上的平行平面剖切物体后所得的剖面图，称为阶梯剖面图，如图6-1-5所示为阶梯剖面图。如果只用一个剖切平面剖切，两个孔洞就不可能同时剖切到，只能剖切到一个孔洞，因此假想用两个平行于V面的剖切平面，这样就可以同时通过两个孔洞，也就可以只画一个剖面图来显示内部结构。

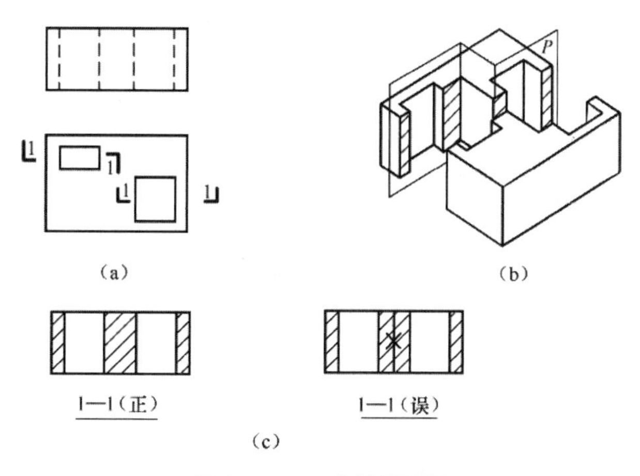

图6-1-5 阶梯剖面图

在画阶梯剖面图时应注意，由于剖切是假想的，因此在剖面图中不应画出两个剖切平面的分界交线。剖切位置线需要转折时，在转角处如有混淆，需在转角处外侧加注与该剖面相同的编号。

4. 局部剖面图和分层剖面图

用一个剖切平面将物体的局部剖开后，所得到的剖面图称为局部剖面图。局部剖面图适用于外形结构复杂且不对称的物体，如图6-1-6所示。局部剖切在投影图上的边界用波浪线表示，波浪线可以看作是物体断裂面的投影。因此绘制波浪线时，不能超出图形轮廓线，在孔洞处要断开，也不允许波浪线与图样上其他图线重合。

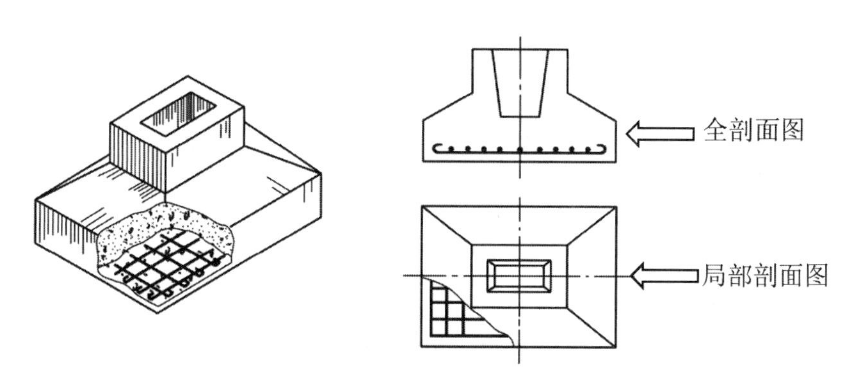

图6-1-6 杯形基础局部剖面图

分层剖面图是局部剖切的一种形式，用以表达物体内部的构造，如图6-1-7所示。用这种剖切方法所得到的剖面图，称为分层剖切剖面图，简称分层剖面图。分层剖面图用波浪线按层次将各层隔开，由低向高，由后向前。

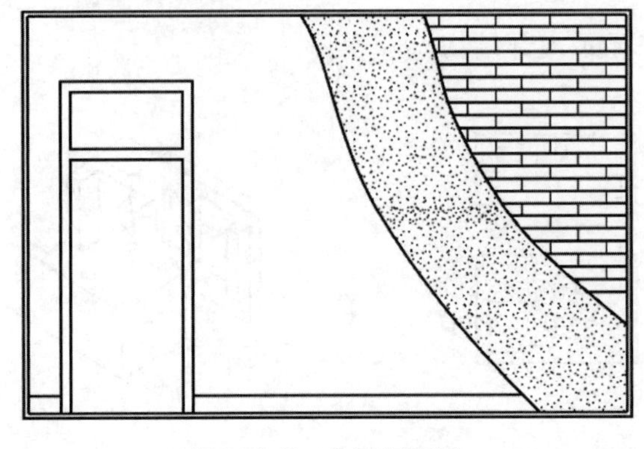

图6-1-7　分层剖面图

六、断面图的分类

断面图按其配置的位置不同，分为移出断面图、中断断面图和重合断面图。

1. 移出断面图

画在投影图之外的断面图，称移出断面图。移出断面图的轮廓线用粗实线绘制，断面图上要画出材料图例，如图6-1-8中的1—1和2—2断面图。

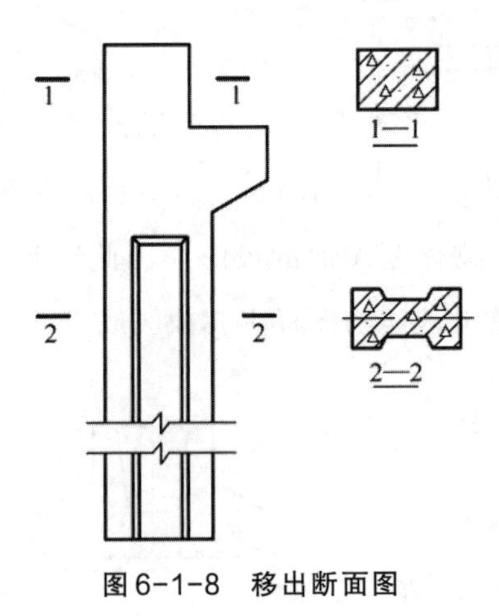

图6-1-8　移出断面图

2. 中断断面图

画在投影图中断处的断面图称为中断断面图。中断断面图只适用于杆件较长、断面形状单一且对称的物体。中断断面图的轮廓线用粗实线绘制，投影图的中断处用波浪线或折断线绘制。中断断面图不必标注剖切符号，如图6-1-9所示。

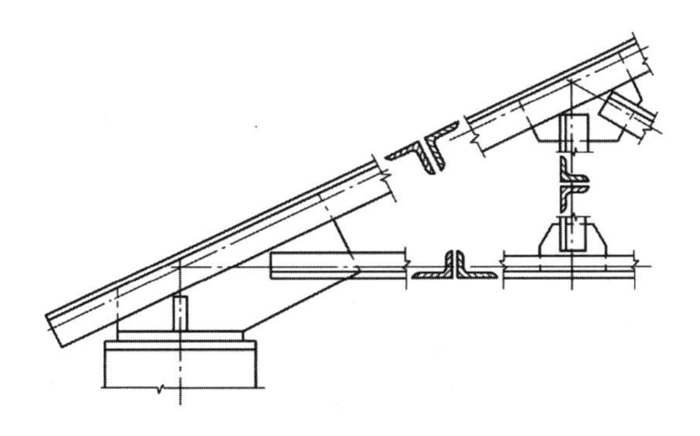

图6-1-9　中断断面图

3. 重合断面图

断面图绘制在投影图之内，称为重合断面图。重合断面图的轮廓线用细实线绘制。重合断面图也不必标注剖切符号。断面尺寸较小可以涂黑，如图6-1-10所示。

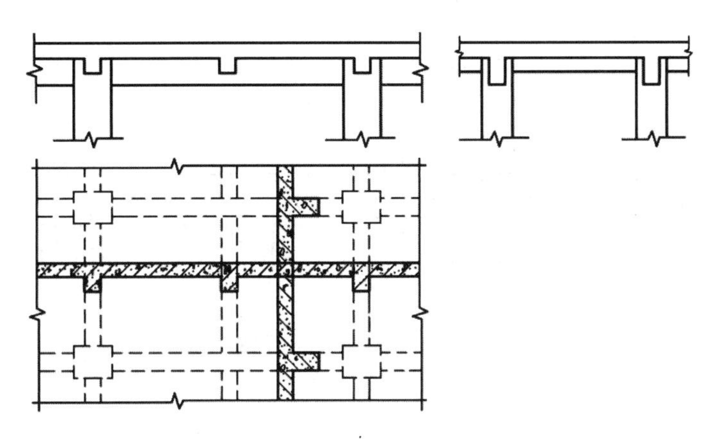

图6-1-10　现浇板的重合断面图

试一试

1. 剖面图是物体在剖视投影中能见到的________部分和其他的________部分的正投影图。

2. 剖切符号由________和________组成。

3. 剖面图通常有________、________、________及分层和局部剖面图。

4. 断面图的主要表现形式有________、中断断面图和________。

想一想

1. 剖面图和断面图的区别和联系是什么？

2. 建筑工程图中哪些是剖面图？

练一练

1. 已知正面和水平面投影，如图6-1-11所示，绘制1—1剖面图。

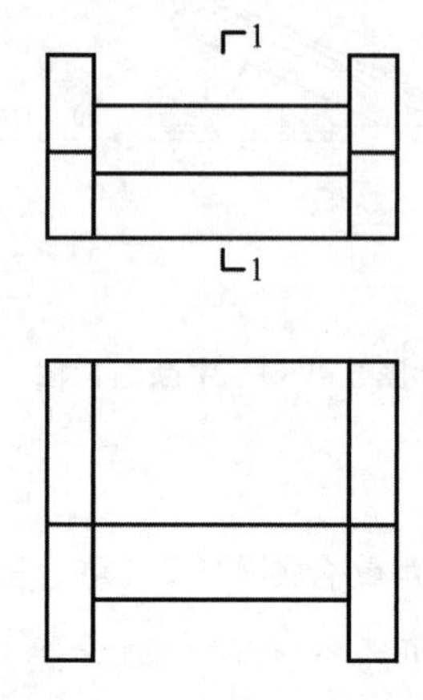

图6-1-11　绘制剖面图

2. 已知某构件的两面投影，如图6-1-12所示，绘制1—1、2—2断面图。

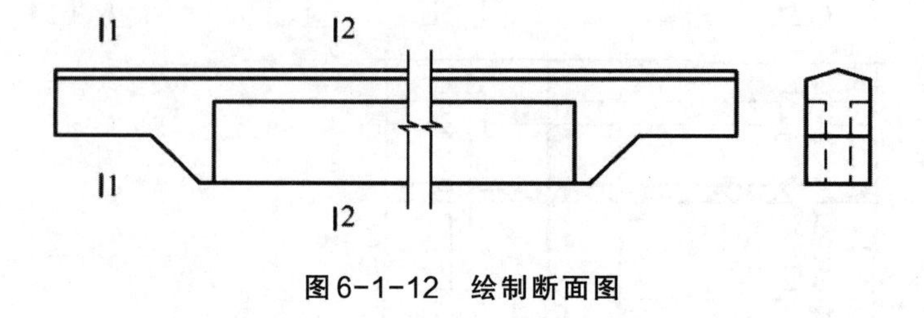

图6-1-12　绘制断面图

项目七　建筑施工图的表达

房屋即建筑物，是人们生产、生活、工作和学习等各种活动的场所，与人类的生活密切相关。建造一幢房屋，是一项复杂的工程，需要经过设计和施工两个阶段。建筑施工图就是将一幢拟建的房屋按照设计的要求，以及国家标准的规定，用正投影的方法，详细、准确地将房屋的造型和构造用图形表达出来的一套图纸，是建造房屋的依据。因此，要建造一幢房屋，就必须看懂房屋的建筑工程图。本项目要求掌握建筑工程图的基础知识和基本规定，学会如何正确地识读建筑施工图。

任务一　房屋建筑施工图的组成、有关规定、图示特点及识图方法

任务要求

1. 了解建筑施工图的产生、构件组成及有关规定。
2. 掌握施工图图示特点，学会识读房屋建筑施工图。

一、建筑施工图的产生

建筑施工图是建筑设计人员把将要建造的房屋造型和构造的情况，经过合理的布置、计算，各个工种之间进行协调配合之后画出的施工图纸。

通常建筑设计分为初步设计和施工图设计两个阶段。对于大型的、比较复杂的工程，还可分成三个阶段，即在上述两个设计阶段之间，增加一个技术设计阶段，用来深入解决各专业之间协调等技术问题，具体见表7-1-1。

表7-1-1　房屋建筑设计程序

程　序	内　容
初步设计阶段	设计人员根据建设单位的要求，通过调查研究，搞清与工程建设有关的基本条件，收集必要的设计基础资料，制订若干方案进行比较，完成方案设计并绘制初步设计图

续表

程　序	内　容
施工图设计阶段	施工图设计应根据已批准的初步设计文件进行编制。其内容包括以图纸为主,施工图设计文件以单项为单位。其内容包括封面、图纸目录、设计说明(或称首页)、施工图、预算等
技术设计阶段	对于复杂的大型工程,可在施工图设计之前,增加技术设计阶段,以便深入表达技术上所采取的措施,进行经济比较以及各种必要的计算等

二、建筑施工图的组成及编排顺序

建筑施工图的组成为一套完整的建筑施工图,应该包括施工图首页图、建筑总平面图、建筑平面图、建筑立面图、建筑剖面图及建筑详图。

建筑施工图应按图纸内容的主次关系系统地排列。例如,基本图在前,详图在后;总体图在前,局部图在后;主要部分在前,次要部分在后;布置图在前,构件图在后;先施工的图在前,后施工的图在后;等等。因此对于一般的建筑施工图,其编排顺序一般为施工图首页、建筑平面图、建筑立面图、建筑详图。

三、房屋各组成构件

民用建筑的基本构造组成大致是相似的,其主要部分组成有基础、墙或柱、楼面与地面、楼梯、屋顶、门窗等六大部分。如图7-1-1所示为房屋的基本组成。

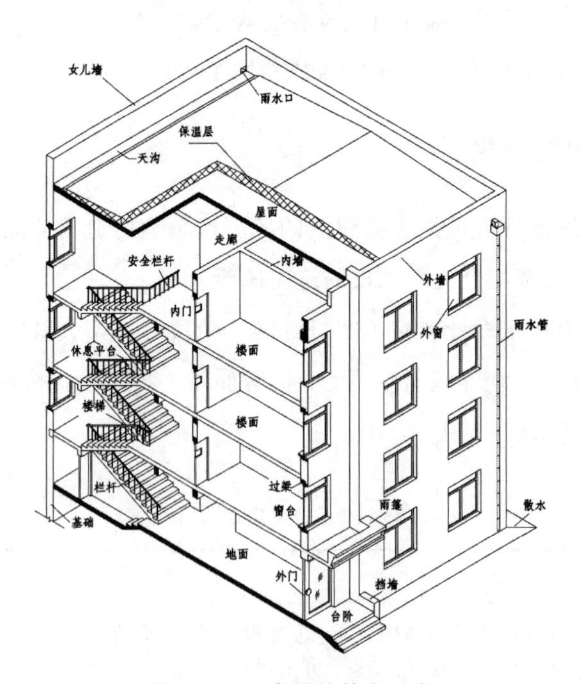

图7-1-1　房屋的基本组成

(1)基础。基础是房屋最下面与土层直接接触的部分,它承受建筑物的全部荷载,并将其传递于下面的土壤——地基。

(2)墙或柱。墙或柱是房屋垂直承重构件,它承受楼、地层和屋顶传给它的荷载,并把这些荷载传给基础。

(3)楼地层。楼地层又称为楼地面,是房屋的水平承重和分隔的构件,它包括楼板和地面两部分。楼板是把建筑空间划分为若干层,将其所承受的荷载传给墙或柱。

(4)楼梯。楼梯是多层建筑中联系上下层之间的垂直交通设施,有步行楼梯和电梯。

(5)屋顶。屋顶是房屋顶部的承重和围护部分,它由屋面层、承重层、保温(隔热)层三部分组成。

(6)门、窗。门是供人们进出房屋和房间及搬运家具物品起交通、疏散作用的建筑配件,有的门还有采光和通风作用。窗是指墙壁或顶上通气透光的装置。

房屋除上述基本组成部分外,还有一些辅助和附属设施,如雨篷、散水(明沟)、阳台、台阶(坡道)、风道、垃圾道等,都是建筑中不可或缺的部分。

四、建筑施工图的有关规定

房屋建筑施工图除了要符合投影及剖切等基本图示方法与要求外,为了保证制图质量,提高制图效率,做到图面清晰、简明,符合设计、施工、存档的要求,在绘图时应严格遵守国家颁布的《房屋建筑制图统一标准》(GB/T 50001—2017)、《总图制图标准》(GB/T 50103—2001)、《建筑制图标准》(GB/T 50104—2001)等制图标准中的有关规定。

1. 定位轴线与编号

定位轴线是房屋中承重构件的平面定位线,承重墙或柱等承重构件均应画出它们的轴线。

定位轴线应用细单点长画线绘制。定位轴线一般应编号,编号应注写在轴线端部的圆内。圆应用细实线绘制,直径为8—10mm。定位轴线圆的圆心,应在定位轴线的延长线上或延长线的折线上。

平面图上定位轴线的编号,宜标注在图样的下方与左侧。横向编号应用阿拉伯数字,从左至右顺序编写;竖向编号应用大写拉丁字母,从下至上顺序编写,但是拉丁字母的I、Z、O三个字母不能用于编号,以防与1、2、0混淆。如图7-1-2定位轴线编号顺序所示。

对于非承重的隔墙及局部次要承重构件,可用附加定位轴线确定其位置。附加定位轴线的编号,应以分数形式表示。

(1)两根轴线间的附加轴线,应以分母表示前一轴线的编号,分子表示附加轴线的编号,编号宜用阿拉伯数字顺序进行。

(2)1号轴线或A号轴线之前的附加轴线的分母以01或0A表示,如图7-1-3所示。

B
A
1
2
3
4
5
6

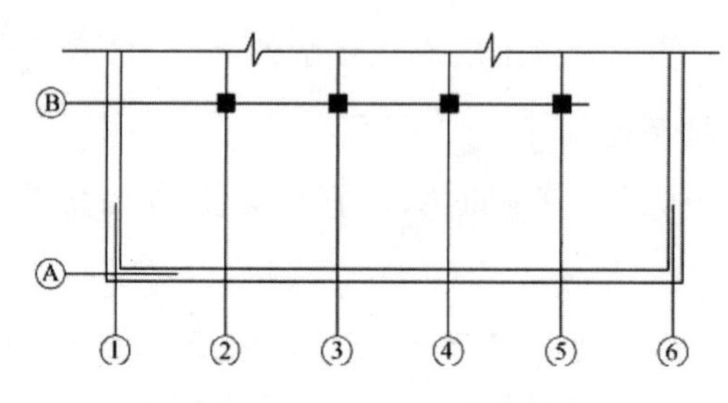

图 7-1-2　定位轴线编号顺序

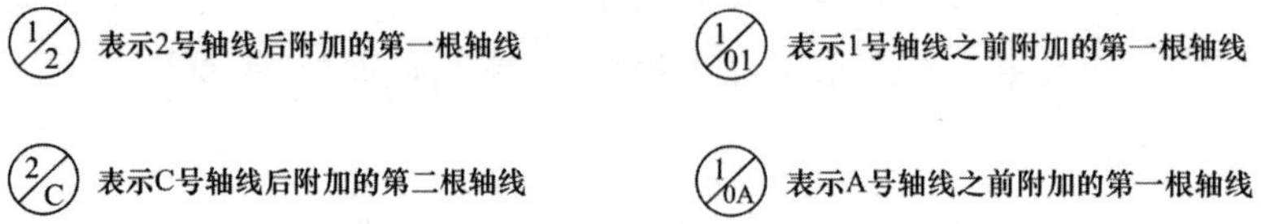

1/2
表示2号轴线后附加的第一根轴线
1/01
表示1号轴线之前附加的第一根轴线
2/C
表示C号轴线后附加的第二根轴线
1/0A
表示A号轴线之前附加的第一根轴线

图 7-1-3　附加定位轴线

一个详图适用于几根轴线时，可同时注明各有关轴线的编号，如图 7-1-4 所示为通用轴线。

(a) 用于两根轴线时
(b) 用于3根或3根以上轴线时
(c) 用于3根以上连续编号轴线时
(d) 用于详图的轴线编号

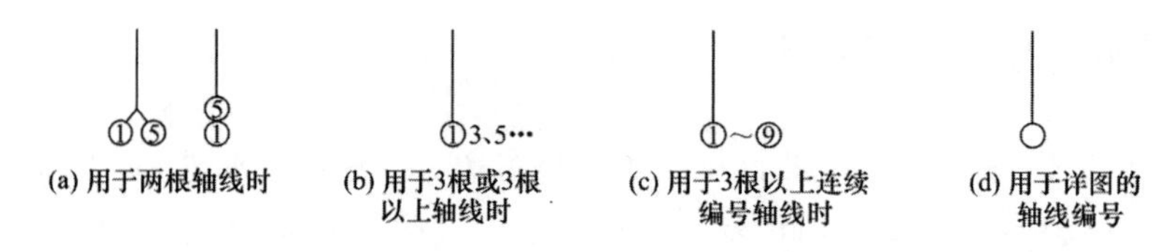

图 7-1-4　详图的轴线编号

2. 标高符号

标高用于表示某一位置的高度，分为绝对标高和相对标高。

(1)绝对标高。根据我国的规定，凡是以青岛的黄海平均海平面作为标高基准面而引出的标高，称为绝对标高。

(2)相对标高。凡标高的基准面是根据工程需要，自行选定而引出的，称为相对标高。一般将房屋首层的室内地坪高度定为标高的零点，注写成±0.000，低于零点的负数标高前应加注“-”号，高于零点的正数标高前不注“+”号。

(3)标高表示方法。标高数字应以米为单位，注写到小数点后第三位。在数字后面不注写单位，如图 7-1-5 所示。当图样的同一位置需表示几个不同的标高时，标高数字可按图 7-1-5(e)所示的方法来表示。

标高符号为等腰三角形，按图 7-1-5(a)、图 7-1-5(b)所示形式用细实线画出。短横线是需标注高度的界线，长横线之上或之下注出标高数字，如图 7-1-5(c)、图 7-1-5(d)所示。总平面图上的标高符号，宜用涂黑的三角形表示，具体画法如图 7-1-5(a)所示。

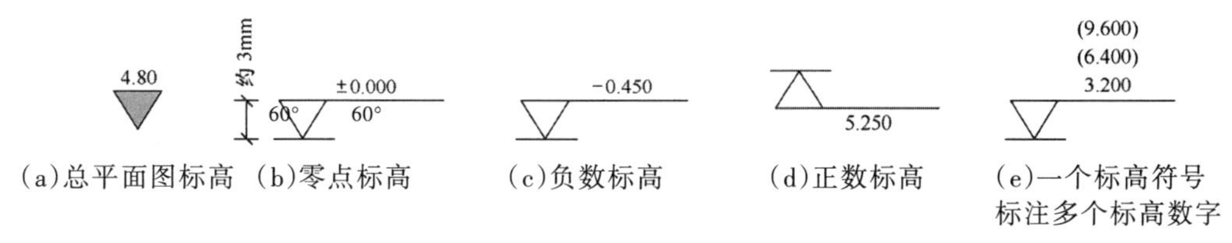

(a)总平面图标高 (b)零点标高 (c)负数标高 (d)正数标高 (e)一个标高符号标注多个标高数字

图7-1-5 标高符号

3. 索引、详图符号

在实际工作中,为详细表达建筑节点及建筑构、配件的形状、材料、尺寸和做法,而用较大的比例画出的图形,称为建筑详图。这时就要通过索引符号来标明详图所在的位置。索引符号是由直径为10mm的圆和水平直线组成,圆及水平直线均应以细实线绘制。索引符号应按表7-1-2中的规定编写。

表7-1-2 索引符号和详图符号

名 称	表示方法	备 注
详图的索引符号	5/— —详图的编号 —详图在本页图纸内 5/2 —详图的编号 —详图所在的图纸编号 J103 5/3 —标准图集的编号 —详图的编号 —详图所在的图纸编号	圆圈直径为10,线宽为0.25d
剖面索引符号	5/— —详图的编号 —详图在本页图纸内 5/1 —详图的编号 —详图所在的图纸编号 J103 5/3 —详图的编号 —详图所在的图纸编号	圆圈画法同上,粗短线代表剖切位置,引出线所在的一侧为剖视方向
详图符号	5 —详图的编号(详图在被索引的图纸内) 5/4 —详图的编号 —被索引的详图所在图纸编号	圆圈直径为14

4. 其他符号

其他符号介绍如下:

(1)对称符号。对称符号由对称线和两端的两对平行线组成。对称线用细点划线绘制;平行线用细实线绘制,其长度宜为6—10mm,每对的间距宜为2—3mm;对称线垂直平分于两对平行线,两端超出平行线宜为2—3mm,如图7-1-6(a)所示。

(2)连接符号。连接符号应以折断线表示需要连接的部位。两部位相距过远时,折断线两端靠图样一侧应标注大写拉丁字母表示连接编号。两个被连接的图样必须用相同的字母编号,如图7-1-6(b)所示。

(3)指北针。指北针的形状宜如图7-1-6(c)所示,其圆的直径宜为24mm,用细实线绘制，指针尾部的宽度宜为3mm，指针头部应注“北”或“N”字。须用较大直径绘制指北针时，指针尾部宽度宜为直径的1/8。

（4）风向频率玫瑰图。在总图中用的风向频率玫瑰图，如图7-1-6（d）所示。

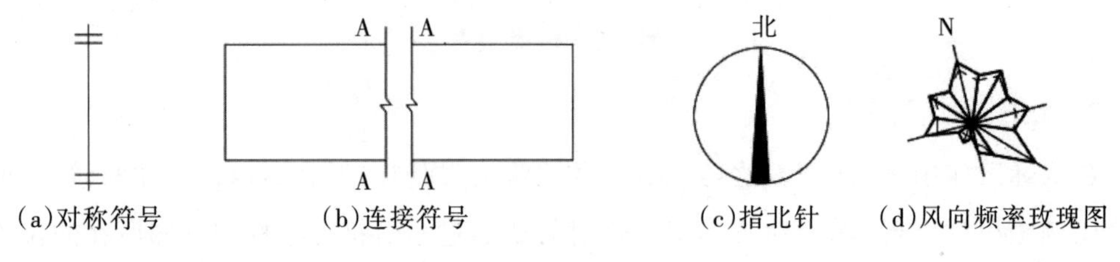

图7-1-6　其他符号

五、识读房屋建筑施工图的方法

房屋建筑施工图，是用投影原理的各种图示方法和规定画法综合应用绘制而成的，所以识读房屋建筑施工图，必须具备一定的投影知识，掌握形体的各种图示方法和建筑制图标准的有关规定，要熟记建筑图中常用的图例、符号、线型、尺寸和比例的意义，要了解房屋的组成和构造的知识。

一般识读房屋建筑施工图的方法和步骤如下：

1. 看图纸目录和设计技术说明。通过图纸目录看各专业施工图纸有多少张，图纸是否齐全；看设计技术说明，对工程在设计和施工要求方面有一概括了解。

2. 依照图纸顺序通读一遍。对整套图纸按先后顺序通读一遍，对整个工程在头脑中形成概念，如工程的建设地点和关键部位情况等，做到心中有数。

3. 分专业对照阅读，按专业次序深入仔细地阅读。先读基本图，再读详图。读图时，要把有关图纸联系起来对照着读，从中了解它们之间的关系，建立起完整准确的工程概念；再把各专业图纸（如建筑施工图与结构施工图）联系在一起对照着读，看它们在图形上和尺寸上是否衔接、构造要求是否一致。发现问题要做好读图记录，以便会同设计单位提出修改意见。

读图是工程技术人员深入了解施工项目的过程，也是检查复核图纸的过程。所以读图时必须认真、细致，不可粗心大意。

试一试

试述一套房屋建筑施工图包括哪些内容。

想一想

1. 建筑标高符号应以＿＿＿＿＿＿＿＿表示。

2. 下列详图符号表述的意思：________________________________。

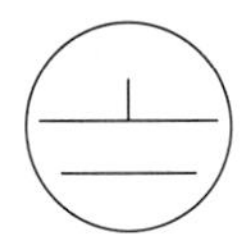

1. 什么是绝对标高和相对标高？

2. 平面图上定位轴线和编号有什么规定？

知识拓展

索引符号和详图符号的区别

图样中的某一局部或构件，如需另见详图，应以索引符号索引，详图要用详图符号编号。也就是说，用索引符号从图样中指向有相应详图符号的详图。

索引符号是由直径为10mm的圆和水平直径组成，圆及水平直径均应以细实线绘制。详图符号的圆应以直径为14mm粗实线绘制。

任务二　首页图和建筑总平面图的识读

任务要求

1. 了解新建房屋的位置、朝向及周围环境。

2. 掌握建筑总平面图图例、图示内容及图示规定，学会识读首页图和建筑总平面图。

一、首页图

首页图一般包括图纸目录和设计总说明。图纸目录列出了全套图纸的类别，各类图纸分别有几张，每张图纸的图号、图名、图幅大小。若有些构件采用标准图，应列出它们所在标准图集的名称、标准图的图名和图号或页次。编制图纸目录是为查找图纸提供方便。

设计总说明的内容包括：施工图的设计依据和房屋的结构形式，房屋的设计规模和建筑面积，相对标高与绝对标高的关系，室内外构、配件的用料说明、作法，施工要求及注意事项等。

现以某办公楼工程为例，识读首页图内容，见表7-2-1为某办公楼图纸目录。

表 7-2-1 某办公楼图纸目录

图别	顺序	图号	通用图号	图名	备注
建施	1			总平面图	
	2	建-1	1/12	设计说明	
	3	建-2	2/12	门窗表，构造表及层面图	
	4	建-3	3/12	一层平面图	
	5	建-4	4/12	二层平面图	
	6	建-5	5/12	三层平面图	
	7	建-6	6/12	四层平面图	
	8	建-7	7/12	南立面图	
	9	建-8	8/12	北立面图	
	10	建-9	9/12	西侧立面及剖面图	
	11	建-10	10/12	卫生间详图	
	12	建-11	11/12	楼梯详图	
	13	建-12	12/12	节点详图	

建筑部分设计说明

一、工程名称

某办公楼。

二、设计依据

1. 建设单位提供的设计条件。

2. 有关部门审定的建筑设计方案。

3. 规划部门提供的总平面图及竖向规划图。

4. 国家现行建筑设计规范。

三、建设规模

四层，总建筑面积为 2094.75m^2。

四、结构形式

砖混结构。

五、抗震设计

本工程抗震烈度按七度设防。

六、使用年限

本工程建筑物使用年限为 50 年。

七、砌体工程

1. ±0.00 以下采用 C15 素混凝土浇筑。

2. ±0.00以上砌体采用：

① 一层采用MU10承重多孔黏土砖与M7.5混合砂浆砌筑。

② 二至四层采用MU10承重多孔黏土砖与M5混合砂浆砌筑。

3. 部分采用混凝土空心砌块(240厚)与M5混合砂浆砌筑。

八、材料做法

1. 外墙饰面见立面，分格线用塑料分格条分隔。

2. 内部做法见材料做法表。

九、门窗工程

1. 外门为塑钢门，窗为塑钢窗，内门为胶合板门。

2. 木门刷黄色调和漆三遍。

3. 洞口用1:2.5水泥砂浆抹护角。

十、油漆工程

凡预埋木件均刷防腐剂，铁件刷樟丹，栏杆扶手均刷浅黄色调和漆三遍。

十一、屋面工程

1. 5mm厚防水层为改性沥青防水油毡。

2. 苯板保温D=80，容量≥18kg/m^3。

3. 保护层为1:3水泥砂浆厚20。

十二、施工时请与其他各专业配合留洞

十三、本说明未尽事宜请施工单位认真执行国家有关施工验收规范

从设计说明部分，可了解该工程概况。本设计为四层砖混结构，总建筑面积2094.75m^2；抗震烈度按七度设防；50年的使用期限。此外，设计说明还对砌体、门窗、室外工程、屋面工程所用的材料、规格等内容提出了一系列要求，并做了必要的说明。

二、建筑总平面图

总平面图是新建房屋和周围相关的原有建筑总体布局，以及相关的自然状况的水平投影图。它能反映出新建房屋的形状、位置、朝向、占地面积、绿化、标高，以及与周围建筑物、地形、道路之间的关系。

总平面图是新建房屋施工定位、土方工程及施工现场布置的主要依据，也是规划设计水、暖、电等其他专业工程总平面和各种管线敷设的依据。根据专业需要还可有专门表达各种管线敷设的总平面图，也可以与地面绿化工程详细规划图相结合，如图7-2-1所示为某办公楼总平面图及环境总图。

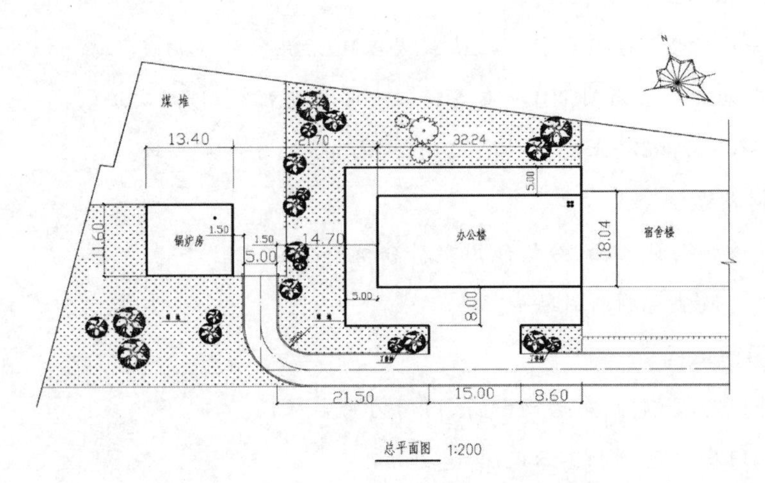

图7-2-1　某办公楼总平面图及环境总图

1. 总平面图的图示内容

总平面图常用图例见表7-2-2。

表7-2-2　总平面图常用图例

序　号	名　称	图　例	说　明
1	新建的建筑物		1. 上图为不画出入口的图例，下图为画出入口的图例 2. 需要时，可在图形右上角以点数或数字（高层宜用数字）表示层数 3. 用粗实线表示
2	原有的建筑物		1. 应注明拟利用者 2. 用细实线表示
3	计划扩建的预留地或建筑物		用中虚线表示
4	拆除的建筑物		用细实线表示
5	水塔、贮罐		水塔或立式贮罐
6	烟囱		实线为下部直径，虚线为基础
7	围墙及大门		此图为砖石、混凝土或金属材料的永久性围墙
8	散装材料露天堆场		需要时可注明材料名称

续表

序 号	名 称	图 例	说 明
9	挡土墙		被挡土在“突出”一侧
10	雨水井		
11	消火栓井		
12	新建的道路		用粗实线表示
13	原有的道路		用细实线表示
14	计划扩建的道路		用中虚线表示
15	坐标	X=9 452 Y=10 490	
16	桥梁		左图为铁路桥，右图为公路桥
17	室外地坪	154.20	
18	花坛		

2. 总平面图的阅读

（1）看图名、比例及有关文字说明，了解工程名称新建筑物的工程名称注写在标题栏内。由于总平面所表示的范围较大，所以绘制时常采用较小的比例，如1∶500、1∶1000、1∶2000等。读图时，必须熟知“国标”中规定的一些常用的总平面图图例符号及其意义，如未采用“国标”规定的图例，须在图中附加说明。另外，除了用图形表达的内容外，还有其他一些内容须说明，如工程规模、投资、主要技术经济指标等，应以文字附加说明，列入图样中。

（2）了解新建房屋的位置和朝向。房屋的位置可用平面定位尺寸或坐标确定。坐标网有测量坐标网和施工坐标网之分。用坐标确定位置时，宜注明房屋3个角的坐标。如房屋与坐标轴平行时，可只注明其对角坐标。房屋的朝向是从图上所画的风向频率玫瑰图或指北针来确定的。

（3）了解新建房屋的标高、面积和层数。看新建房屋的底层室内地面和室外整平地面的绝对标高，可知室内、外地面的高差及正负零与绝对标高的关系，建筑物其外形轮廓、占地面积、楼的层数都可以从总平面图中直接得到。

（4）了解新建房屋附属设施及周围环境。看总平面图可知，新建房屋的室外道路、绿化区域、停车场、围墙等布置和要求，周围的原有建筑、道路、花园及其他建筑设施的情况。

试一试

识读图 7-2-1 所示的建筑总平面图,完成下列问题。

1. 该图图名为_________,比例为_________。
2. 新建办公楼总长度为_________m,总宽度为_________m,层数为_________层。
3. 该图采用_________表示新建办公楼的朝向,新建办公楼的朝向_________。

想一想

1. 图 7-2-1 所示的建筑总平面图中,新建办公楼是如何定位的?
2. 分析新建办公楼的周围环境情况。

说一说

1. 根据图纸目录,说说施工图的种类及张数、建筑施工图的主要内容。
2. 根据设计说明部分,说说本工程概况。

知识拓展

建筑总平面图与施工总平面图的区别

建筑总平面图是设计单位出的,主要标明该项目所有建筑物、构筑物、道路、绿化之间的相互关系、主要指标。它是工程验收的重要依据。

施工总平面图是施工单位根据项目的施工组织设计所绘制的总图,主要标明各建筑物、构筑物、主要施工机械、加工点、材料堆放、运输、施工期间办公和宿舍等之间的关系。它是指导施工的重要依据。

任务三　建筑平面图的识读

任务要求

1. 掌握建筑平面图的图示内容和图示规定,学会正确识读建筑平面图。
2. 掌握建筑平面图中的阅读方法,对各个平面图进行联系与区分。

一、建筑平面图的形成和用途

建筑平面图是用一个假想的水平剖切平面沿略高于窗台的位置剖切房屋,移去上面部分,剩余部分向水平面作正投影,所得的水平剖视图称为建筑平面图,简称平面图,如图

7-3-1所示。

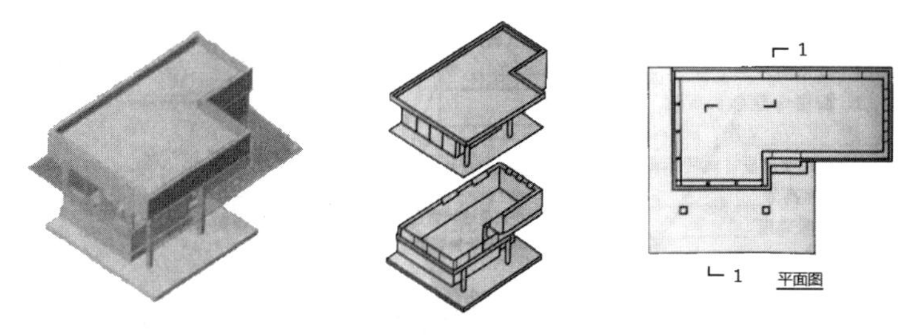

图7-3-1　建筑平面图的形成

建筑平面图反映建筑物的平面形状和大小、内部布置、墙的位置、厚度和材料、门窗的位置和类型以及交通等情况,可作为建筑施工定位、放线、砌墙、安装门窗、室内装修、编制预算的依据。

一般来说,房屋有几层就应画出几个平面图,并在图形的中、下方注出相应的图名、比例等。如底层平面图或一层平面图(图7-3-2)、二层平面图、三层平面图、四层平面图等,最上面一层的平面图称为屋顶平面图(图7-3-3)。屋顶平面图是从房屋的上方向下对屋顶外形作水平正投影而得到的投影图。若中间各层平面布置相同,可只画一个平面图表示,称为标准层平面图(或二至四层平面图)。

二、平面图的图示内容

1. 图线、比例

在平面图中的线型粗细分明:凡被剖切到的墙、柱等断面轮廓用粗实线绘制,未被剖切到的可见轮廓(如窗台、台阶、花池等)及门的开启线用中实线绘制,其余结构(如窗的图例线、索引符号指引线、墙内壁柜等)的可见轮廓用细实线绘制。有时或在比例较小的情况下(如1:200),也可采用两种线宽,即除了剖切到的断面轮廓用粗实线绘制外,其余可见轮廓均用细实线绘制。

平面图的比例宜在1:50、1:100、1:200等3种比例中选择。例图7-3-2中选用的比例为1:100,这也是常用的比例。住宅单元平面宜选用1:50的比例,组合平面宜选用1:200的比例。

房屋中的个别构配件应该画在哪一层平面图上是有分工的。若室外有台阶、坡道、花池、明沟、散水等,须在底层平面图中表示出来,雨水管、植被以及剖面图的剖切符号都应画在底层平面图中,其他各层平面图只须绘制本层形状及剖切所见部分(如雨篷、阳台等)即可。

2. 定位轴线及编号

定位轴线是建筑物中承重构件的定位线,是确定房屋结构、构件位置和尺寸的,也是施工中定位和放线的重要依据。

在施工图中，凡承重的构件，如基础、墙、柱、梁、屋架都要确定轴线，并按"国标"规定绘制并编号。

定位轴线用细点画线绘制，在墙、柱中的位置与墙的厚度有关，也与其上部搁置的梁、板支承深度有关。以砖墙承重的民用建筑，楼板在墙上搭接深度一般为120 mm以上，所以外墙的定位轴线按距其内墙面120mm定位。对于内墙及其他承重构件，定位轴线一般在中心对称处。

3. 图例

由于平面图所用的比例较小，许多建筑细部及门窗不能详细画出。因此须用"国标"统一规定的图例来表示。

门窗除了用图例表示外，还应注写门窗的代号和编号。如M-1、C-3，M、C分别为门和窗的代号，1和3分别为门、窗的编号。

应注意：门窗虽然用图例表示，但其门窗洞口形式、大小和位置必须按投影关系对应画出；还要注意门的开启方向，通常要在底层平面图的图幅内（或首页图）附有门窗表。至于门窗的详细构造，则要看门窗的构造详图。

4. 尺寸标注

在平面图中所标注的尺寸可分为3类：外部尺寸、内部尺寸、具体构造尺寸。

（1）外部尺寸。

一般在图形中外墙的下方及左方标注3道尺寸。

①第1道尺寸是距离图样较近的称为细部尺寸，以定位轴线为基准，标注门窗洞口的定形尺寸和定位尺寸，以及窗间墙、柱、外墙轴线到外皮等尺寸。

②第2道尺寸为定位轴线之间的尺寸，即开间和进深尺寸（横向为开间尺寸，竖向为进深尺寸）。

③第3道尺寸为房屋的总长、总宽尺寸，通常也称为外包尺寸。用总尺寸可计算出房屋的占地面积。

（2）内部尺寸。

内部尺寸包括不同类型各房间的净长、净宽，内墙的门、窗洞口的定形、定位尺寸，墙体的厚度尺寸。各房间按其使用不同还应注写其名称。在其他各层平面图中，除标注轴线间尺寸和总尺寸外，与一层平面图相同的细部尺寸均可省略。

（3）具体构造尺寸。

外墙以外的台阶、花池、散水，以及室内固定设施的大小与位置尺寸等，可单独标注其尺寸。

5. 各层标高

在平面图中要清楚地标注出地面标高。地面标高是表明各层楼地面对标高零点（即正负零）的相对高度。一般平面图分别标注下列标高：室内地面标高、室外地面标高、室外台阶标高、卫生间地面标高、楼梯平台标高等。

6. 其他内容

在一层平面图中要标注剖面图的剖切符号及编号,在图幅的左下角或右上角画出指北针或风向频率玫瑰图。必要时还可标注有关部位详图的索引符号,按标准图集采用的构配件编号及文字说明等。

三、平面图的阅读方法

平面图的阅读方法介绍如下:

1. 看图名、比例、指北针,了解图名、比例、朝向。

2. 分析建筑平面的形状及各层的平面布置情况,从图中房间的名称可以了解各房间的使用性质;从内部尺寸可以了解房间的净长、净宽(或面积);还有楼梯间的布置、楼梯段的踏步级数和楼梯的走向。

3. 读定位轴线及轴线间尺寸,了解各墙体的厚度;门、窗洞口的位置、代号及门的开启方向;门、窗的规格尺寸及数量。

4. 了解室外台阶、花池、散水、阳台、雨篷、雨水管等构造的位置及尺寸。

5. 阅读有关的符号及文字说明,查阅索引符号及其对应的详图或标准图集。

6. 从屋顶平面图中分析了解屋面构造及排水情况。

试一试

识读图7-3-2、图7-3-3某办公楼一层平面图,完成下列问题。

1. 该图图名为_________,比例为_________。

2. 建筑物的朝向采用_________表示,该房屋朝向为_________,总长度为_________mm,总宽度为_________mm,主要入口在_________,两个次要入口在_________。1号轴线墙体的厚度为_________mm。

3. C1窗洞口的宽度为_________mm,本层有C2窗_________扇。

4. 大门右侧是_________和_________,左侧是_________和_________,走廊北侧的房间有_________、_________、_________、_________、_________、_________和_________等。

5. 建筑物一层地面标高为_______m,室内外高差为_______m。在正门外有_______台阶,外墙四周有_________。

6. 室外散水的宽度为_________mm,该详图绘在_________图纸上。

7. 屋顶坡度为_________。

8. 天沟坡度为_________。

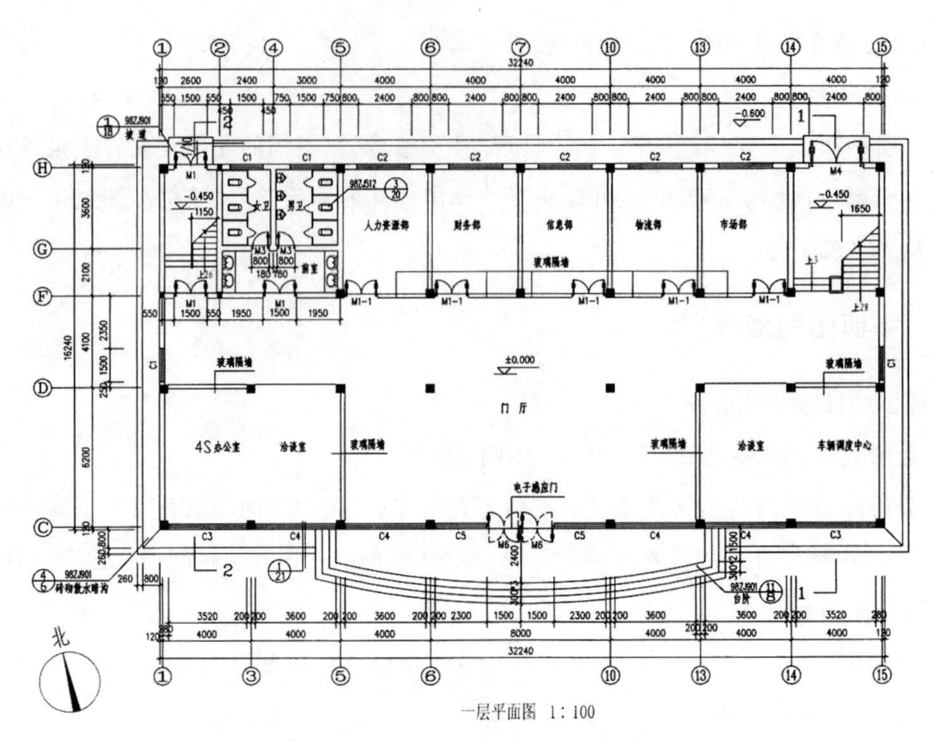

图7-3-2 建筑平面图的图示内容

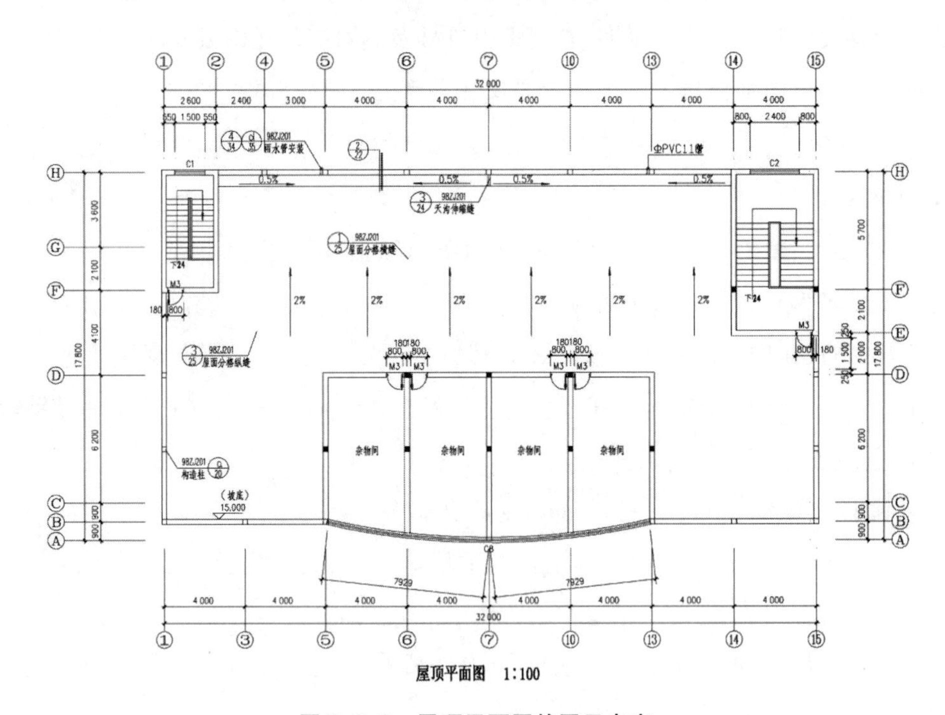

图7-3-3 屋顶平面图的图示内容

想一想

1. 建筑平面图中标出了门窗的宽度、门窗的高度,可以在哪张图纸上读出?

2. 楼层平面布置与一层平面有何不同?

3. 如何在平面图中识读剖面图的数量、剖切位置,详图的索引符号等内容?

练一练

1. 如图 7-3-2 所示,试统计底层平面图中门、窗的类型和数量。

2. 写全所给平面图中定位轴线编号,注全尺寸及标高等标注。

如图 7-3-4 所示为某住房的建筑底层平面图,其室内地面标高为±0.000,楼梯处的地面比客厅低 20mm,台阶顶面比进厅低 40mm,台阶的每级路步高为 150mm。

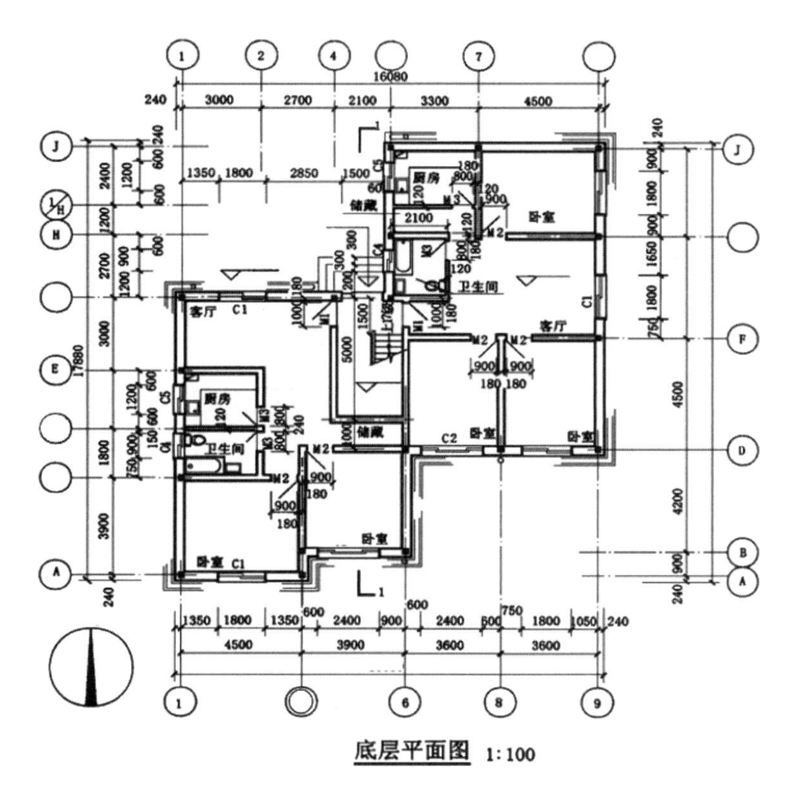

图 7-3-4　某住房底层平面图

知识拓展

建筑平面图的绘制步骤

1. 画定位轴线;

2. 画墙、柱的轮廓线;

3. 画门、窗洞口;

4. 画其他细部，如楼梯、门窗、固定卫生设施、台阶、散水；

5. 标注尺寸及标高，加深图线。

任务四 建筑立面图的识读

任务要求

1. 掌握建筑立面图的图示内容和图示规定，学会正确识读建筑立面图。

2. 掌握建筑立面图的阅读方法，对各个立面图进行联系与区分。

一、建筑立面图的形成和用途

建筑立面图是在与房屋立面相平行的投影面上所作的正投影图，简称立面图。一幢建筑物是否美观，是否与周围环境协调，很大程度上取决于建筑物立面上的艺术处理，包括建筑造型与尺度、装饰材料的选用、色彩的选用等内容。在施工图中，立面图主要反映房屋各部位的高度、外貌和装修要求，是建筑外装修的主要依据，如图7-4-1所示。

由于每幢建筑的立面至少有3个，每个立面都有自己的名称。

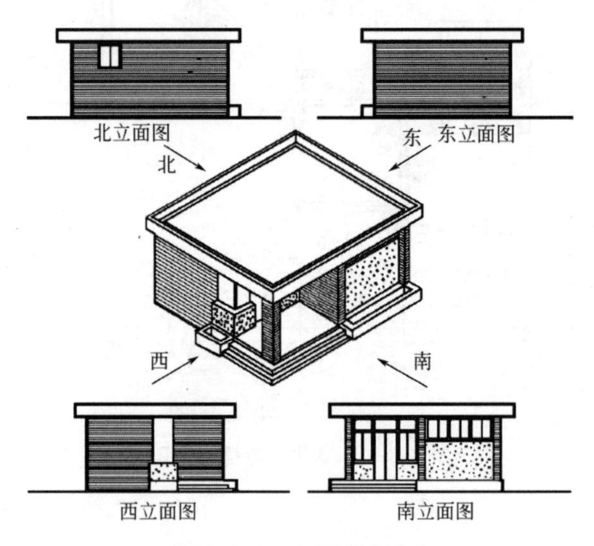

图7-4-1 立面图的形成

立面图的命名方式有3种。

1. 用朝向命名

建筑物的某个立面面向哪个方向，就称为哪个方向的立面图。如建筑物的立面面向南面，该立面就称为南立面图；面向北面，就称为北立面图等。

2. 按外貌特征命名

将建筑物反映主要出入口或比较显著地反映外貌特征的那一面称为正立面图,其余立面图依次为背立面图、左立面图和右立面图。

3. 用建筑平面图中的首尾轴线命名

按照观察者面向建筑物从左到右的轴线顺序命名,如①—⑦立面图,⑦—①立面图等。如图7-4-2所示建筑立面图的投影方向和名称。

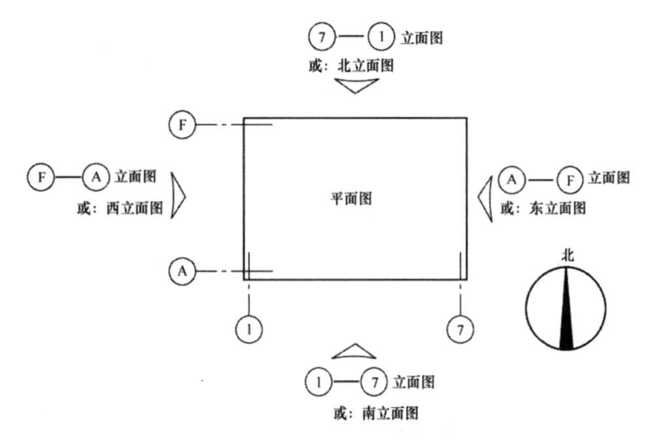

图7-4-2　立面图的命名

在施工图中,这3种命名方式都可使用,但每套施工图只能采用其中的一种方式命名,不论采用哪种命名方式,第一个立面图都应反映建筑物的外貌特征。

二、建筑立面图的内容

1. 画出从建筑物外可以看见的室外地面线、房屋的勒脚、台阶、花池、门、窗、雨篷、阳台、室外楼梯、墙体外边线、檐口、屋顶、雨水管、墙面分格线等内容。

2. 注出建筑物立面上的主要标高。如室外地面的标高,台阶表面的标高,各层门窗洞口的标高,阳台、雨篷、女儿墙顶、屋顶水箱间及楼梯间屋顶的标高。

3. 注出建筑物两端的定位轴线及其编号。

4. 注出需要详图表示的索引符号。

5. 用文字说明外墙面装修的材料及其做法。

如立面图局部需画详图时,应标注详图的索引符号。

为了使建筑立面图主次分明,有一定的立体感,通常将建筑物外轮廓和较大转折处轮廓的投影用粗实线表示;外墙上突出、凹进部位,如壁柱、窗台、楣线、挑檐、门窗洞口等的投影,用中粗实线表示;门窗的细部分格以及外墙上的装饰线,用细实线表示;室外地坪线用加粗实线表示。门窗的细部分格在立面图上每层的不同类型只需画一个详细图样,其他均可简化画出，即只需画出它们的轮廓和主要分格。阳台栏杆和墙面复杂的装修，往往难以详细表示清楚，一般只画一部分，剩余部分简化表示即可。

三、建筑立面图的识读

建筑的立面图识读方法如下：

1. 阅读图名或定位轴线的编号，了解某一立面图的投影方向，并对照平面图了解其朝向；

2. 分析和阅读房屋的外轮廓线，了解房屋立面的造型、层数和层高的变化；

3. 了解外墙面上门窗的类型、数量、布置，以及水平高度的变化；

4. 了解房屋的屋顶、雨篷、阳台、台阶、花池及勒脚等细部构造的形式和位置；

5. 阅读标高，了解房屋室内、外的高度差及各层高度尺寸和总高度；

6. 阅读文字说明和符号，了解外墙面装饰的做法、材料和要求，以及索引的详图。

试一试

识读图7-4-3所示的某办公楼南立面图。

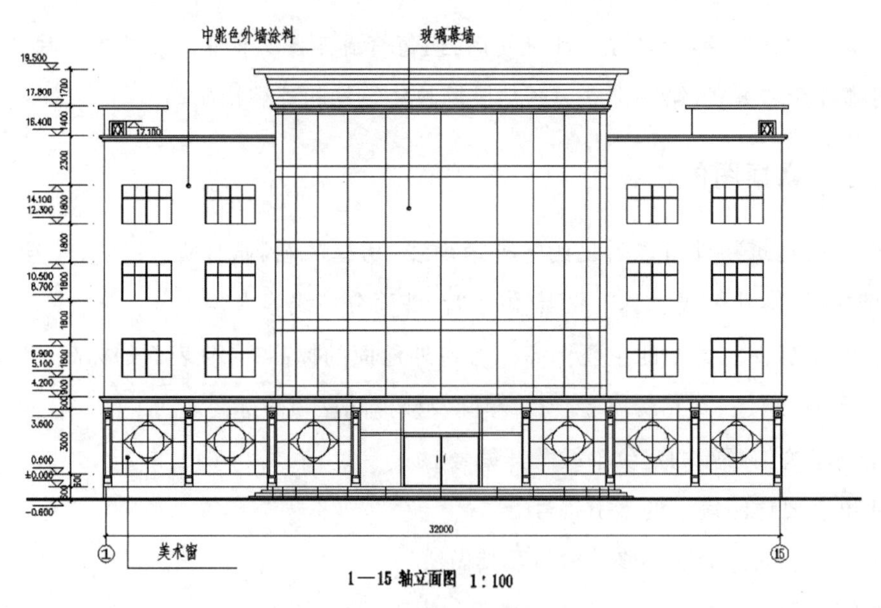

图7-4-3 某办公楼南立面图

1. 该立面图图名为__________，比例为__________。

2. 建筑物的室外地面标高为__________m，主大门入口处台阶为__________m，室内外高差为__________m。

3. 雨篷底面的标高为__________m，四层顶面标高为__________m，五层顶面标高为________m，轴线①—⑮立面各层窗口标高为__________m、__________m、__________m、________m。

想一想

1. 立面图上的门窗尺寸如何确定？与平面图有什么关系？如何与门窗表对照？

2. 正立面图与背立面图有何不同？立面图上挑檐、雨篷、阳台、台阶等细部构造的种类、形式和设置位置如何识读？

3. 外墙表面装饰的做法(材料、颜色及施工要求)如何识读？

练一练

1. 列门窗表统计教室所在的教学楼外墙面上的门、窗种类、形式和数量。

2. 识读图7-4-4所示系某办公楼北立面图。

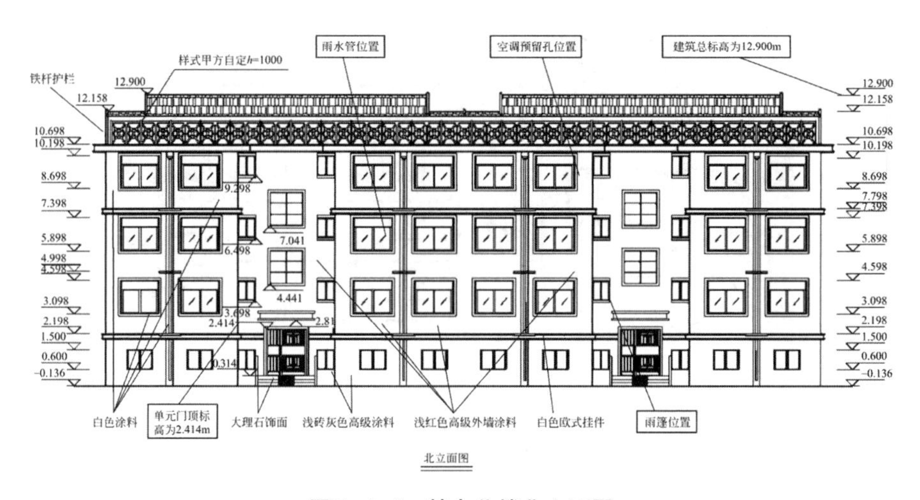

图7-4-4　某办公楼北立面图

知识拓展

建筑立面图的绘制步骤

1. 画立面图各轴线、室外地面线、室内地面线、层高线、屋面线。

2. 画外墙、外柱轮廓线。

3. 画门窗洞口轮廓线。

4. 画门窗分隔线及外墙装饰线，如檐口、雨篷、阳台、花台、台阶等。

5. 标注建筑物两端轴线及编号。

6. 标注尺寸、标高、外墙装修(材料)做法，加深图线。

任务五　建筑剖面图的识读

任务要求

1. 掌握建筑剖面图的图示内容和图示规定，学会正确识读建筑剖面图。

2. 掌握建筑剖面图的阅读方法，对剖面图与相关的平面图进行联系。

一、建筑剖面图的形成和用途

建筑剖面图，简称剖面图，它是假想用一铅垂剖切面将房屋剖切开后，移去靠近观察者的部分，作出剩下部分的投影图。其形成过程如图7-5-1所示。

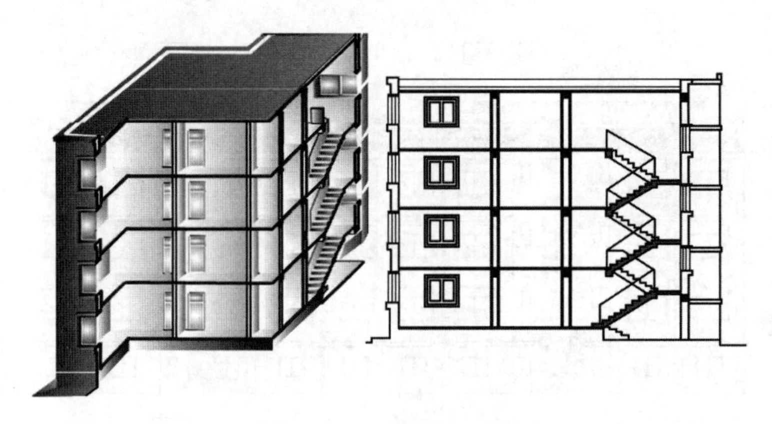

图7-5-1　剖面图的形成

剖面图用以表示房屋内部的结构或构造方式，如屋面（楼、地面）形式、分层情况、材料、做法、高度尺寸及各部位的联系等。它与平面图、立面图互相配合用于计算工程量，指导各层楼板和屋面施工、门窗安装和内部装修等。

剖面图的数量是根据房屋的复杂情况和施工实际需要决定的；剖切面的位置，要选择在房屋内部构造比较复杂、有代表性的部位，如门窗洞口和楼梯间等位置，并应通过门窗洞口。剖面图的图名符号，应与底层平面图上剖切符号相对应。

二、建筑剖面图的内容

1. 表示被剖切到的墙、梁及其定位轴线；

2. 表示室内底层地面、各层楼面、屋顶、门窗、楼梯、阳台、雨篷、防潮层、踢脚板、室外地面、散水、明沟及室内外装修等剖切到的和可见的内容；

3. 标注尺寸和标高，剖面图中应标注相应的标高与尺寸。

4. 表示楼地面、屋顶各层的构造，一般用引出线说明楼地面、屋顶的构造做法。

三、建筑剖面图的识读

剖面图的识读步骤如下：

1. 了解图名、比例。

2. 了解被剖切到的墙体、楼板、楼梯和屋顶。

3. 了解可见的部分。

4. 了解剖面图上的尺寸标注。

5. 了解详图索引符号的位置和编号。

试一试

识读如图7-5-2所示某建筑的1-1剖面图。

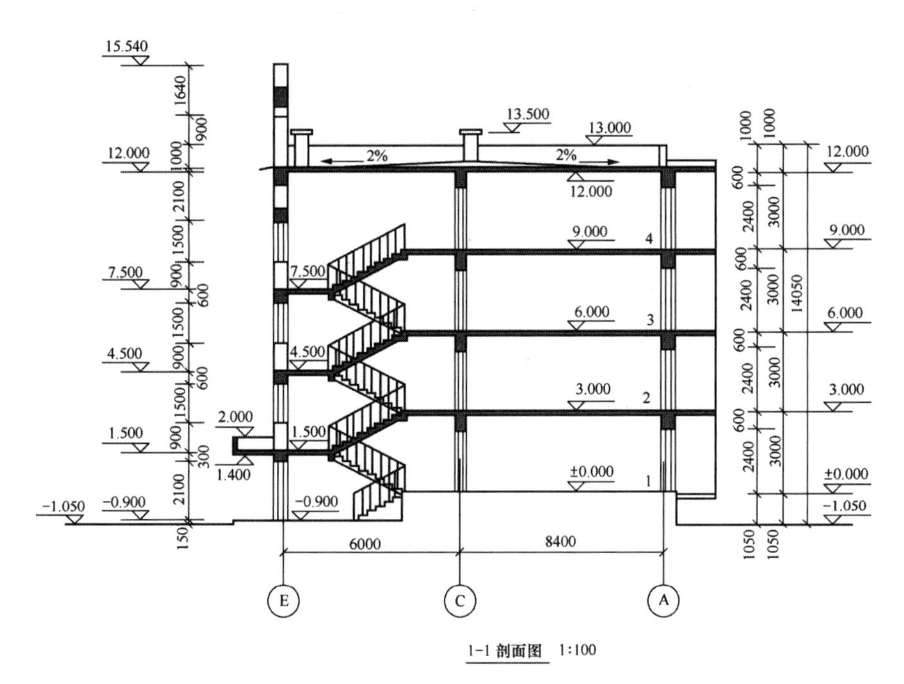

图7-5-2　1-1剖面图

1. 该剖面图图名为__________，比例__________。

2. 室外地坪标高为__________，屋顶标高为__________，女儿墙顶标高为__________，屋顶排水坡度为________，窗洞高________mm，门洞高________mm，该建筑层高________。楼梯为__________，每层有__________梯段，各为__________个踏步。

3. 楼梯梯段为________楼梯，其休息平台和楼梯均为________结构。

想一想

1. 建筑剖面图与平面图、建筑立面图之间有哪些区别与联系？

2. 剖面图的剖切符号标注在哪张图纸上？剖切平面一般通过房屋哪个部位？

练一练

根据图7-5-3所示的北方某典型住宅建筑为例，将有关内容填入空格。

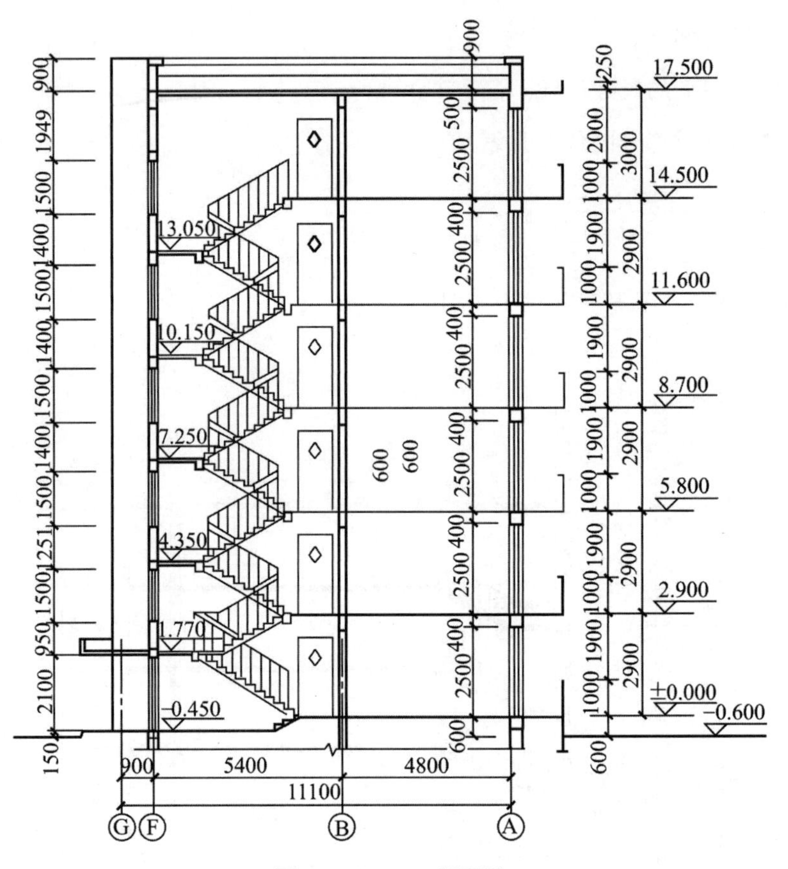

图7-5-3　1-1剖面图

由图7-5-3 1-1剖面图可知：

1. 该剖面图图名为________，比例________。

2. A轴和B轴间距为__________mm，B轴和F轴间距为__________mm，F轴和G轴间距为__________mm。

3. 室外地坪高度为__________m，一层室内标高为__________m，则室内、外高差为_______mm。另外，还可见各层室内地面标高分别为2.900m，5.800m等。

4. 阳台栏板高度为__________mm，栏板顶部距上层地面高度为__________m，在六层阳台的上方雨篷的高度为__________mm。

5. 各楼层高度为__________mm，六层层高为__________mm。

6. F轴处墙上设有墙C3，其高度由F轴左侧的尺寸标注可知为__________mm，女儿墙高为__________mm。

7. 由内部高度方向尺寸可知，门洞口高度为__________mm。

8. 楼梯的建筑形式为__________楼梯，结构形式为__________楼梯，装有栏杆。中间休息平台的标高分别为__________、__________、__________、__________、__________。

知识拓展

建筑剖面图的绘制步骤

1. 画内、外墙轴线。
2. 画室外地面线、室内地面线、楼面线、屋面线及休息平台顶面线。
3. 画墙体、楼板、屋面板、休息平台等厚度线。
4. 画剖切到的门窗洞口、楼梯段等。
5. 画未剖切到但投影可见的部分。
6. 标注尺寸及标高，加深图线。

任务六　建筑详图的识读

任务要求

1. 掌握外墙身详图及楼梯详图的图示内容和图示规定，学会正确识读外墙身详图和楼梯详图。

2. 掌握楼梯平面详图与剖面详图的区别与联系。

一、建筑详图的用途

建筑平面图、立面图、剖面图表达建筑的平面布置、外部形状和主要尺寸，但因反映的内容范围大、比例小，对建筑的细部构造难以表达清楚。为了满足施工要求，对建筑的细部构造用较大的比例详细地表达出来，这种图叫建筑详图，有时也叫大样图。

详图的特点是比例大，反映的内容详尽，常用的比例有1∶50、1∶20、1∶10、1∶5、1∶2、1∶1等。

二、建筑详图的内容

建筑详图主要有外墙、楼梯、阳台、雨篷、台阶、门窗、厨房、卫生间等详图。本任务重点介绍外墙墙身详图与楼梯详图所包含的内容。

1. 外墙身详图

外墙身详图，也叫外墙身大样图，如图7-6-1所示。其实际上是建筑剖面图有关部位的局部放大图。它主要表达墙身与地面、楼面、屋面的构造连接情况，以及檐口、门窗顶、窗台、勒脚、防潮层、散水、明沟的尺寸、材料、做法等构造情况，是砌墙、室内外装修、门窗安装、编制施工预算以及材料估算等的重要依据。有时在外墙身详图上引出分层构造，注明楼地面、屋顶等的构造情况，而在建筑剖面图中省略不标。

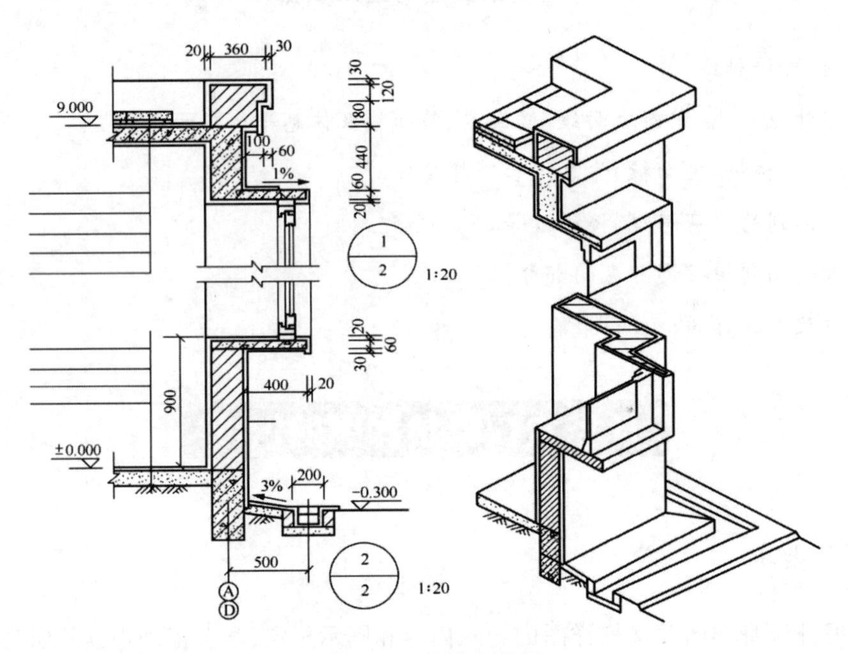

图7-6-1 外墙身详图

外墙身详图重点包含以下3个节点详图：

（1）墙脚。外墙身墙脚主要是指一层窗台及以下部分，包括散水（或明沟）、防潮层、勒脚、一层地面、踢脚等部分的形状、大小、材料及其构造情况。

（2）中间部分。其主要包括楼板层、门窗过梁及圈梁的形状、大小、材料及其构造情况，还应表示出楼板与外墙的关系。

（3）檐口。其应标示出屋顶、檐口、女儿墙及屋顶圈梁的形状、大小、材料及其构造情况。

2. 楼梯详图

楼梯详图主要包括两部分，即楼梯平面详图和楼梯剖面详图。

(1)楼梯平面详图。

将建筑平面图中楼梯间的比例放大后画出的图样,称为楼梯平面图,比例通常为1:50,包含楼梯底层平面图、楼梯标准层平面图(图7-6-2所示)和楼梯顶层平面图等。

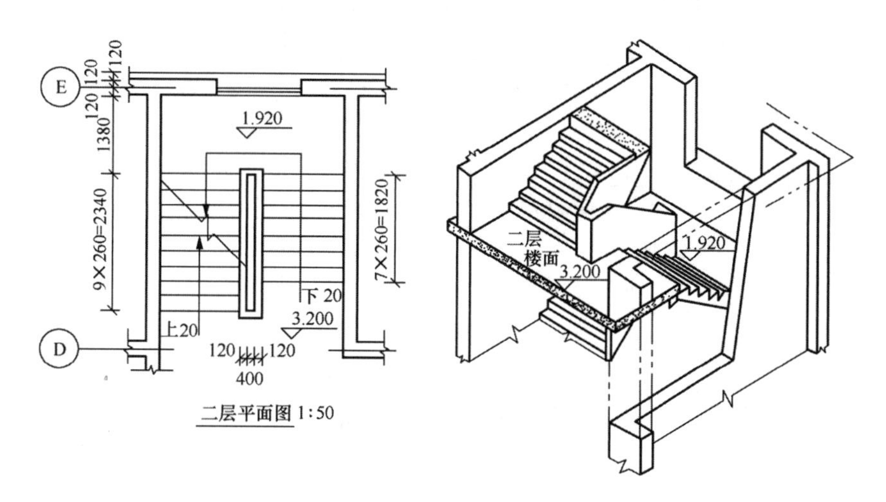

图7-6-2　楼梯平面详图

楼梯平面详图表达的内容如下:

①楼梯间的位置。

②楼梯间的开间、进深、墙体的厚度。

③梯段的长度、宽度,以及楼梯段上踏步的宽度和数量。

④休息平台的形状、大小和位置。

⑤楼梯井的宽度。

⑥各层楼梯段的起步尺寸。

⑦各楼层、各平台的标高。

⑧在底层平面图中还应标注出楼梯剖面图的剖切位置(及剖切符号)。

(2)楼梯剖面详图。

楼梯剖面图是用假想的铅垂剖切平面,通过各层的一个梯段和门窗洞口,将楼梯垂直剖切,向另一未剖到的梯段方向投影所作的剖面图。楼梯剖面图主要表达楼梯踏步、平台的构造、栏杆的形状以及相关尺寸,比例一般为1:50、1:30或1:40。

楼梯剖面图应注明各楼楼层面、平台面、楼梯间窗洞的标高、踢面的高度、踏步的数量以及栏杆的高度,如图7-6-3所示。

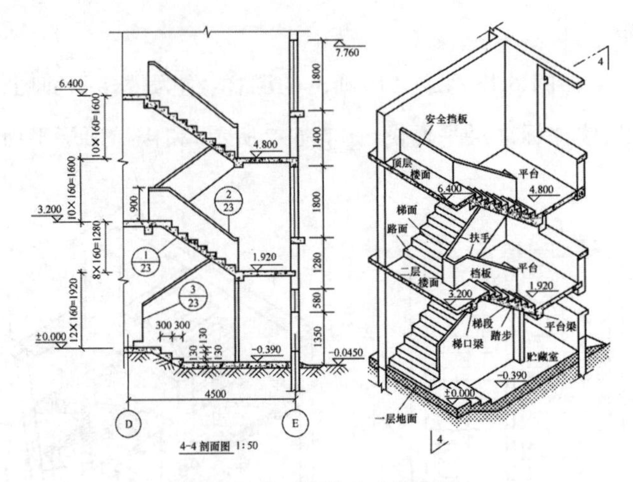

图 7-6-3　楼梯 4-4 剖面图

三、建筑详图的识读(以外墙身详图识读为例)

识读图 7-6-4 外墙身节点详图。

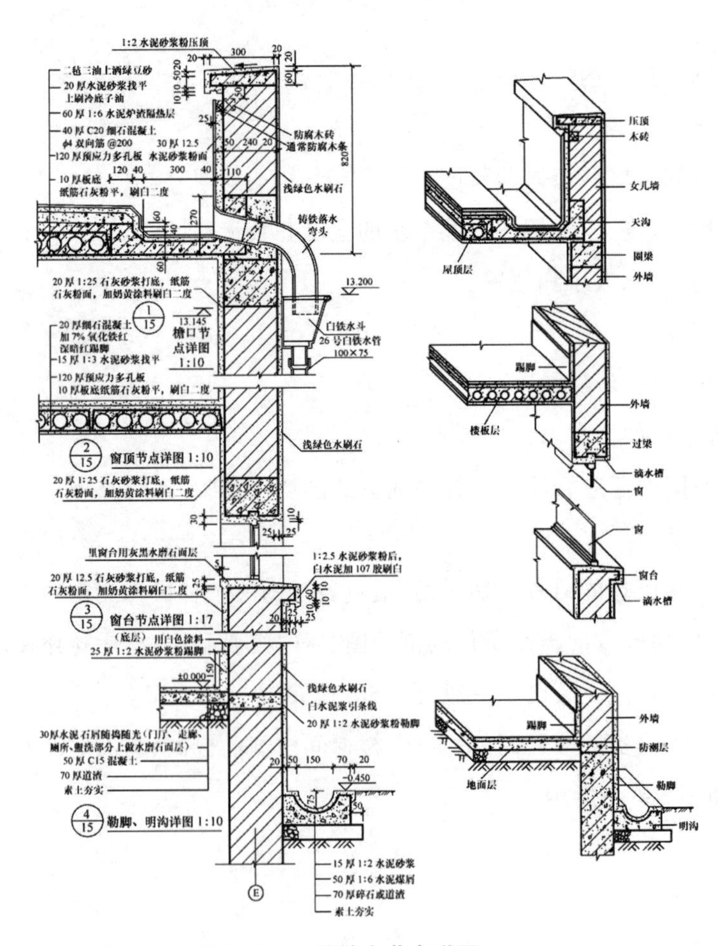

图 7-6-4　外墙身节点详图

1. 屋顶处，该屋顶先铺设120mm厚的预应力钢筋混凝土多孔板和预制钢筋混凝土天沟，并将屋面板铺放成一定的排水坡度。然后在板上做40厚细石混凝土(内放钢筋网片)和60厚水泥炉渣隔热保温层，待水泥砂浆找平后，再做二毡三油的防水覆盖层(图中所示油毡的“收头”固定在统长的防腐木条上)；砖砌的女儿墙上的钢筋混凝土压顶是外侧厚60mm，内侧厚50mm，粉刷时压顶内侧的底面做有滴水槽口(有时做出滴水斜口)，以免雨水渗入下面的墙身。屋顶层底面用纸筋灰粉平后刷白两度。

2. 窗顶处，主要标明了窗顶钢筋混凝土过梁处的做法。在过梁底的外侧也应粉出滴水槽(或滴水斜口)，使外墙面上的雨水直接滴到有斜坡的窗台上。在图中，还标明了楼面层的做法及其分层情况的说明。

3. 窗台处，标明了砖砌窗台的做法。除了窗台底面也同样做出滴水槽口(或滴水斜口)外，窗台面的外侧还需向外抹成一定的斜坡，以利排水。

4. 勒脚和明沟处，勒脚高度自室外平地面算起为450mm。勒脚应选用防水和耐久性较好的粉刷材料粉成。离室内地面下35mm的墙身中，设有60mm厚的钢筋混凝土防潮层，以隔离土壤中的水分和潮气从基础墙上升而侵蚀上面墙身。防潮层也可以由在墙身中铺放油毛毡来做成。此外，在详图中还标明了室内地面层和踢脚的做法。

试一试

1. 识读图7-6-5楼梯平面详图。

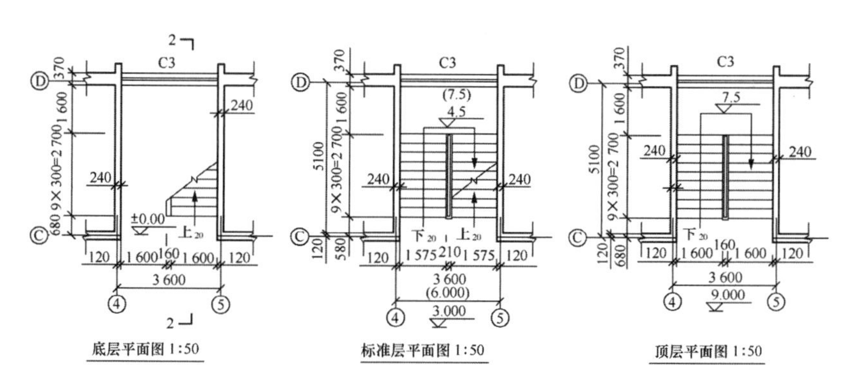

图7-6-5 楼梯平面详图

(1)了解楼梯或楼梯间在房屋中的平面位置。

如图7-6-5所示，楼梯间位于＿＿＿＿＿＿＿＿＿＿＿＿＿＿。

(2)熟悉楼梯段、楼梯井和休息平台的平面形式、位置、踏步的宽度和数量。

本建筑楼梯为＿＿＿＿＿＿＿楼梯，楼梯井宽＿＿＿＿＿＿＿，梯段长＿＿＿＿＿＿＿、宽＿＿＿＿＿＿，平台宽＿＿＿＿＿＿＿，每层有＿＿＿＿＿＿＿级踏步。

(3)了解楼梯间处的墙、柱、门窗平面位置及尺寸。

本建筑楼梯间处承重墙宽__________,外墙宽__________,外墙窗宽__________。

(4)看清楼梯的走向以及楼梯段起步的位置。

楼梯的走向用__________表示。

(5)了解各层平台的标高。

本建筑一、二、三层平台的标高分别为__________、__________、__________。

(6)在楼梯平面图中,了解楼梯剖面图的剖切位置。

2. 楼梯剖面详图的识读。

楼梯剖面详图要与楼梯平面详图进行配合,试着填写阅读步骤。

(1)了解楼梯的构造形式。

(2)了解楼梯在__________和__________方向的有关尺寸。

(3)了解楼梯段、平台、栏杆、扶手等的构造和用料说明。

(4)了解被剖切梯段的__________级数。

(5)了解图中的__________符号。

想一想

1. 楼梯平面图与楼梯剖面图中,楼梯梯段数与踏步数之间有何关系?

2. 楼梯详图的水平剖切位置是否与建筑平面图剖切位置相同?

练一练

已知某四层办公楼的楼梯为双跑楼梯,且每楼梯段的踏步数相同,楼层层高均为3.6m,试着设计绘制此楼梯平面图。(按1∶30或1∶50的比例绘制,涉及部分构件样式自定。)

知识拓展

楼梯详图的绘制步骤

1. 楼梯平面图的绘制

(1)画出楼梯间的定位轴线。

(2)画墙柱轮廓线、门窗洞位置。

(3)画平台宽度、梯段宽度和长度。

(4)采用两平行线间任意等分的方法画踏步线。

(5)画栏板(或栏杆)、上下行箭头。

(6)注写标高、尺寸及剖切符号,加深图线。

2. 楼梯剖面图的绘制

(1)画轴线、室内外地面线、楼面线、平台位置线。

(2)画墙身、楼(地)面、屋面、平台等的厚度线。

(3)采用两平行线间任意等分的方法画出踏步的宽度、步数和高度、级数。

(4)画楼梯段、门窗、平台梁及栏杆等细部。

(5)注写尺寸和标高。

(6)在剖切到的轮廓线内画上材料图例,加深图线。

项目八　建筑物的表达(建筑结构图的表达)

结构施工图的识读始于结构施工图的图纸目录,结构设计总说明位于建筑工程项目结构施工图纸的首页。通过结构设计总说明,识读者可以从工程概况、建筑物主要荷载(作用)取值、主要结构材料、工程施工要点等多方面了解工程设计者的设计意图,以及对结构施工图所表述内容的统一要求。

万丈高楼平地起,在建筑工程施工中基础部分的施工尤为重要。基础施工从基础平法施工图的识读开始,通过本项目的学习,学生能熟练掌握柱下独立基础平法施工图的识读方法和识读要点。

本项目通过引入采用混凝土结构施工图平面整体表示方法的实例工程中的"柱平法施工图",从柱平法施工图识读和钢筋混凝土柱构造两个方面进行讲述,使学生熟练掌握框架结构施工图中柱平法施工图的识读方法和识读要点。

梁是指水平方向的长条形承重构件,是框架结构必不可少的构件之一。本项目结合某框架结构教学楼的"梁平法施工图",阐述梁平法施工图的制图规则和框架梁钢筋构造要求,使学生熟练掌握框架结构施工图中梁平法施工图的识读方法和识读要点。

框架结构楼盖可分为有梁楼盖和无梁楼盖。楼盖结构施工图一般包括楼面结构施工图与屋面结构施工图。本项目主要介绍有梁楼盖平法施工图的制图规则及其识读,有梁楼盖板的钢筋构造要求,完成熟练识读楼(屋)面结构施工图的学习任务,为今后的学习和工作打下良好的基础。

现浇钢筋混凝土楼梯按结构的受力方式可分为板式楼梯和梁式楼梯。本项目结合某框架结构综合楼的"楼梯平法施工图",阐述板式楼梯平法施工图的制图规则和钢筋构造要求,使学生熟练掌握板式楼梯平法施工图的识读方法和识读要点。

1. 了解结构施工图的基本组成,了解结构设计总说明的主要内容。
2. 通过识读结构设计总说明了解建筑工程项目结构的基本情况。

一、结构施工图的基本组成

建筑工程的结构施工图是根据建筑功能要求进行结构设计后画出的图样。结构设计时要根据建筑要求选择结构类型,并进行合理布局,再通过力学计算确定构件的截面形状、大小、材料及构造等等,它是工程放线、土方开挖、基础施工、模板钢筋安装、混凝土浇筑等施工过程和编制预算、施工进度计划的依据。

在每个建筑工程项目开始施工前,首先从阅读这个建筑工程项目的施工图纸开始。通常,一个建筑工程项目的施工图纸包括建筑施工图、结构施工图、给排水施工图、电气施工图和暖通空调施工图等各专业的施工图纸,从本项目开始,将结合××市××小学教学楼结构施工图的实例,介绍结构施工图的识读要点。

结构施工图的基本组成:图纸目录、结构设计总说明、结构平法施工图和结构详图。图纸目录可了解图纸的排列、总张数和每张图纸的序号及内容,检查图纸的完整性,便于查找图纸。结构平法施工图一般包括基础、柱、梁、板、楼梯平法施工图。

二、结构设计总说明的主要内容

对一个建筑工程项目的认识,总是从相关的建筑设计总说明和结构设计总说明开始的。通过识读结构设计总说明,可以对将要施工的建筑工程项目在结构方面的特点和基本要求有一个全面的了解。

每个单项工程的结构设计总说明通常由以下主要内容组成:

1. 工程概况;2. 设计依据;3. 图纸在标高、尺寸、钢筋符号、表示方法等制图规则上的说明;4. 建筑工程在结构方面的分类等级;5. 主要荷载(作用)取值;6. 设计计算程序;7. 主要结构材料;8. 基础及地下室工程的结构要点和施工要求;9. 钢筋混凝土工程的结构要点和施工要求;10. 砌体工程的结构要点和施工要求;11. 变形观测等检测要求;12. 其他施工时须注意的事项。

任务一 结构施工图概述

任务实施

以结施-01 结构设计总说明为例,介绍结构设计总说明的识读。

一、结构特性

建筑工程项目的结构特性识读主要有工程概况、设计依据、图纸说明的识读，见表8-1-1。建筑分类等级，见表8-1-2。图中构件编号，见表8-1-3。

表8-1-1 建筑工程项目的结构特性识读

<table>
<tr><th>主要内容图纸表述</th><th>主要内容识读</th></tr>
<tr><td>一、工程概况
本工程为××市××小学四层框架结构教学楼，建筑长度为43.20m、宽度为9.90m，建筑总高度为15.30m。基础形式为柱下独立基础，如图8-1-1所示</td><td>工程概况中，用简要的文字形式告诉大家本工程项目的主要特征：
1. 四层框架结构教学楼
2. 建筑长度和宽度
3. 建筑高度
4. 基础形式
这些信息，大家也可以在阅读相关图纸后得到印证</td></tr>
<tr><td colspan="2">
图8-1-1 工程实例效果图</td></tr>
<tr><td>二、设计依据
2.1 本工程设计使用年限为50年
2.2 自然条件：本工程基本风压值为0.75kN/m²，地面粗糙度B类。基本雪压值为0.30kN/m²；本地区抗震设防烈度为7度，本工程抗震等级为三级
2.3 本工程根据××工程勘察院提供的《××市××区小学新建教学楼岩土工程勘察报告》(20××年××月)进行施工图设计
2.4 政府有关主管部门对本工程项目建设的审查批复文件
2.5 本工程设计所执行的规范及规程见结施-01</td><td>1. 明确建筑工程项目主体结构部分有质量保证的使用年限，结构设计使用年限分类见表8-1-2
2. 明确建筑工程项目建设地点对应的各项气象条件、抗震设防烈度等指标
3. 明确建筑工程项目的基础设计依据的工程地质资料
4. 明确进行建筑工程项目建设的政府各相关主管部门的批复文件。如发改委的立项批文、土地管理部门的建设用地许可证(俗称土地证)、规划部门的建设用地规划许可证等批复文号
5. 列出工程项目结构施工图依据的主要现行规范和规程</td></tr>
</table>

续表

主要内容图纸表述	主要内容识读
三、图纸说明 3.1 本工程结构施工图中除注明外,标高以m为单位,尺寸以mm为单位 3.2 本工程建筑室内地面标高±0.000相当于黄海高程×.×××m 3.3 图中构件编号见表8-1-3 3.4 本工程结构施工图采用平面整体表示方法,参照平法11G101系列标准图集见结施-01	1. 明确建筑工程项目结构施工图中尺寸、标高对应的单位 2. 明确建筑工程项目±0.000对应国家基准高程中的标高 3. 对结构施工图中用到的构件编号进行说明 4. 对结构施工图中采用的表示方法配套的国标图集进行说明

表8-1-2　建筑分类等级

类　别	设计使用年限(年)	示　例
1	5	临时性结构
2	25	易于替换的结构构件
3	50	普通房屋和构筑物
4	100	纪念性建筑和特别重要的建筑结构

表8-1-3　图中构件编号

构件类型	代号	序号	构件类型	代号	序号
基础梁	JL	××	构造柱	GZ	××
框架柱	KZ	××	梯梁	TL	××
框架梁	KL	××	梯板	AT	××
屋面框架梁	WKL	××	梯柱	TZ	××
次梁	L	××	平台板	PTB	××
屋面次梁	WL	××	/	/	/

二、建筑分类等级

每个建筑工程项目根据其重要性、所处的自然环境等分别对应不同的建筑分类等级,依据相应的分类等级采取对应的可靠度设计(指为保证建筑物在正常使用阶段的安全可靠,针对建筑物特性设定的建筑结构安全概率目标的设计要求)标准。

建筑分类等级主要包括建筑结构安全等级、地基基础设计等级、建筑抗震设防类别、框架抗震等级、建筑耐火等级和混凝土构件的环境类别等,其识读见表8-1-4—表8-1-8。

表 8-1-4　建筑分类等级识读

主要内容图纸表述	主要内容识读
建筑结构安全等级:二级	对于通常的建筑物,其建筑结构的安全等级均为二级。建筑结构的安全等级划分为一级、二级、三级,对应的破坏后果很严重、严重、不严重,对应重要建筑(如核电站)、一般建筑(如教学楼)、次要建筑(如临时性建筑物)
地基基础设计等级:丙类	对于大量的工业和民用建筑,通常建筑地基基础设计等级为乙级或丙级。由于建筑地基基础引发的工程质量事故较多,且各地的工程地质条件多样,为防止地基基础质量事故的发生,应区别对待不同建筑地基基础设计问题。施工中应关注因建筑地基基础设计等级的不同,对地基和基础施工完成后采取的不同检测要求。《建筑地基基础规范》对建筑地基基础设计等级的划分见表 8-1-5
建筑抗震设防类别:丙类	一般的工业与民用建筑物,其抗震设防为丙类。根据建筑物自身重要性的不同、建筑物在地震作用下产生破坏带来的危害程度的不同等区分不同的建筑抗震设防类别,进行相应的地震作用计算和采取对应的抗震构造措施。《建筑工程抗震设防分类标准》对建筑抗震设防类别的划分见表 8-1-6
框架抗震等级:三级	《建筑抗震设计规范》针对不同的抗震设防类别、地震设防烈度、结构类型及建筑物高度对建筑物划分不同的抗震等级,进行相应的地震作用计算和采取对应的抗震构造措施。抗震设防类别为丙类的框架结构建筑抗震等级的划分见表 8-1-7
建筑耐火等级:二级	通常钢筋混凝土建筑、砌体结构建筑可基本定为一、二级耐火等级,砖木结构建筑可基本定为三级耐火等级,以木屋架等承重的木结构、砖石分隔建筑可基本定为四级耐火等级;当钢筋混凝土建筑各建筑构件的保护层、内隔墙和构件截面等满足一级耐火等级的耐火极限要求后,可确定为一级耐火等级
混凝土构件的环境类别:一类、二a类、二b类	根据建筑物耐久性的基本要求,对混凝土的环境类别进行划分,对于一般建筑工程,建筑物室内正常环境的环境类别为一类;屋面、卫生间等潮湿环境的环境类别为二a类;基础梁、基础底板等处于地下水位附近(干湿交替环境)的环境类别为二b类。《混凝土结构设计规范》对混凝土结构的常用环境类别区分见表 8-1-8

表 8-1-5　建筑地基基础设计等级

地基基础设计等级	建筑和地基类型
甲级	重要的工业与民用建筑 30层以上的高层建筑 体形复杂、层数相差超过10层的高低层连成一体的建筑物 大面积的多层地下建筑物(如地下车库、商城、运动场等) 对地基变形有特殊要求的建筑物(如设置精密仪器设备的厂房、实验室等) 复杂地质条件下的坡上建筑物(包括高边坡) 对原有工程影响较大的新建建筑物(如和原有建筑物相距较近、地基开挖深度较深的新建建筑物) 场地和地基条件复杂的一般建筑物 位于复杂地质条件及软土地区的二层及二层以上地下室的基坑工程 开挖深度大于15m的基坑工程 周边环境条件复杂、环境保护要求高的基坑工程

续表

地基基础设计等级	建筑和地基类型
乙级	除甲级、丙级以外的工业和民用建筑 除甲级、丙级以外的基坑工程
丙级	场地和地基条件简单,荷载分布均匀的七层及七层以下民用建筑及一般工业建筑;次要的轻型建筑物 非软土地区且场地地质条件简单、基坑周边环境条件简单、环境保护要求不高且开挖深度小于5m的基坑工程

表8-1-6　建筑抗震设防类别

<table>
<tr><th>抗震设防类别</th><th>对应的建筑类型</th></tr>
<tr><td>甲类</td><td>重大工程(如人民大会堂、毛主席纪念堂等)
地震时可能发生严重次生灾害的建筑(如核电站、SRS检测实验室等)</td></tr>
<tr><td colspan="2">

图8-1-2　人民大会堂

图8-1-3　核电站

</td></tr>
<tr><td>乙类</td><td>地震时使用功能不能中断须尽快恢复的建筑物(如电力调度建筑物、通信枢纽工程、医院等)
地震时可能导致大量人员伤亡的建筑物(如学校的教学用房、宿舍、食堂等)</td></tr>
</table>

续表

抗震设防类别	对应的建筑类型
 图 8-1-4　医院  图 8-1-5　学校	
丁类	次要建筑，震后破坏不造成人员伤亡和较大损失的建筑（如临时性建筑物等）
丙类	甲、乙、丁类以外的一般建筑（如量大面广的一般工业与民用建筑物）

表 8-1-7　抗震设防类别为丙类的框架结构建筑抗震等级

结构类型		设防烈度						
		6度		7度		8度		9度
框架结构	高度（m）	≤24	>24	≤24	>24	≤24	>24	≤24
	框架	四	三	三	二	二	一	一
	大跨度框架（≥18m）	三		二		一		一

表 8-1-8 混凝土结构的常用环境类别

环境类别	条 件	图 示
一	室内干燥环境 无侵蚀性静水浸没环境	 图 8-1-6 室内干燥环境
二 a	室内潮湿环境 非严寒和非寒冷地区的露天环境 非严寒和非寒冷地区与无侵蚀性的水和土壤直接接触的环境 严寒和寒冷地区冰冻线以下与无侵蚀性的水和土壤直接接触的环境	 图 8-1-7 室内潮湿环境
二 b	干湿交替环境 水位频繁变动环境 严寒和寒冷地区的露天环境 严寒和寒冷地区冰冻线以上与无侵蚀性的水和土壤直接接触的环境	 图 8-1-8 干湿交替环境

三、主要荷载取值和设计计算程序

主要荷载取值和设计计算程序识读见表 8-1-9。

表 8-1-9 主要荷载取值和设计计算程序识读

<table>
<tr><th>主要内容图纸表述</th><th>主要内容识读</th></tr>
<tr><td>主要荷载取值：
楼(屋)面活荷载如下

| 序号 | 荷载类别 | 标准值(kN/m²) | 序号 | 荷载类别 | 标准值(kN/m²) |
1	不上人屋面	0.50	3	教室	2.00
2	上人屋面	2.00	4	走廊、门厅、楼梯	3.50 | 建筑隔墙墙体自重如下 | 序号	墙体类型	墙体材料	自重(kN/m²)
1	外墙	240厚烧结页岩砖(容重≤11kN/m³)	4.0
2	内墙	240厚烧结页岩砖(容重≤11kN/m³)	3.60	</td><td>荷载可分为活荷载和恒载。活荷载是指施工和使用期间可能作用在结构上的可变荷载，恒载是指作用在结构上的不变荷载 明确在建筑工程项目中所采用的楼(屋)面活荷载的数值，施工中施工堆料及建成使用后的活荷载均不得超过楼(屋)面活荷载表格中所列的数值 提出工程项目中所用材料类型及容重的要求，采购相关材料时必须满足结构说明中提出的对材料容重的要求。自重属于恒载</td></tr>
<tr><td>本工程使用中国建筑科学研究院建筑工程软件研究所编制的《多高层建筑结构空间有限元分析软件SATWE》(20××年××月版)进行结构整体分析，结构整体计算嵌固部位为基础顶面(-0.550)</td><td>随着计算机技术的进步，工程项目的结构设计通常利用计算机程序进行结构的辅助计算。在此明确项目结构设计采用的计算机程序及相应的版本号</td></tr>
</table>

四、主要结构材料

常见的钢筋混凝土工程中涉及的建筑结构材料包括混凝土、钢筋、焊条和墙体材料，其识读见表 8-1-10。

表 8-1-10　主要结构材料识读

<table>
<tr><th>主要内容图纸表述</th><th>主要内容识读</th></tr>
<tr><td>
7.1 混凝土
(1)混凝土强度等级:基础垫层(100厚)C15,主体结构梁、板、柱混凝土强度均为C25;
(2)混凝土环境类别及耐久性要求如下。
<table>
<tr><th>部位</th><th>构件</th><th>环境类别</th><th>最大水灰比</th><th>最小水泥用量</th><th>最大氯离子含量</th><th>最大碱含量</th></tr>
<tr><td>地上</td><td>室内正常环境</td><td>一类</td><td>0.65</td><td>225 kg/m³</td><td>1.0</td><td>不限制</td></tr>
<tr><td></td><td>厨房、卫生间、雨篷等潮湿环境基础梁、板侧面、顶面</td><td>二a类</td><td>0.60</td><td>250 kg/m³</td><td>0.3</td><td>3kg/m³</td></tr>
<tr><td>地下</td><td>基础梁、板底面</td><td>二b类</td><td>0.55</td><td>275 kg/m³</td><td>0.2</td><td>3kg/m³</td></tr>
</table>
</td><td>
混凝土强度等级采用字母C加混凝土立方体抗压强度标准值表示,C15、C25分别表示混凝土立方体抗压强度标准值为15MPa、25MPa。采用HRB400钢筋时,混凝土强度等级不能低于C25
环境类别及耐抗性对混凝土的最大水灰比,最小水泥用量及最大氯离子、碱含量的相关要求
</td></tr>
<tr><td>
7.2 钢筋符号、钢材牌号如下。
<table>
<tr><th>热轧钢筋种类</th><th>符号</th><th>fy(N/mm²)</th><th>钢材牌号</th><th>厚度(mm)</th><th>fy(N/mm²)</th></tr>
<tr><td>HPB300(Q235)</td><td>A</td><td>270</td><td>Q235-B</td><td>≤16</td><td>215</td></tr>
<tr><td>HRB335</td><td>B</td><td>300</td><td>Q345-B</td><td>≤16</td><td>310</td></tr>
<tr><td>HRB400</td><td>C</td><td>360</td><td>/</td><td>/</td><td>/</td></tr>
</table>
</td><td>
热轧钢筋通常分为HPB300(A)、HRB335(B)、HRB400(C)、HRB500(D),工程中俗称分别为一级钢、二级钢、三级钢、四级钢。f_y为钢筋抗拉强度设计值。
碳素结构钢按强度由低到高可分为Q195、Q215、Q235、Q255和Q275共5个牌号,低合金高强度结构钢按强度由低到高可分为Q345、Q390和Q420共3个牌号。质量等级由低到高分为A、B、C、D四个等级
施工中每批次进场的钢筋均应符合对应的钢筋国家标准的质量要求并按规定送检
</td></tr>
</table>

续表

主要内容图纸表述	主要内容识读
7.3焊条 E43型:用于HPB300钢筋焊接,Q235-B钢材焊接。 E50型:用于HRB335钢筋焊接,HRB400钢筋焊接,Q345-B钢材焊接。钢筋与钢材焊接随钢筋定焊条,焊接应符合JGJ 18—2003以及JGJ81—2002有关规定	当施工中钢筋连接采用焊接连接时,不同牌号的钢筋所采用的焊条型号各不相同,工程中应采用说明中要求的焊条型号焊接相应的钢筋 常用焊接连接方式有对焊、点焊、电弧焊和电渣压力焊
7.4墙体材料 ±0.000以下为240厚MU10混凝土标准砖,M10水泥砂浆实砌,两侧用1:3水泥砂浆粉刷20厚,±0.000以上外墙、内隔墙,楼梯间采用MU10烧结页岩砖,M7.5混合砂浆实砌,砌筑施工质量控制在B级。砌筑方法及水电管线穿墙处按《烧结多孔砖及烧结空心砖房屋建筑构造》施工	通常分为±0.000以上、±0.000以下和内隔墙、外墙分别说明所采用的墙体材料、强度及砂浆材料、强度。混凝土标准砖为实心砖,标准尺寸为240mm×115mm×53mm,烧结页岩砖为多孔砖,分为P型(240mm×115mm×90mm)砖和M型(190mm×190mm×90mm)砖MU10表示砖的抗压强度为10MPa,M10水泥砂浆表示采用水泥、砂、水拌合而成,抗压强度为10MPa,一般用于砌筑潮湿环境(如±0.000以下的基础)的砌体中。M7.5混合砂浆表示采用水泥、石灰、砂、水拌合而成,是一般墙体砌筑中常用的砂浆,抗压强度为7.5MPa

五、混凝土构件的环境类别和混凝土保护层最小厚度

根据建筑物的使用年限和建筑中各构件所处的实际环境条件,混凝土构件的环境类别和混凝土保护层最小厚度在结构设计总说明中应予以明确。混凝土构件的环境类别和混凝土保护层最小厚度识读见表8-1-11。

表 8-1-11　混凝土构件的环境类别和混凝土保护层最小厚度识读

<table>
<tr><th>主要内容图纸表述</th><th>主要内容识读</th></tr>
<tr><td>9.1　混凝土构件的环境类别和混凝土保护层最小厚度,见下表:
<table>
<tr><th>序号</th><th colspan="2">构件名称及范围</th><th>环境类别</th><th>保护层最小厚度(mm)</th></tr>
<tr><td>1</td><td>基础底板</td><td>底部、顶部</td><td>二b类</td><td>40</td></tr>
<tr><td>2</td><td>基础梁</td><td>底部、顶部、侧面</td><td>二b类</td><td>40</td></tr>
<tr><td rowspan="2">3</td><td>框架柱</td><td>室内正常环境</td><td>一类</td><td>25</td></tr>
<tr><td></td><td>室外、潮湿环境</td><td>二a类</td><td>30</td></tr>
<tr><td rowspan="2">4</td><td>梁</td><td>室内正常环境</td><td>一类</td><td>25</td></tr>
<tr><td></td><td>室外、潮湿环境</td><td>二a类</td><td>30</td></tr>
<tr><td rowspan="2">5</td><td>板</td><td>室内正常环境</td><td>一类</td><td>20</td></tr>
<tr><td></td><td>室外、潮湿环境</td><td>二a类</td><td>25</td></tr>
</table>
</td><td>混凝土构件的环境类别划分见表8-1-8
混凝土保护层最小厚度是指最外层钢筋(包括箍筋、构造钢筋、分布筋等)的外边缘到混凝土表面的最小距离
当构件混凝土强度为≤C25,各构件的保护层厚度应比表8-1-11规定增加5mm,本工程混凝土强度为C25,左表所示保护层比表8-1-12增加了5mm</td></tr>
</table>

对于钢筋混凝土结构工程,为满足建筑物使用年限要求下的耐久性,《混凝土结构设计规范》规定了混凝土保护层的最小厚度要求。不同建筑物使用年限对应的混凝土保护层厚度不同,同时混凝土保护层的最小厚度还与构件类型和构件所处的环境类别有关,见表8-1-12。

表 8-1-12　混凝土保护层最小厚度 C

mm

环境类别	板、墙、壳	梁、柱、杆
一类	15	20
二a类	20	25
二b类	25	35

注:1. 混凝土强度等级不大于C25时,表中保护层厚度数值应增加5mm;
2. 钢筋混凝土基础以设置混凝土垫层,基础中钢筋的混凝土保护层厚度应从垫层顶面算起,且不应小于40mm。

六、纵向受拉钢筋的锚固长度和纵向受力钢筋的连接

1. 纵向受拉钢筋的锚固长度

纵向受力钢筋的锚固长度是指受力钢筋依靠其表面与混凝土的黏结作用而达到设计承受应力所需的长度,《混凝土结构设计规范》规定,要求按钢筋从混凝土中拔出时正好钢筋达到抗拉强度设计值作为确定锚固长度的依据。锚固长度分为纵向受拉钢筋的锚固长度和纵

向受压钢筋的锚固长度，通常规定纵向受拉钢筋的锚固长度、纵向受压钢筋的锚固长度按不小于纵向受拉钢筋锚固长度的70%控制。纵向受拉钢筋的锚固长度识读，见表8-1-13。

结构设计总说明中通常宜明确梁、板、柱等构件受拉钢筋的锚固长度。

表8-1-13　纵向受拉钢筋的锚固长度识读

<table>
<tr><th>主要内容图纸表述</th><th>主要内容识读</th></tr>
<tr><td>9.2　纵向受拉钢筋的锚固长度 l_a、l_{aE} 见下表：
<table>
<tr><td colspan="2">混凝土强度等级</td><td colspan="2">C25</td><td colspan="2">C30</td></tr>
<tr><td colspan="2">钢筋直径d(mm)</td><td>≤25</td><td>>25</td><td>≤25</td><td>>25</td></tr>
<tr><td rowspan="2">HPB300</td><td>非抗震
四级抗震等级</td><td>34d</td><td>38d</td><td>30d</td><td>33d</td></tr>
<tr><td>三级抗震等级</td><td>36d</td><td>40d</td><td>32d</td><td>36d</td></tr>
<tr><td rowspan="2">HRB335</td><td>非抗震
四级抗震等级</td><td>33d</td><td>37d</td><td>29d</td><td>32d</td></tr>
<tr><td>三级抗震等级</td><td>35d</td><td>39d</td><td>31d</td><td>35d</td></tr>
<tr><td rowspan="2">HRB400</td><td>非抗震
四级抗震等级</td><td>40d</td><td>44d</td><td>35d</td><td>39d</td></tr>
<tr><td>三级抗震等级</td><td>42d</td><td>47d</td><td>37d</td><td>41d</td></tr>
</table>注：1. HPB300级钢筋末端应做180°弯钩，弯后平直段长度不应小于3d，但受压时可不做弯钩
2. 纵向受压钢筋的锚固长度不应小于受拉锚固长度的0.7倍
3. 柱纵筋伸入基础内的长度，应满足锚固长度 l_{aE} 的要求，并应伸入基础底部后做水平弯折，弯折长度不小于15d</td><td>纵向受拉钢筋的锚固长度与钢筋种类和直径、结构抗震等级和混凝土强度有关。钢筋的抗拉强度越大，纵向受拉钢筋的锚固长度越长；混凝土抗拉强度越大，纵向受拉钢筋的锚固长度越短；结构抗震等级越高（抗震等级一级为最高），纵向受拉钢筋的锚固长度越长；当结构设计总说明中未注明时，按本书附录A
带肋钢筋的直径大于25mm时，锚固长度应增长10%
柱纵筋在基础中的锚固和基础底部水平弯折长度当结构设计总说明未注明时，按本书执行</td></tr>
</table>

2. 纵向受力钢筋的连接

工程中使用的钢筋长度通常为9m或12m，纵向受力钢筋的连接方式分为绑扎搭接、机械连接和焊接连接，通过这些连接方式实现钢筋之间内力传递。结构设计总说明通常宜明确纵向受拉钢筋的绑扎搭接长度和连接接头的相关要求。纵向受力钢筋的连接识读，见表8-1-14。

表 8-1-14　纵向受力钢筋的连接识读

主要内容图纸表述	主要内容识读

9.3　纵向受拉钢筋的绑扎搭接长度 l_l、l_{lE} 如下：

混凝土强度等级				C25		C30	
钢筋直径 d(mm)				≤25	>25	≤25	>25
HPB300	非抗震 四级抗震 等级	同一区段内 搭接接头面 积百分率	≤25%	41d	46d	36d	40d
			>25% ≤50%	48d	54d	42d	47d
	三级抗震 等级		≤25%	44d	48d	39d	44d
			>25% ≤50%	51d	56d	45d	51d
HRB335	非抗震 四级抗震 等级		≤25%	40d	45d	35d	39d
			>25% ≤50%	47d	52d	41d	45d
	三级抗震 等级		≤25%	42d	47d	38d	42d
			>25% ≤50%	49d	55d	44d	49d
HRB400	非抗震 四级抗震 等级		≤25%	48d	53d	42d	47d
			>25% ≤50%	56d	62d	49d	55d
	三级抗震 等级		≤25%	51d	57d	45d	50d
			>25% ≤50%	59d	66d	52d	58d

注：1. 两根直径不同钢筋的搭接长度，以较细钢筋的直径计算

2. 在任何情况下，纵向受拉钢筋的绑扎搭接长度不应小于300mm

主要内容识读：

纵向受拉钢筋的绑扎搭接长度与钢筋的种类和直径、结构抗震等级、同一区段内搭接接头面积百分率和混凝土强度等级有关。钢筋的抗拉强度、直径越大，搭接长度越长；混凝土的强度等级越高，搭接长度越短；结构抗震等级越高，搭接长度越长；同一区段内搭接接头百分率越大，搭接长度越长。搭接长度还与钢筋的外形(光圆或带肋)情况有关

纵向受拉钢筋绑扎搭接长度按纵向受拉钢筋锚固长度乘以搭接长度修正系数后确定，见附录

续表

主要内容图纸表述	主要内容识读
9.4　纵向受力钢筋连接方式和要求 1.绑扎搭接接头的有关要求： (1)钢筋绑扎搭接位于同一连接区段长度($1.3l_l$或$1.3l_{lE}$)内的受拉钢筋搭接接头面积百分率：对梁、板、墙不宜大于25%，不应大于50%，对柱不应大于50% (2)在梁、柱构件的纵向受力钢筋搭接长度范围内，除另有说明外，应按下列要求配置箍筋：箍筋直径不应小于8mm，受拉搭接区段的箍筋间距不应大于100mm或搭接钢筋较小直径的5倍；受压搭接区段的箍筋间距不应大于150mm或搭接钢筋较小直径的10倍 2.机械连接接头的有关要求： (1)纵向受力钢筋机械连接接头宜相互错开。钢筋机械连接接头连接区段的长度为35d(d为纵向受力钢筋的较大直径)，凡接头中点位于该连接区段长度的机械连接接头均属于同一连接区段 (2)同一连接区段的纵向受拉钢筋机械接头面积百分率不应大于50%。纵向受压钢筋的钢筋接头面积百分率可不受限制 3.焊接连接接头的有关要求： (1)纵向受力钢筋的焊接连接接头应相互错开。钢筋焊接连接接头连接区段的长度为35d(d为纵向受力钢筋的较大直径)，且不小于500mm，凡接头中点位于该连接区段长度内的机械连接接头均属于同一连接区段 (2)同一连接区段的纵向受拉钢筋焊接接头面积百分率不应大于50%。纵向受压钢筋的钢筋接头面积百分率可不受限制 4.本工程钢筋应优先采用机械接头。钢筋直径d≥28mm时应采用机械连接；d>25mm时宜采用机械连接	大量民用建筑中，纵向受力钢筋连接方式常常采用不同方式：板中采用绑扎搭接、梁中采用电弧焊，柱中采用电渣压力焊 当受拉钢筋直径>25mm及受压钢筋直径>28mm时，不宜采用绑扎搭接接头，应优先采用套筒挤压、直螺纹等机械连接，确保接头质量可靠。 纵向受力钢筋进行连接的一定长度范围，称为同一连接区段对于绑扎搭接，一个连接区段的长度为$1.3l_l$或$1.3l_{lE}$；对于机械连接，一个连接区段的长度为35d；对于焊接，一个连接区段的长度为35d且≥500mm；对于不同的连接方式和受力特性，连接区段的接头百分率和箍筋间距应满足各自的要求

通过对上述结构设计总说明的识读，大家对整个工程的结构特点有了一定的初步认识。对结构设计总说明中涉及的基础、钢筋混凝土等相关结构构件的构造做法和施工要求，将在后续各个项目中进行解读。

说一说

说一说结构设计总说明的主要内容。

想一想

想一想结构设计总说明的识读要点。

练一练

一、单项选择题

1. 不属于结构设计总说明主要内容的是(　　)。

A. 图纸目录　　B. 工程概况

C. 主要结构材料　　D. 结构要点和施工要求

2. 普通房屋和构筑物设计使用年限为(　　)。

A. 5年　　B. 25年　　C. 50年　　D. 100年

3. 框架梁的代号为(　　)。

A. PTB　　B. AT　　C. KZ　　D. KL

4. 钢筋混凝土框架结构教学楼,其卫生间的环境类别属于(　　)。

A. 一　　B. 二a类　　C. 二b类　　D. 三a类

5. 教学楼抗震设防类别取(　　)。

A. 甲类　　B. 乙类　　C. 丙类　　D. 丁类

6. 下列属于恒载的是(　　)。

A. 屋面雪荷载　　B. 楼面人群荷载

C. 风荷载　　D. 自重荷载

7. 热轧钢筋符号"C"对应的是(　　)。

A. HPB300　　B. HRB335　　C. HRB400　　D. HRB500

8. 基础中的砌体,应选用(　　)砌筑。

A. 石灰砂浆　　B. 水泥砂浆

C. 水泥石灰砂浆　　D. 水泥黏土砂浆

9. 钢筋混凝土框架柱,室内正常环境下混凝土C25保护层最小厚度为(　　)。

A. 20mm　　B. 25mm　　C. 30mm　　D. 40mm

10. 某三级抗震框架梁,其下部配置直径20的纵向受拉钢筋HRB400,混凝土为C25,该纵向受拉钢筋的抗震锚固长度L_{aE}E为(　　)。

A. 700mm　　B. 800mm　　C. 840mm　　D. 940mm

11. 某非抗震钢筋混凝土板,混凝土强度等级为C25,纵向受力钢筋为A10ⓐ150,当同一区段搭接接头面积百分率小于25%时,其绑扎搭接长度l为(　　)。

A. 360mm　　B. 400mm　　C. 410mm　　D. 460mm

12. 建筑工程施工过程中,下列不属于钢筋连接方式的是(　　)。

A. 对接连接　　B. 绑扎搭接

C. 机械连接　　D. 焊接连接

二、填空题

1. 结构施工图由__________、__________、__________和__________组成。

2. 结构平法施工图一般包括__________、__________、__________、__________和楼梯平法施工图。

3政府有关部门对工程的审查批复文件有发改委的__________、土地管理部门的建设用地__________、规划部门的建设用地__________等。

4. 建筑分类等级主要包括建筑结构__________等级、地基基础__________等级、建筑__________类别、框架__________等级、建筑__________等级和混凝土构件的__________类别等。

5. 混凝土强度等级“C15”表示混凝土立方体__________强度标准值为__________，采用HRB400钢筋时，混凝土强度等级不能低于__________。

6. 混凝土标准砖的标准尺寸为__________，其符号“MU10”表示砖的__________强度为__________。砌筑砂浆的符号“M7.5”表示其__________强度为__________。

7. 混凝土保护层厚度指__________钢筋外边缘至__________表面的距离。室内正常环境下，混凝土强度等级为C30的板、梁(柱)的保护层最小厚度分别为__________mm、__________mm。基础底面钢筋的保护厚度，有混凝土垫层时应从__________算起，且不应小于__________mm。

8. 当混凝土强度等级为C25，受拉钢筋为HPB300，直径d≤25mm时，该受拉钢筋非抗震锚固长度l_a=__________，三级抗震锚固长度l_{aE}=__________，且该钢筋末端应做__________弯钩。

9. 直径d≥28mm的受力钢筋连接应采用__________，机械连接接头__________相互错开，其连接区段的长度为__________。焊接连接接头__________相互错开，其连接区段长度为__________，且不小于__________mm。

任务二　基础施工图的识读

结构施工图由图纸目录、结构设计总说明、结构平法施工图和结构详图组成。结构设计总说明主要内容有工程概况、设计依据、主要结构材料、主要结构构件的构造做法和施工要求等，结构平法施工图一般包括基础、柱、梁、板、楼梯平法施工图。

结构设计总说明识读。结合结构设计总说明的实例讲述了结构设计总说明中包含的工程概况、设计依据、图纸说明、建筑分类等级、建筑物主要荷载(作用)取值和主要结构材料等有关结构方面的基本情况,并通过识读结构设计总说明,对了解建筑工程项目的基本情况和识读后续的结构施工图打下一定的基础。独立基础钢筋绑扎,如图8-2-1所示。独立基础浇筑完成,如图8-2-2所示。基础平法施工图(局部),如图8-2-3所示。

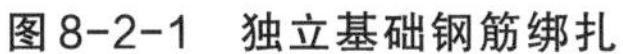

图8-2-1　独立基础钢筋绑扎

图8-2-2　独立基础浇筑完成

1. 掌握钢筋混凝土独立基础平法施工图的制图规则。
2. 培养熟练识读独立基础平法施工图的工程技能。

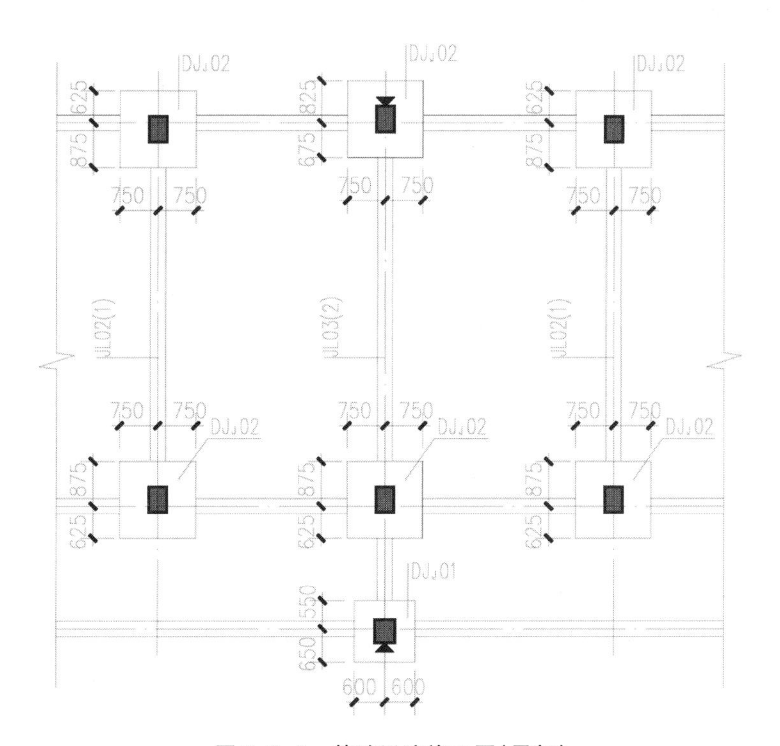

图8-2-3　基础平法施工图(局部)

一、独立基础平法施工图的表示方法

独立基础平法施工图,有平面注写与截面注写两种表达方式。在实际工程结构施工图中,独立基础平法施工图大多数采用平面注写方式,本书主要介绍平面注写方式的内容。平面注写与截面注写方式,如图8-2-4所示。

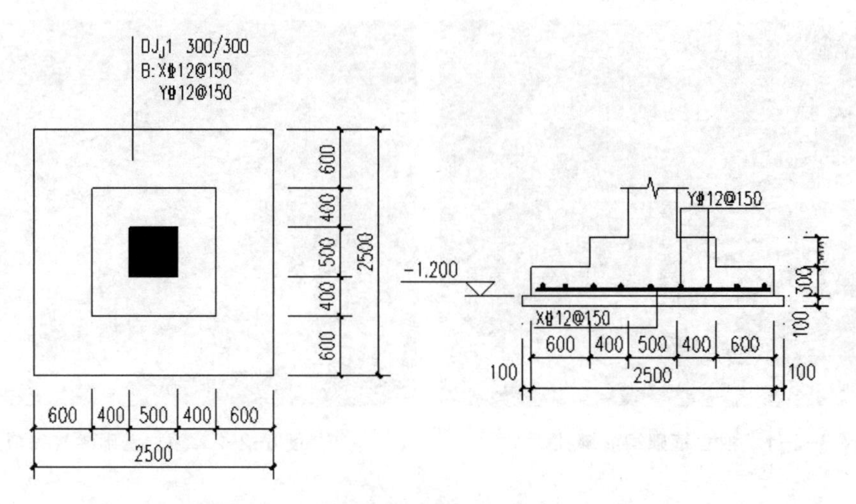

图8-2-4 独立基础的平面注写与截面注写方式

二、独立基础的平面注写方式

独立基础的平面注写方式是指直接在独立基础平面布置图上进行数据项的标注,可分为集中标注和原位标注两部分内容,如图8-2-5所示。

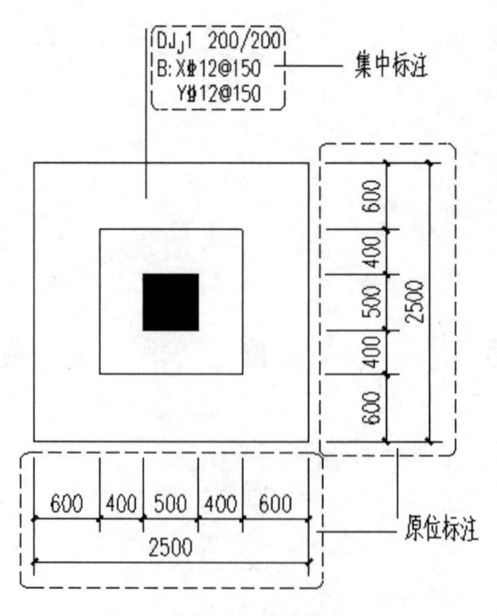

图8-2-5 独立基础的平面注写方式

集中标注是在基础平面布置图上进行集中引注,分为独立基础编号、截面竖向尺寸、配筋三项必注内容,以及基础底面标高(与基础底面基准标高不同时)和必要的文字注解两项选注内容。如图 8-2-6 所示。

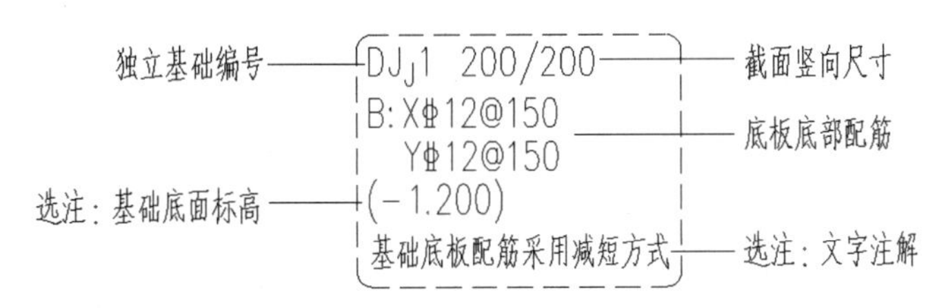

图 8-2-6　独立基础的集中标注

当独立基础底板长度≥2500mm 时,除外侧钢筋外,底板配筋长度可取相应方向底板长度的 0.9 倍。

原位标注是在基础平面布置图上标注独立基础的平面尺寸。

1. 独立基础集中标注解读

(1)独立基础的编号和类型

独立基础集中标注的第一项必注内容是独立基础编号,独立基础可分为普通独立基础和杯口独立基础两类,其截面形式又可分为阶形和坡形两种。通过对基础编号的识读,可以判别独立基础的类型,见表 8-2-1。

表 8-2-1　独立基础编号和类型

独立基础类型	独立基础截面形式	示意图	代号	序号
普通独立基础	阶形		DJ_J	××
	坡形		DJ_P	××
杯口独立基础	阶形		BJ_J	××
	坡形		BJ_P	××

(2)独立基础的截面竖向尺寸

独立基础集中标注的第二项必注内容是截面竖向尺寸,截面竖向尺寸的识读见表8-2-2。

表8-2-2　独立基础截面竖向尺寸

(单位:mm)

独立基础类型	截面形式	注写内容	示意图	识　读
普通独立基础	阶形	$h_1/h_2/\ldots$	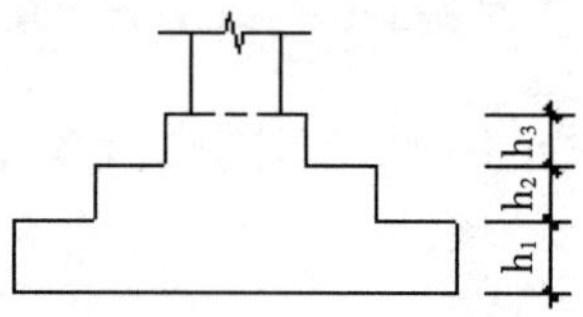	当阶形截面普通独立基础 DJ_J××的竖向尺寸注写为400/300/300时,表示 h_1=400、h_2=300、h_3=300,基础底板总厚度为1000
	坡形	h_1/h_2	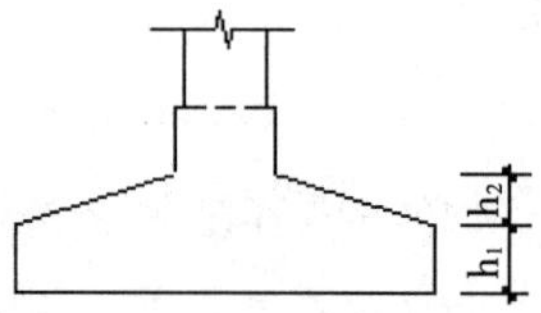	当坡形截面普通独立基础 DJ_P××的竖向尺寸注写为400/300时,表示 h_1=400、h_2=300,基础底板总厚度为700
杯口独立基础	阶形	a_0/a_1, $h_1/h_2/\ldots$	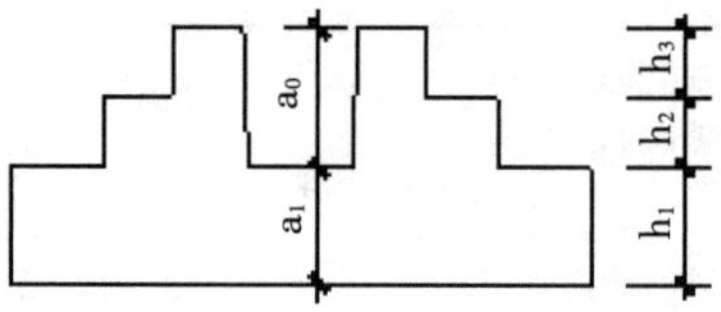	阶形截面杯口独立基础的竖向尺寸分两组,一组表达杯口内,另一组表达杯口外,两组尺寸间用“,”隔开。当阶形截面杯口独立基础 BJ_J××的竖向尺寸注写为600/500,500/300/300时,表示 a_0=600、a_1=500, h_1=500、h_2=300、h_3=300
	坡形	a_0/a_1, $h_1/h_2/\ldots$	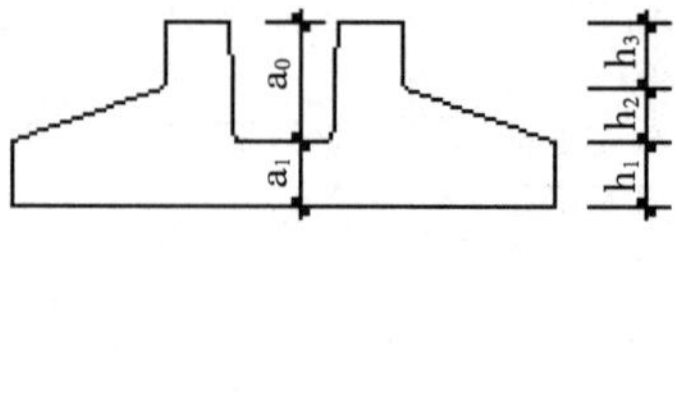	坡形截面杯口独立基础的竖向尺寸分两组,一组表达杯口内,另一组表达杯口外,两组尺寸间用“,”隔开。当阶形截面普通独立基础 BJ_B××的竖向尺寸注写为550/300,300/250/300时,表示 a_0=550、a_1=300, h_1=300、h_2=250、h_3=300

(3)独立基础的配筋

独立基础集中标注的第三项必注内容是配筋,各种配筋注写情况列表见表8-2-3。

表8-2-3　独立基础配筋注写列表

注写分类	注写内容	注写示例	适用范围
1	独立基础底板钢筋	B:XØ12@150 YØ12@150	各种独立基础底板
2	杯口独立基础顶部焊接钢筋网	Sn 2Ø14	杯口独立基础
3	高杯口独立基础侧壁外侧和短柱钢筋	O:4Ø20/Ø16@200/Ø14@200, Ø8@100/200	高杯口独立基础
4	普通独立深基础短柱竖向尺寸及配筋	DZ:4Ø20/4Ø16/4Ø14, Ø8@100,-2.500—-0.030	普通独立深基础
5	多柱独立基础底板顶部配筋	T:7Ø16@150/Ø10@200	多柱独立基础

在各种独立基础中,杯口独立基础常用于上部排架柱为预制的工业建筑。本项目仅就普通独立基础配筋集中标注进行解读。

①独立基础底板的底部配筋

独立基础的底部配筋识读见表8-2-4。

表8-2-4　独立基础底板的底部配筋识读

(单位:mm)

注写说明	配筋注写示意图	独立基础剖面详图	识读说明
1. 以B代表各种独立基础底板的底部配筋 2. X向配筋以X打头,Y向配筋以Y打头注写;当两向配筋相同时,则以X&Y打头注写	DJJ1 300/200 B:XΦ12@150 YΦ12@150 Y向钢筋 X向钢筋 (也可标注为 X&Y Φ12@150)	YΦ12@150 XΦ12@150 A-A	图中独立基础底板配筋标注为:B:XΦ12@150 YΦ12@150;表示基础底板底部配置HRB400级钢筋,X向直径为12,分布间距150 Y向直径为12,分布间距150

② 普通独立深基础短柱竖向尺寸及配筋

普通独立深基础短柱竖向尺寸及配筋识读见表8-2-5。当独立基础埋深较大,需设置短柱时,短柱配筋应注写在独立基础中。

表 8-2-5　普通独立深基础短柱竖向尺寸及配筋识读

（单位：mm）

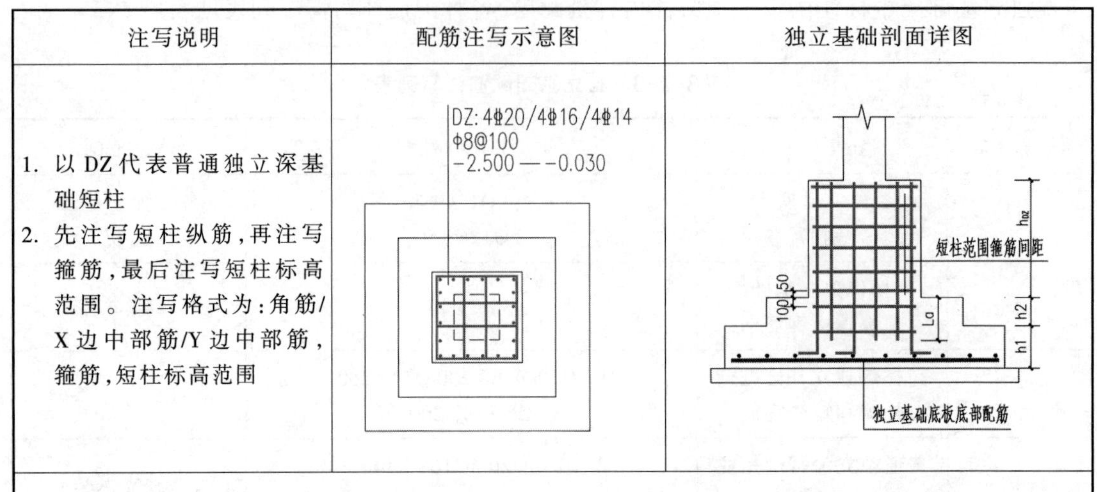

注写说明	配筋注写示意图	独立基础剖面详图
1. 以DZ代表普通独立深基础短柱 2. 先注写短柱纵筋，再注写箍筋，最后注写短柱标高范围。注写格式为：角筋/X边中部筋/Y边中部筋，箍筋，短柱标高范围	DZ: 4Φ20/4Φ16/4Φ14 Φ8@100 -2.500—-0.030	h_{DZ} 短柱范围箍筋间距 50 100 La h2 h1 独立基础底板底部配筋
识读说明：短柱配筋标注为：DZ：4Φ20/4Φ16/4Φ14，Ø8@100，-2.500—-0.030；表示独立基础的短柱设置在-2.500—-0.030高度范围内，其竖向钢筋为4Φ20角筋、4Φ16X边中部筋和4Φ14Y边中部筋；其箍筋直径为8，间距100		

③多柱独立基础底板顶部配筋

独立基础通常可分为单柱独立基础和多柱独立基础（双柱或四柱等）。多柱独立基础的编号、几何尺寸和配筋的标注方法和单柱独立基础相同。当为双柱独立基础且柱距较大时，除基础底部配筋外，要在两柱间配置顶部钢筋或设置基础梁；当为四柱独立基础时，通常设置两道平行的基础梁，同时在两道基础梁之间配置顶部钢筋。多柱独立基础底板顶部配筋注写规则和识读见表 8-2-6。

表 8-2-6　多柱独立基础底板顶部配筋注写规则和识读

（单位：mm）

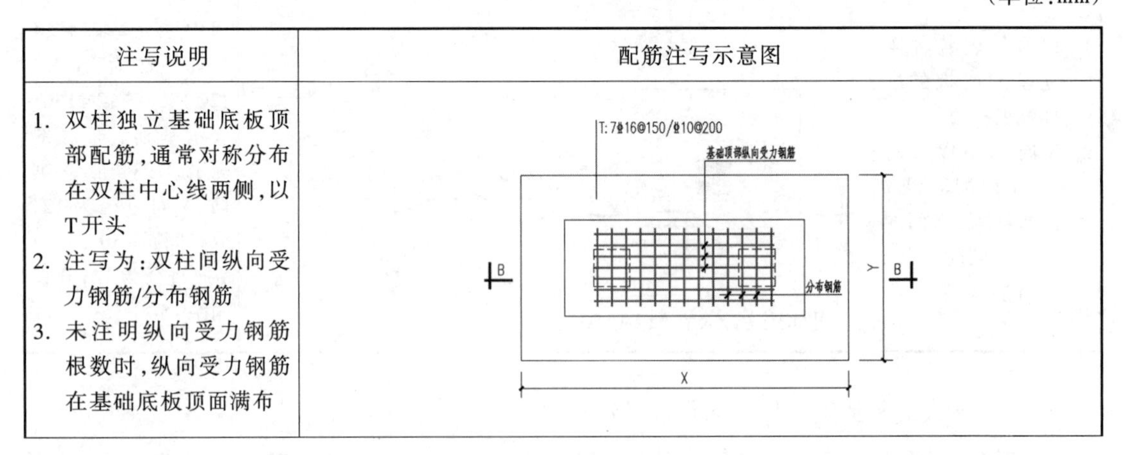

注写说明	配筋注写示意图
1. 双柱独立基础底板顶部配筋，通常对称分布在双柱中心线两侧，以T开头 2. 注写为：双柱间纵向受力钢筋/分布钢筋 3. 未注明纵向受力钢筋根数时，纵向受力钢筋在基础底板顶面满布	T: 7Φ16@150/Φ10@200 基础顶部纵向受力钢筋 分布钢筋 B B Y X

续表

注写说明	配筋注写示意图
	独立基础剖面详图

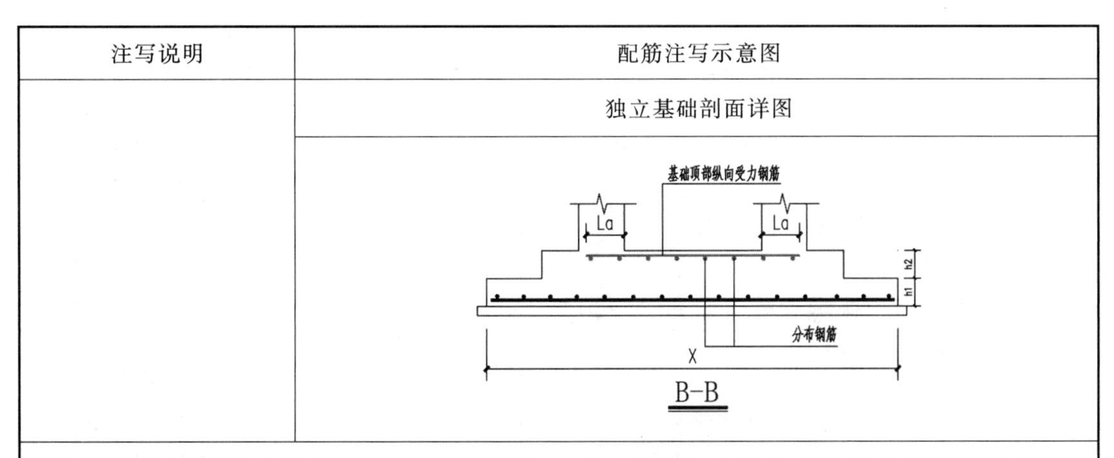

识读说明:图中双柱独立基础底板顶部配筋标注为T:7Φ16@150/Φ 10@200表示:独立基础顶部配置纵向受力钢筋HRB400级,直径16设置7根,间距150;分布筋HRB400级,直径10,间距200

注写说明	配筋注写示意图
1. 配置两道基础梁的四柱独立基础底板顶部配筋注写,以T开头 2. 根据内力需要可在双梁之间(梁的长度范围内)配置基础顶部钢筋,注写为:梁间受力钢筋/分布钢筋	(见下图)
	独立基础剖面详图

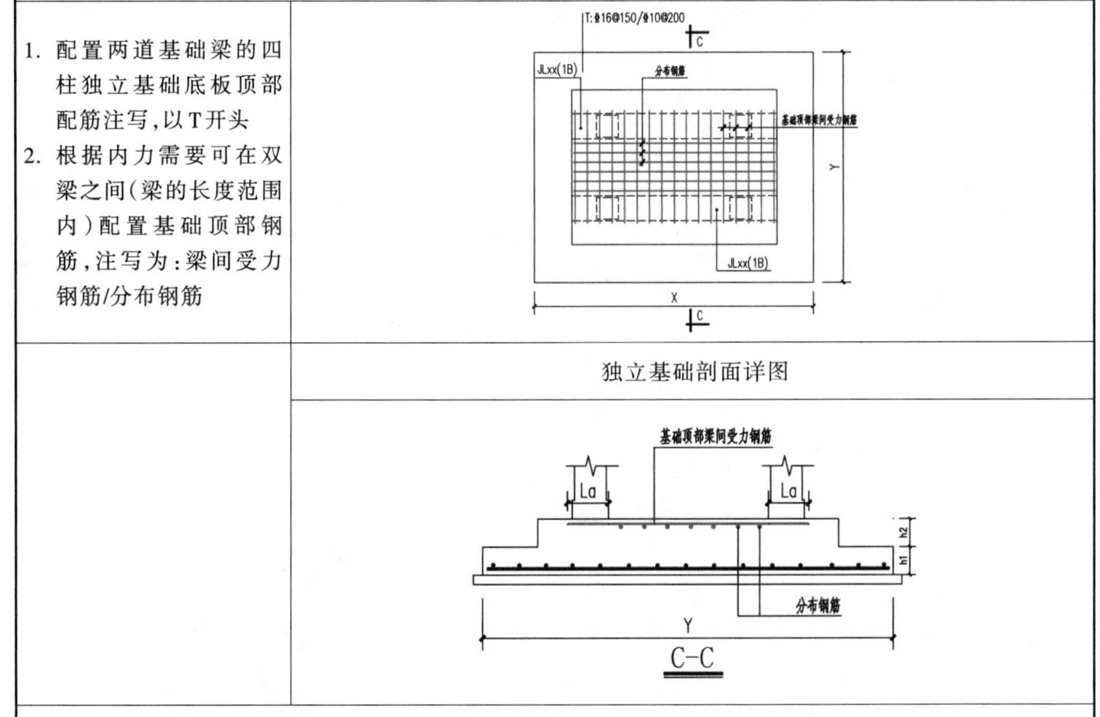

识读说明:图中四柱独立基础底板顶部两道基础梁间配筋标注为T:Φ16@150/Φ 10@200表示四柱独立基础顶部两道基础梁之间配置受力钢筋HRB400级,直径16,间距150;分布筋HRB400级,直径10,间距200

以结施-03 基础平法施工图(图8-2-7)为例:图中采用柱下独立基础,共有两种独立基础编号为DJ_J01和DJ_J02;各柱下独立基础之间采用基础梁连接,分别为JL01-JL04(基础梁截面和配筋识读参考项目八梁平法施工图识读),以加强整个基础的整体性。基础平法施工图的识读见表8-2-7。

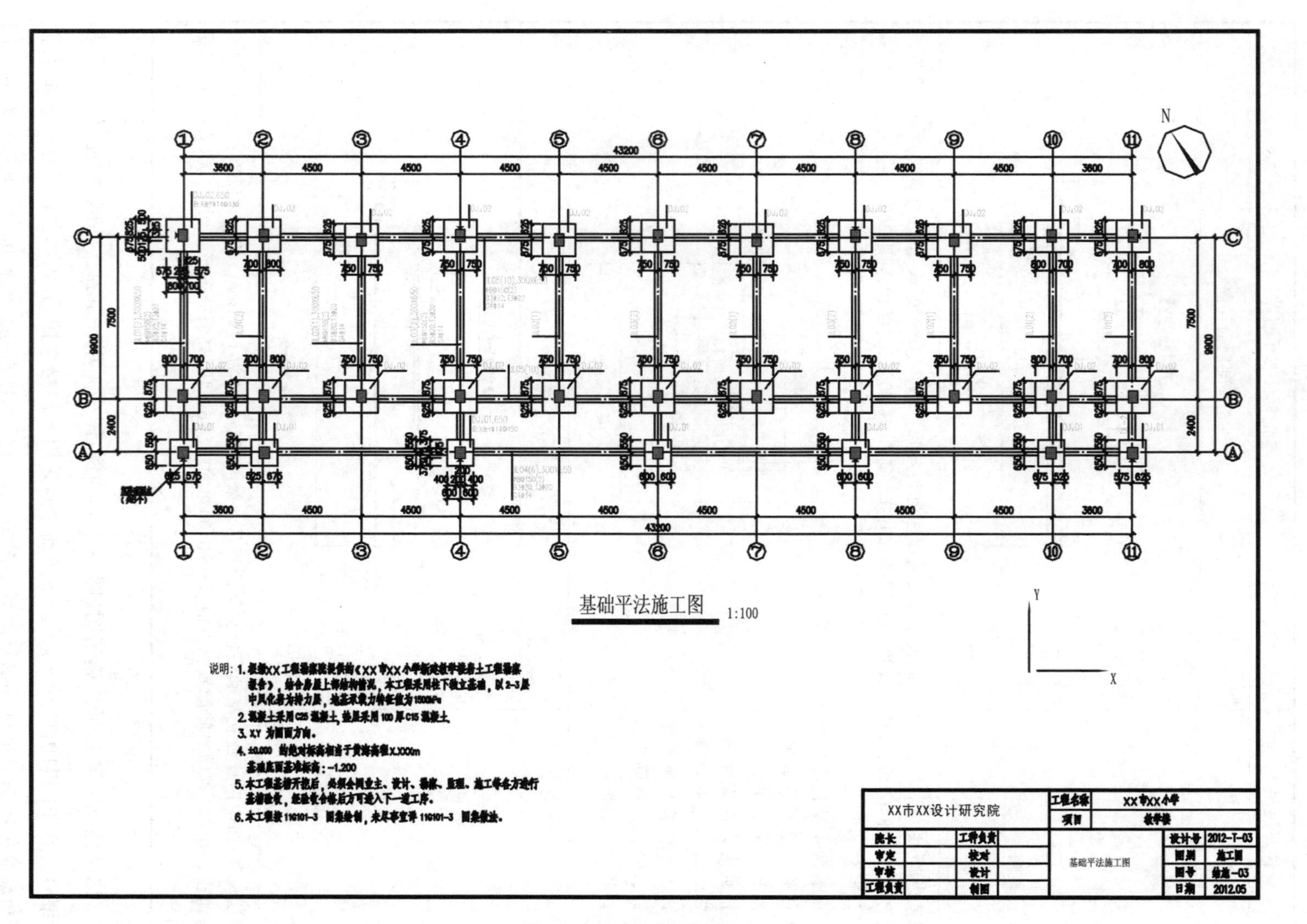

图 8-2-7 基础平法施工图

表 8-2-7 基础平法施工图识读

识读要点	图纸表述	识读说明
1	根据××工程勘察院提供的《××市××区小学新建教学楼岩土工程勘察报告》,结合房屋上部结构情况,本工程采用柱下独立基础,以2—3层中风化岩为持力层,地基承载力特征值为1.5MPa。	(1)明确本工程项目采用的岩土工程地质报告 (2)明确本工程项目采取的基础形式 (3)明确基础下的地基持力层的名称和地基承载力特征值,施工中应和现场开挖后的地质情况进行比对,复核现场地质情况。如若不符,应及时联系勘察单位和设计单位,以便采取相应的措施
2	混凝土采用C25混凝土,垫层采用100厚C15 混凝土	明确本工程项目基础部分采用的混凝土强度等级以及基础下垫层的材料、厚度和强度等级
3	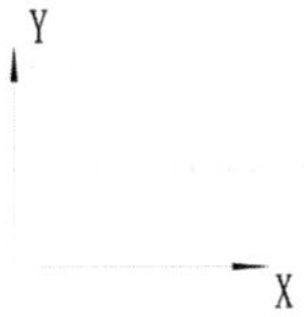 Y X X,Y为图面方向	明确图中X,Y表示的方向
4	±0.000的绝对标高相当于黄海高程××××m,基础底面基准标高:-1.200	(1)明确本工程项目±0.000(通常为一层地面)对应的绝对标高值,以黄海高程或吴淞高程表示 (2)明确基础底面相对于±0.000的相对标高值
5	本工程基槽开挖后,必须会同业主、设计、勘察、监理、施工等各方进行基槽验收,经验收合格后方可进入下一道工序	明确基槽验收环节的参加单位和重要性
6	本工程按11G101-3图集绘制,未尽事宜详见11G101-3图集做法	明确工程基础平法施工图参照的国家标准图集名称
7	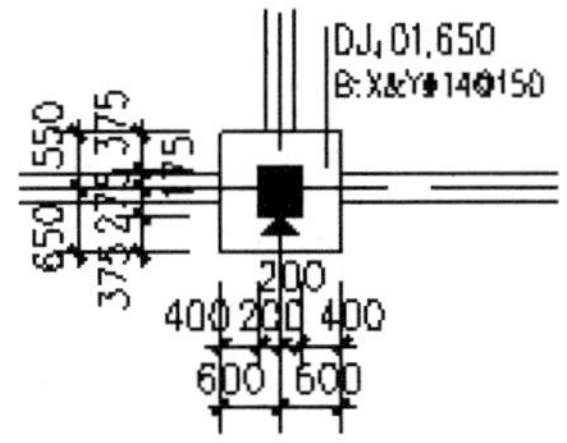 DJ₁ 01,650 B:X&Y⌀14@150 550 375 175 650 275 375 200 400 200 400 600 600	图中表述对应的剖面详图为: 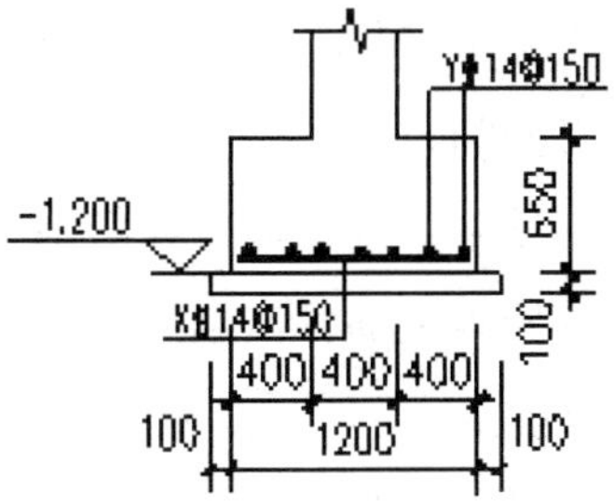 Y⌀14@150 -1.200 650 X⌀14@150 100 400 400 400 100 1200 100 基础底板底部配置HRB400级钢筋,X向、Y向均为直径14,间距150 ▲表示在该独立基础的上部柱子的相应位置应设置沉降观测点,具体做法和要求见结构设计总说明11.1

续表

识读要点	图纸表述	识读说明
8	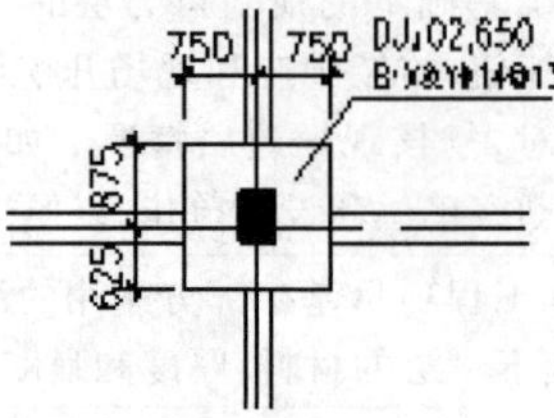 750 750 DJ$_J$02,650 B:X&Y⌀14@130 875 625	图中表述对应的剖面详图为： 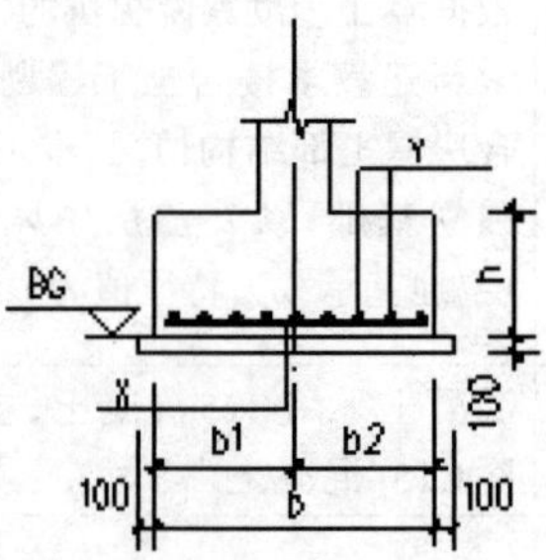 Y h BG 100 X b1 b2 100 b 100 （请在图中标注相应的标高、截面尺寸和配筋值）

说一说

说一说独立基础平法施工图的制图规则。

想一想

想一想熟练识读独立基础平法施工图的工程技能要点。

练一练

一、单项选择题

1. 独立基础编号“DJ_P”表示的独立基础类型是（　　）。

 A. 普通阶形独立基础　　B. 普通坡形独立基础

 C. 杯口阶形独立基础　　D. 杯口坡形独立基础

2. 当独立基础底板长度≥（　　）时，除外侧钢筋外，其底板配筋长度可取相应方向底板长度的0.9倍。

 A. 1500mm　　B. 2000mm　　C. 2500mm　　D. 3000mm

3. 某普通独立基础底板配筋集中标注为“B:X&Y ⌀10@100”时，在底板绑扎钢筋施工中第一根钢筋到基础边缘的起步距离为（　　）。

 A. 50mm　　B. 75mm　　C. 100mm　　D. 150mm

4. 独立基础的集中标注分必注内容和选注内容，以下标注为选注内容的是（　　）。

 A. 独立基础编号　　B. 独立基础底面标高

 C. 独立基础截面竖向尺寸　　D. 独立基础底板配筋

5. 独立基础的配筋标注以“DZ”开头表示其后面标注为（　　）。

 A. 独立基础底板底部配筋　　B. 独立基础底板顶部配筋

C. 独立深基础短柱配筋　　　　　　D. 独立基础底板其他构造钢筋

二、识图题

1. 某独立基础的集中标注如图 8-2-8 所示,照图识读。

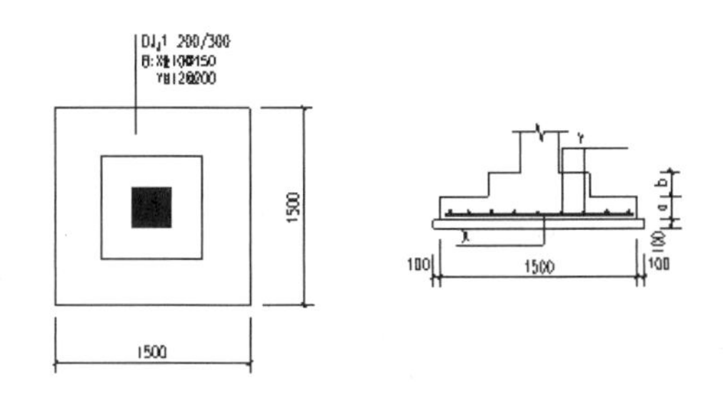

图 8-2-8　某独立基础的集中标注

(1)该独立基础的类型为____________,独立基础竖向截面总高度为____________。

(2)独立基础底板底部配筋为 X 向____________,Y 向____________。

(3)根据图示集中标注的截面竖向尺寸,右侧剖面图中,a 为____________,b 为____________,a+b 为____________。

在本项目中,结合工程实例从平法解读和标准构造详图两个方面对基础平法施工图进行识读。平法解读部分从独立基础的编号和类型、独立基础的截面竖向尺寸以及独立基础的配筋三个方面,系统地讲述了独立基础平面表示方法的识读要点;标准构造详图识读部分给出了独立基础底板底部钢筋构造、普通独立深基础短柱钢筋构造和多柱独立基础顶部钢筋构造的截面图示及构造要点。通过对独立基础平法施工图和标准构造详图的识读,使学生能熟练掌握独立基础平法施工图的识读方法和识读要点。

任务三　柱施工图的识读

框架结构柱如图 8-3-1 所示。

(a)框架结构柱钢筋绑扎

(b)框架结构柱浇筑完成

图 8-3-1　框架结构柱

任务要求

1. 掌握钢筋混凝土框架结构柱平法施工图的制图规则；
2. 培养熟练识读柱平法施工图的工程技能。

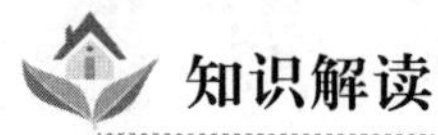

知识解读

柱平法施工图(局部),如图 8-3-2 所示。

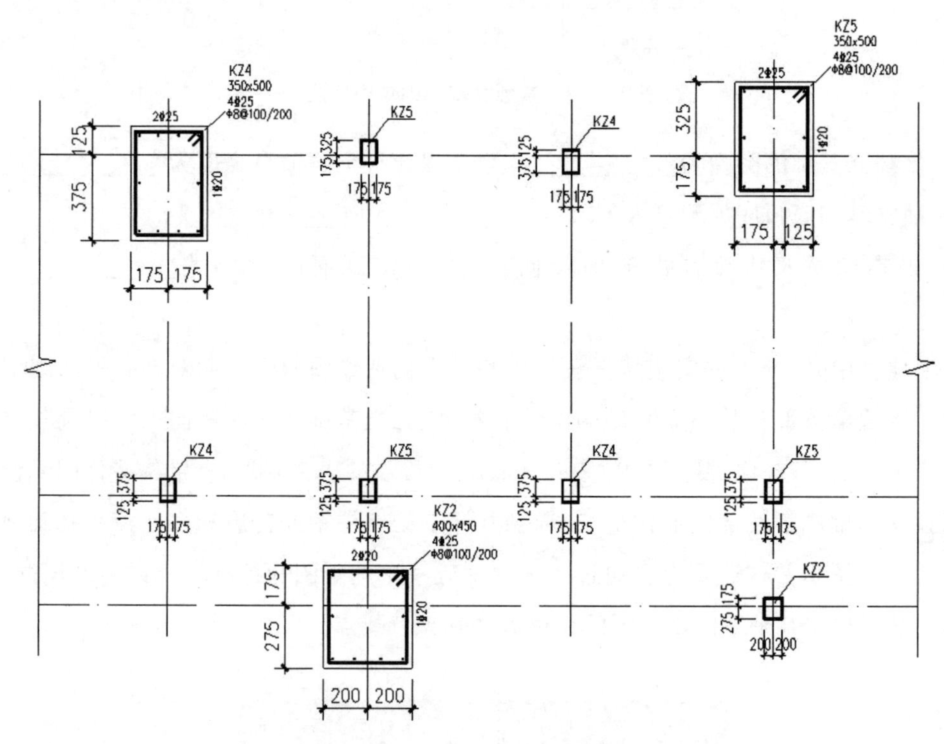

图 8-3-2　柱平法施工图(局部)

一、框架结构主要结构构件图示

在实际的钢筋混凝土框架结构工程中,主要的结构构件包括基础、框架柱、框架梁、现浇板等,图 8-3-3 为工程实例主要结构构件骨架的三维示意图。通过三维示意图,可清晰地了解各主要结构构件之间的相互关系。

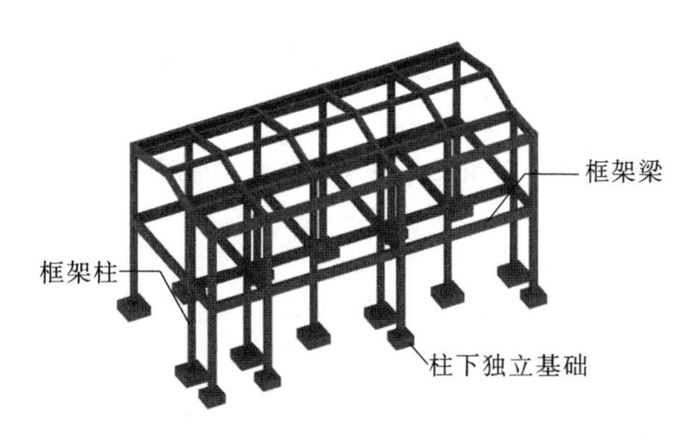

图 8-3-3 框架结构工程实例三维示意图

二、柱的分类和受力特性

1. 在钢筋混凝土结构工程中，柱的分类如下

构造柱

独立柱　　　　砌体结构

柱构件分类　　框架柱

框支柱

梁上柱　　　　框架结构

剪力墙暗柱　　框剪结构、剪力墙结构

本项目主要以框架结构中的框架柱为例，介绍柱的平法表示和钢筋构造。

2. 框架柱的受力特性

框架结构中的柱以承受竖向荷载为主。由于结构受到不同水平荷载的作用(如风荷载、地震荷载)，在柱截面内可能要承受不同方向弯矩的作用，因此，常见的柱构件多为偏心受压构件。其中柱构件中的混凝土用于承受竖向荷载产生的轴向压力作用，柱构件中的钢筋用于承受水平荷载产生的弯矩作用。为了设计、施工方便，通常采用对称配筋的方式。

框架结构中柱的受力特性示意图，如图 8-3-4 所示。

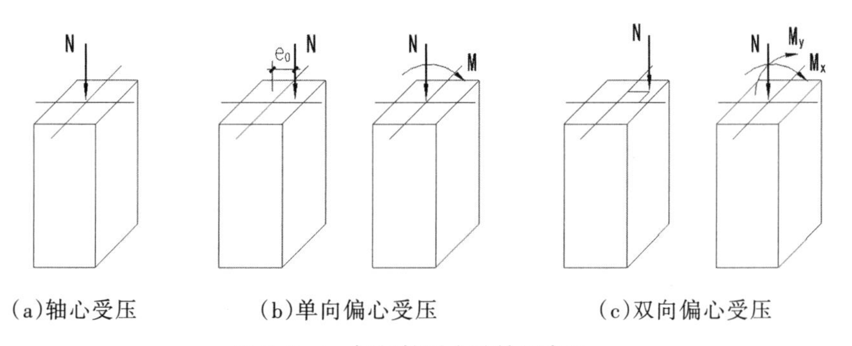

图 8-3-4 框架柱受力特性示意图

三、框架柱在柱平法施工图中的表示方法

1. 框架柱在柱平面布置图中采用截面注写方式和列表注写方式进行表达

柱平法施工图表示方法,见表8-3-1。

表8-3-1　柱平法施工图表示方法

<table>
<tr><th>表示方法</th><th>图　例</th><th>说　明</th></tr>
<tr><td>截面
注写方式</td><td> 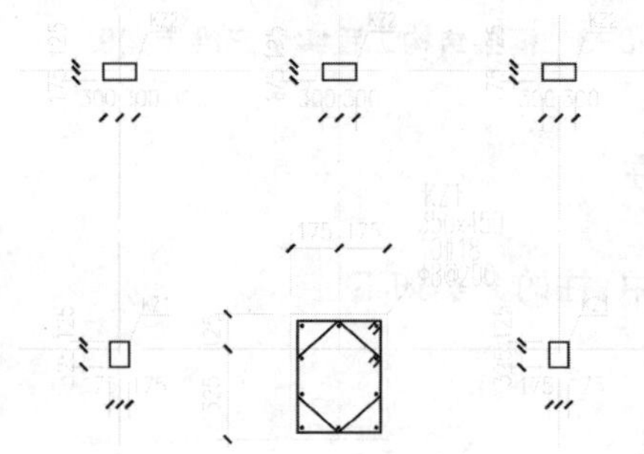</td><td>截面注写方式,是在框架柱平面布置图上,相同名称的柱中任选一根,采用适当比例放大绘制,画出配筋详图的方式</td></tr>
<tr><td>列表
注写方式</td><td> 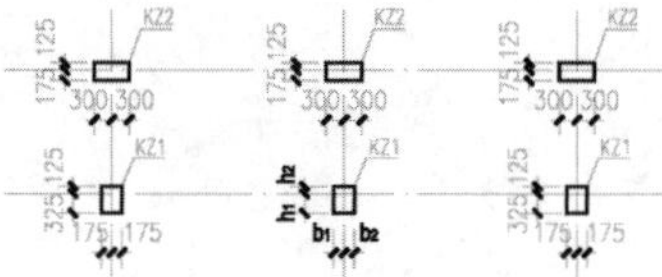
<table>
<tr><th>柱号</th><th>标高</th><th>bxh
(圆柱直径D)</th><th>b1</th><th>b2</th><th>h1</th><th>h2</th><th>全部纵筋</th><th>角筋</th><th>b边一侧中部筋</th><th>h边一侧中部筋</th><th>箍筋类型号</th><th>箍筋</th><th>备注</th></tr>
<tr><td rowspan="2">KZ1</td><td>-0.030~5.970</td><td>350x450</td><td>175</td><td>175</td><td>325</td><td>125</td><td>10Φ18</td><td></td><td></td><td></td><td>3</td><td>Φ8@100/200</td><td rowspan="2">—</td></tr>
<tr><td>5.970~12.600</td><td>300x450</td><td>150</td><td>150</td><td>325</td><td>125</td><td></td><td>4Φ18</td><td>1Φ16</td><td>2Φ16</td><td>3</td><td>Φ8@100/200</td></tr>
</table>
</td><td>列表注写方式,是由框架柱平面图和柱表两部分组成。在柱平面图中表示框架柱的编号和定位,在柱表中表示框架柱的具体配筋信息</td></tr>
</table>

2. 框架柱的编号

柱编号由类型代号和序号组成,见表8-3-2。

表8-3-2　框架柱编号

柱类型	代号	序号
框架柱	KZ	××
框支柱	KZZ	××
芯柱	XZ	××
梁上柱	LZ	××
剪力墙上柱	QZ	××

3. 柱构件截面注写

柱截面注写方式,是指在柱平面布置图上,分别在同一编号的柱中选择一个截面,以直接注写截面尺寸和配筋具体数值进行表示。

柱平法施工图截面注写方式示例,如图8-3-5所示。

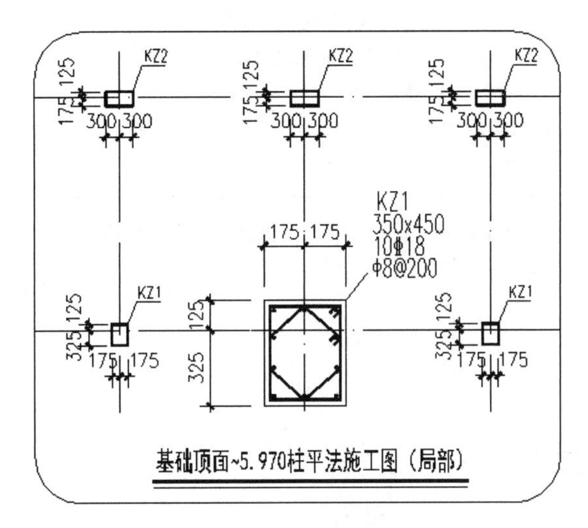

屋面	12.600	
3	9.270	3.330
2	5.970	3.300
1	2.670	3.300
架空层	-0.030	2.700
	基础顶面	
层号	标高(m)	层高(m)

结构层楼面标高
结构层高

上部结构嵌固部位:-0.030

图8-3-5　柱平法施工图截面注写方式示例

柱截面注写方式识读,见表8-3-3。

表8-3-3　柱截面注写方式识读

识读要点	说　明
各段柱的起止高度	见图名“基础顶面~5.970” 和层高表“竖向粗线所示范围”
编号	见柱平法施工图“斜线引出标注KZ×”
截面尺寸和定位	见柱平法施工图标注,每根柱均标注 和轴线的相互关系(X向和Y向) 放大截面集中注写第二行“bxh”
纵筋	见柱平法施工图放大截面集中注写第三行 当柱各边纵筋直径、根数均相同时,注写全部纵筋的根数及直径。除此之外,在放大截面集中第三行标注柱角筋,在放大截面对应边原位标注b边一侧中部筋和h边一侧中部筋,三项分别注写

续表

识读要点	说　明
箍筋	见柱平法施工图放大截面集中注写第四行 当箍筋沿柱全高只有一种箍筋间距时，采用 如 Φ8@200，Φ8@100 表示 当为抗震设计时，采用斜线“/”区分柱端 箍筋加密区与柱身非加密区箍筋的不同间距， 采用如 Φ8@100/200 表示 当圆柱采用螺旋箍筋时，以“L”开头表示， 如 LΦ8@200

说明：当柱截面中对称边纵筋直径相同时，可按图 8-3-6 左侧图示注写纵筋总数；当柱截面中对称边纵筋直径不同时，可按图 8-3-6 右侧图示注写每边应设置的纵筋直径。

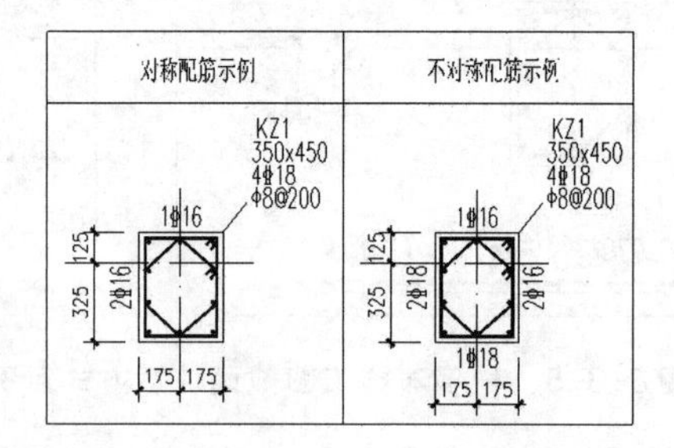

图 8-3-6　柱对称配筋与不对称配筋截面注写示例

4. 柱构件列表注写

柱列表注写方式，是指在柱平面布置图上，分别在同一编号的柱中选择一个截面，在柱表中注写柱编号、柱段起止标高、几何尺寸与配筋的具体数值，并配以各种柱截面形状和箍筋类型进行表示。柱平法施工图列表注写方式示例，如图 8-3-7 所示。

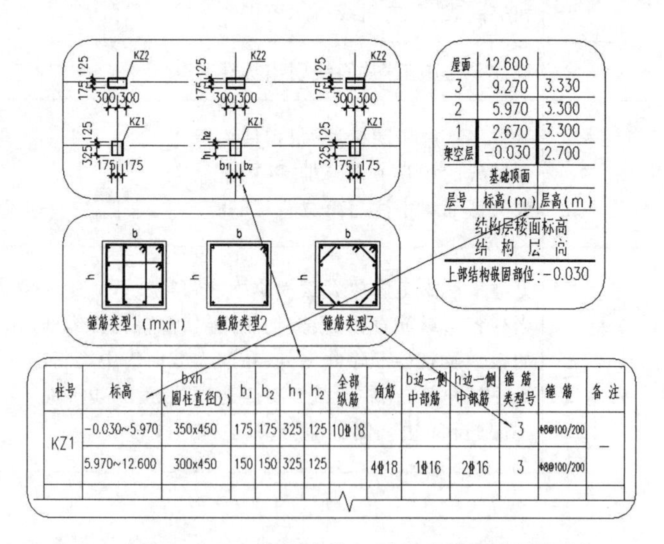

图 8-3-7　柱平法施工图列表注写方式示例

柱列表注写方式识读,见表8-3-4。

表8-3-4　柱列表注写方式识读

识读要点	说　明
各段柱的起止高度	见柱列表中“标高”
编号	见柱平法施工图“斜线引出标注KZ×”和柱列表中的各项信息形成对应关系
截面尺寸和定位	见柱平法施工图标注,每根柱均标注和轴线的相互关系(X向和Y向)对于矩形柱截面尺寸bxh,其与轴线的关系分别为b_1、b_2和h_1、h_2的具体数值。其中$b=b_1+b_2$,$h=h_1+h_2$。对于圆形柱由“D”加圆柱直径数值表示,圆柱截面与轴线的关系也用b_1、b_2和h_1、h_2表示,其中$D=b_1+b_2=h_1+h_2$
纵筋	见柱列表中的对应项,当柱各边纵筋直径、根数均相同时,注写全部纵筋的根数及直径。除此之外,按角筋、b边一侧中部筋和h边一侧中部筋,三项分别注写
箍筋	柱列表中的对应项箍筋类型及图示见详图,当箍筋沿柱全高只有一种箍筋间距时,采用如Φ8@200,Φ8@100表示;当为抗震设计时,采用斜线“/”区分柱端箍筋加密区与柱身非加密区箍筋的不同间距,采用如Φ8@100/200表示;当圆柱采用螺旋箍筋时,以“L”开头表示,如LΦ8@200

任务实施

以结施-04 基础顶面～4.470柱平法施工图(图8-3-8)为例:图中框架柱编号从KZ1—KZ5,共5种类型;采用截面注写方式表示框架柱的起止高度、编号、截面尺寸及框架柱的配筋。框架柱的基本信息见表8-3-5,柱平法施工图的识读见表8-3-6。

表8-3-5　框架柱的基本信息

基本信息分类	基本信息内容	基本信息出处	在图纸中的表述
结构抗震等级	三级	结构设计总说明	2.2 本地区抗震设防烈度为7度,本工程结构抗震等级为三级
混凝土强度等级	C25	结构设计总说明	7.1 混凝土:基础垫层(100厚)C15,主体结构砼强度均为C25
纵筋钢筋级别	采用HRB400级钢筋	结构设计总说明和柱平法施工图中的“钢筋符号”	7.2 钢筋:A表示HPB300热轧钢筋,B表示HRB335热轧钢筋,C表示HRB400热轧钢筋
钢筋保护层厚度	25mm	结构设计总说明	9.1 钢筋的混凝土保护层厚度,柱25mm(一类环境)

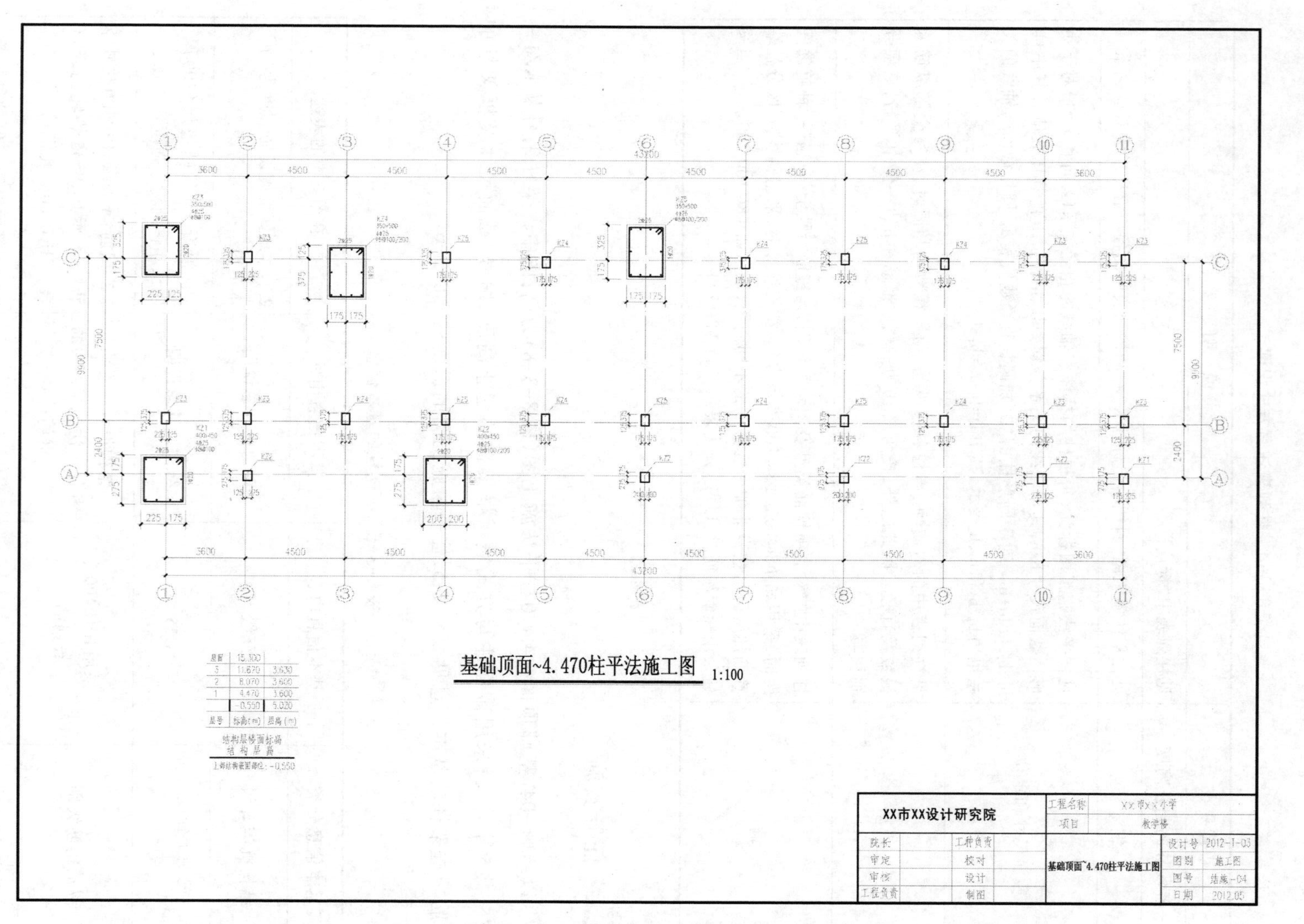

图 8-3-8　基础顶面～4.470柱平法施工图

续表

基本信息分类	基本信息内容	基本信息出处	在图纸中的表述
钢筋锚固长度 l_{aE}(l_a)	105×40d	结构设计总说明及11G101平法图集P53	C25混凝土、HRB400级钢筋的锚固长度 l_a 为40d(见附录A)。抗震锚固长度修正系数 ζ_{aE} 对于三级抗震等级取1.05, $l_{aE}=\zeta_{aE}l_a$

注:框架柱纵筋连接.通常采用电渣压力焊

表8-3-6 柱平法施工图识读

(单位:mm)

识读要点	图纸表述	识读说明
起止高度	图名:基础顶面~4.470柱平法施工图 层高表中竖向粗线所示的标高范围	由图名及层高表中的信息,本图表示(基础顶面~4.470)标高范围内柱的截面尺寸和配筋,其他高度范围的柱截面尺寸及配筋见结施-05、06
截面尺寸和定位	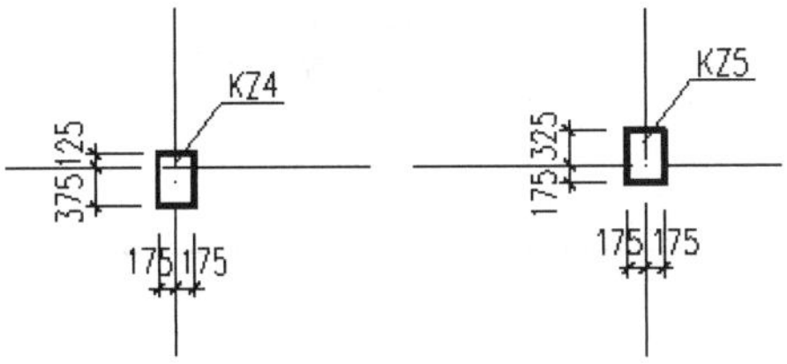 KZ4 375 125 175 175 KZ5 175 325 175 175	根据图中每根柱与轴线间的尺寸标注,可以明确图中KZ1~KZ5的截面尺寸及与轴线间的定位关系
编号	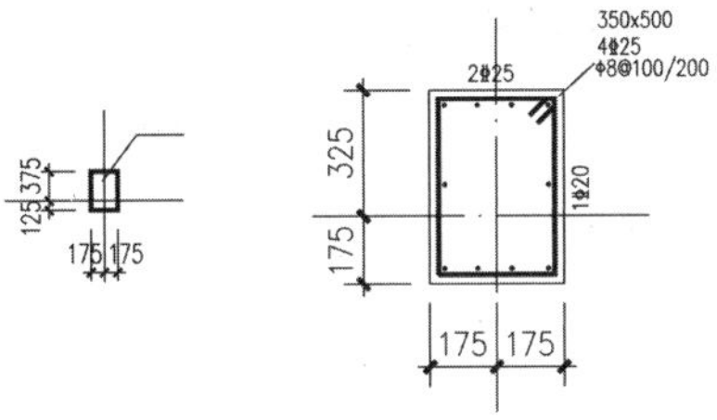 125 375 175 175 350x500 4Φ25 φ8@100/200 2Φ25 1Φ20 325 175 175 175	图中每根柱均应标注柱的编号,以明确柱的类型,未标注配筋信息的柱与采用截面注写的柱配筋详图形成一一对应关系
纵筋	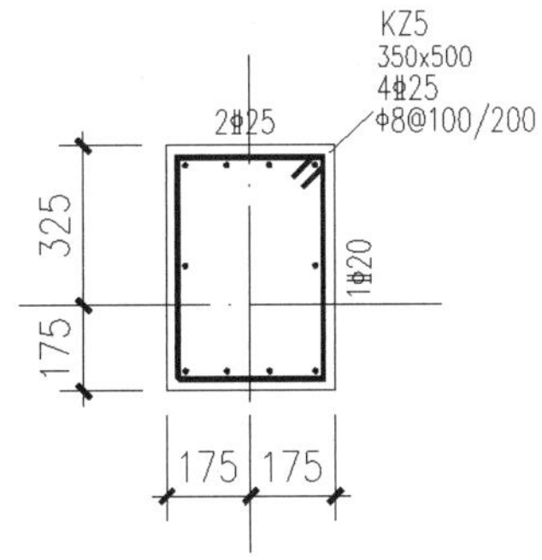 KZ5 350x500 4Φ25 φ8@100/200 2Φ25 1Φ20 325 175 175 175	图中标注KZ5的纵筋为:四角的角筋为Φ25,宽度方向中部纵筋每边均为2Φ25,高度方向中部纵筋每边均为1Φ20

续表

识读要点	图纸表述	识读说明
柱的箍筋	KZ5 350x500 4Φ25 Φ8@100/200 325 175 175 175	图中标注KZ5的箍筋为:柱端箍筋加密区采用Ø8钢筋间距100,柱身非加密区箍筋采用Ø8钢筋间距200
识读练习	KZ1 400x450 4Φ25 Φ8@100 2Φ25 1Φ20 175 275 225 175	图示柱截面编号为:________ 截面尺寸为:________ 柱四角配筋为:________ 柱高度方向中间配筋为:________ 柱宽度方向中间配筋为:________ 柱箍筋为:________

说一说

说一说钢筋混凝土框架结构柱平法施工图的制图规则。

想一想

想一想熟练识读柱平法施工图的工程技能要点。

练一练

一、单项选择题

1. 柱编号“LZ”表示的柱的类型为(　　)。

A. 框架柱　　B. 构造柱　　C. 框支柱　　D. 梁上柱

2. 关于柱的受力特性,以下说法正确的是(　　)。

A. 柱是以承受轴向拉力的结构构件

B. 柱构件只承受轴向压力的作用,不承受弯矩的作用

C. 框架结构中的柱以承受轴向压力为主,同时也承受不同方向的弯矩的作用

D. 柱是以承受弯矩为主的受弯构件

3. 柱的截面注写方式,是在柱平面布置图上,选择一个截面进行相应标注,下面各项不属于截面注写标注内容的是(　　)。

A. 柱的保护层厚度　　B. 柱的箍筋及间距

C. 柱的截面尺寸　　D. 柱的编号

4. 工地现场的钢筋长度通常为9m,施工中不允许纵向钢筋在同一截面进行连接,在同一截面进行钢筋连接的接头面积百分率不宜大于(　　)。

A. 30%　　B. 40%　　C. 50%　　D. 60%

5. 基础顶面以上不能进行钢筋连接的高度,对于非抗震框架柱为(　　)。

A. 500mm　　B. 1000mm　　C. 柱的截面长边尺寸　　D. $h_n/6$

6. 当基础高度为$0.6l_{aE}(l_a) \leqslant h_j \leqslant l_{aE}(l_a)$时,柱插筋底部的弯折长度为(　　)。

A. 6d且≥150mm　　B. 8d且≥150mm

C. 10d且≥150mm　　D. 15d且≥150mm

7. 有抗震要求时,梁柱箍筋的弯钩长度应为(　　)。

A. 5d　　B. 10d和75的较大值

C. 10d和100的较大值　　D. 5d和75的较大值

8. 顶层边柱、角柱柱内侧纵筋应伸至柱顶并弯折(　　)。

A. 12d　　B. 8d　　C. 150mm　　D. 300mm

二、识图题

1. 结施-04中 KZ2放大绘制的配筋详图如图8-3-9所示,照图识读:

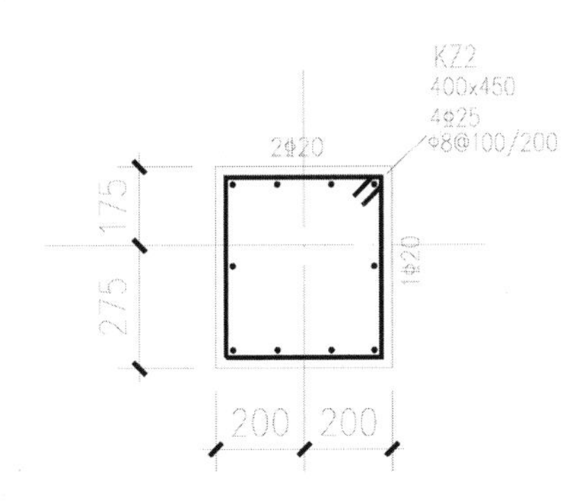

图8-3-9　KZ2放大绘制的配筋详图

(1)该柱的类型为__________,柱的截面尺寸为__________。

(2)柱四角的角部配筋为__________,宽度方向中部纵筋为__________,高度方向中部纵筋为__________,柱端箍筋加密区的箍筋间距为__________。

(3)“Φ8@8100/200”表示:箍筋钢筋种类为__________,直径为__________,加密区间距为__________,非加密区间距为__________。

任务四 梁施工图的识读

框架梁如图8-4-1所示。

(a)框架梁钢筋绑扎

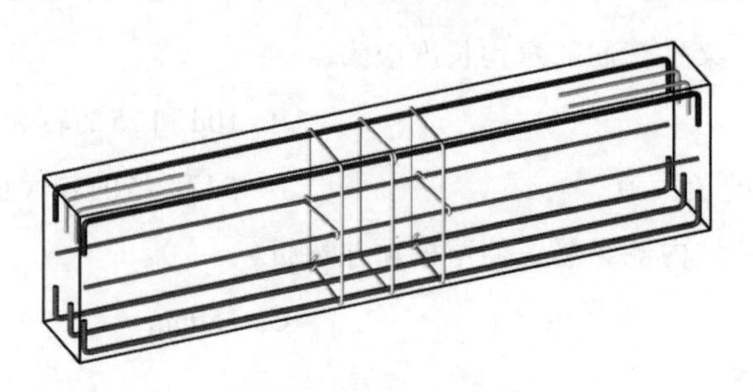

(b)梁钢筋三维效果图

图8-4-1 框架梁

任务要求

1. 掌握钢筋混凝土框架结构中梁平法施工图的制图规则。
2. 熟练识读一般框架结构的梁平法施工图。

知识解读

一、梁平法施工图的表示方法

在梁平面图上采用平面注写方式或截面注写方式表达梁的尺寸、配筋等相关信息，就是梁的平法施工图，如图8-4-2所示。

梁的平面注写方式是在梁平面布置图上，分别在不同编号的梁中各选一根梁，在其上面注写截面尺寸和配筋等具体数值的方式表达梁平法施工图，如图8-4-3所示。

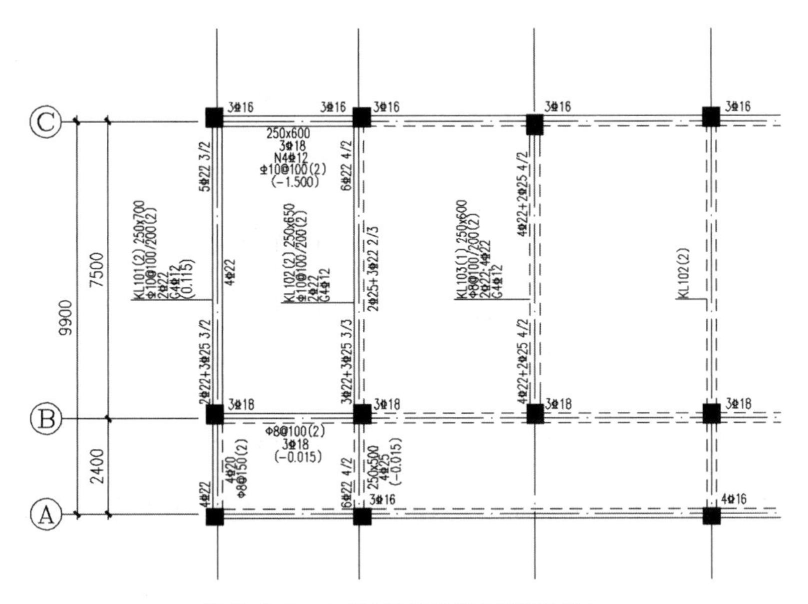

图 8-4-2　4.470梁平法施工图(局部)

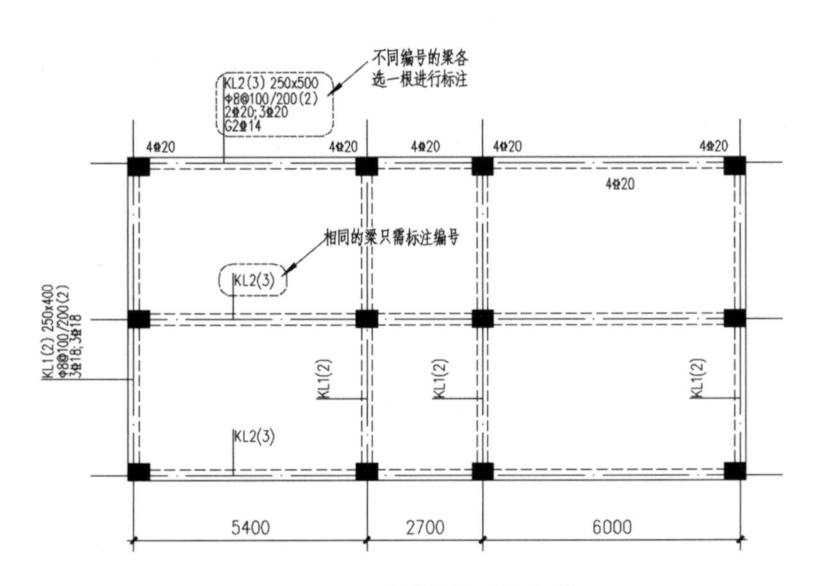

图 8-4-3　梁的平面注写方式

梁的截面注写方式是在梁平面布置图上,分别在不同编号的梁中各选一根梁,用剖面号引出配筋图,并在其上面注写截面尺寸和配筋等具体数值的方式来表达梁平法施工图,如图 8-4-4 所示。

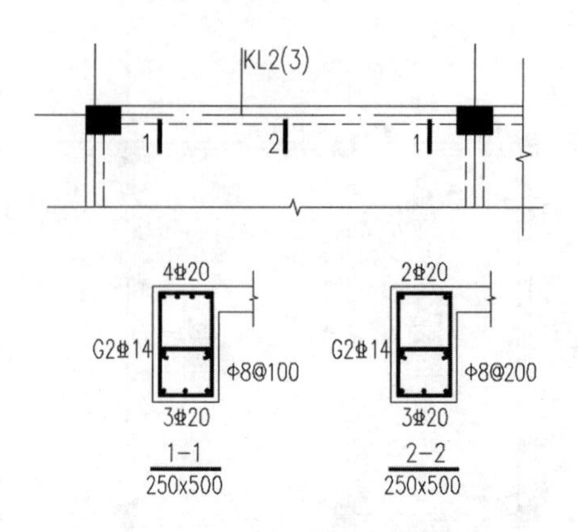

图8-4-4 梁的截面注写方式

在实际工程中,梁的平法施工图大多数采用平面注写方式,本项目主要介绍平面注写方式的内容。

二、梁的平面注写方式

梁的平面注写方式包括集中标注和原位标注。其中集中标注表达梁的通用数值,原位标注表达梁的特殊数值。施工时,原位标注的取值优先,如图8-4-5所示。

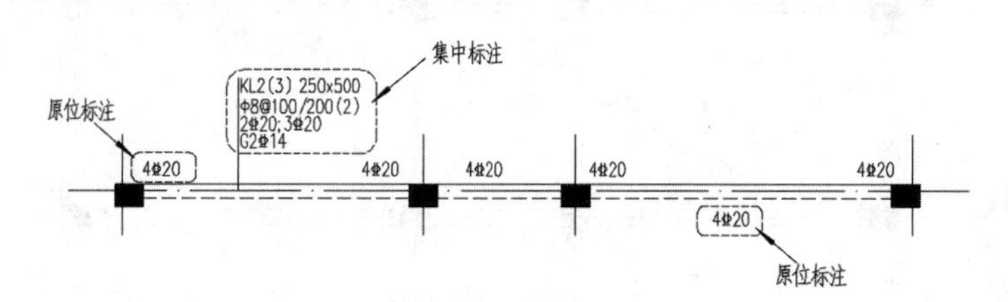

图8-4-5 梁的集中标注和原位标注

1. 梁的集中标注

梁集中标注的内容包括五项必注值:梁编号(包括跨数)、截面尺寸、梁箍筋、梁上部通长钢筋或架立筋、梁侧纵向构造钢筋或受扭钢筋。梁顶面标高与楼层基准标高的高差。

梁集中标注的内容与规则见表8-4-1。

表8-4-1 梁的集中标注

标注内容(数据项)	制图规则解读
梁编号	代号:楼层框架梁——KL,屋面框架梁——WKL,悬挑梁——XL 非框架梁——L,框支梁——KZL,井字梁——JZL
	序号:××加在梁代号后面,用数字表示梁的顺序编号

续表

<table>
<tr><th>标注内容(数据项)</th><th>制图规则解读</th></tr>
<tr><td rowspan="2">跨数及悬挑</td><td>跨数及是否带悬挑:加在梁代号后面的括号内,括号内的数字表示梁的跨数(悬挑不计入跨数),字母A表示一端悬挑,字母B表示两端悬挑,无悬挑不注写</td></tr>
<tr><td>图例识读: 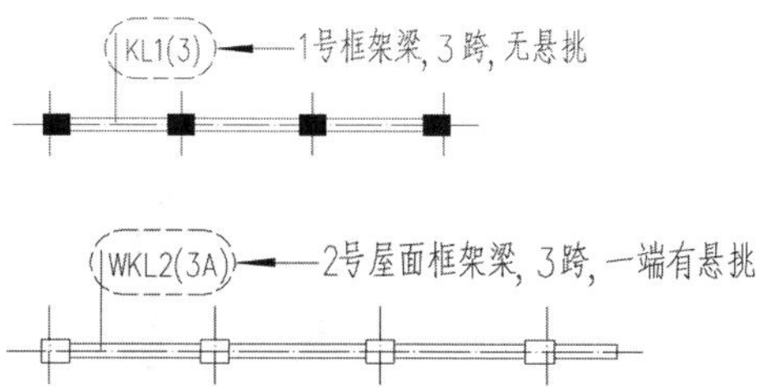
KL1(3)——1号框架梁,3跨,无悬挑
WKL2(3A)——2号屋面框架梁,3跨,一端有悬挑</td></tr>
<tr><td rowspan="2">截面尺寸</td><td>等截面矩形梁:用“梁宽b×梁高h”表示
不等高悬挑梁:用“梁宽b×梁根部高度h1/梁端部高度h2”表示</td></tr>
<tr><td>图例识读: 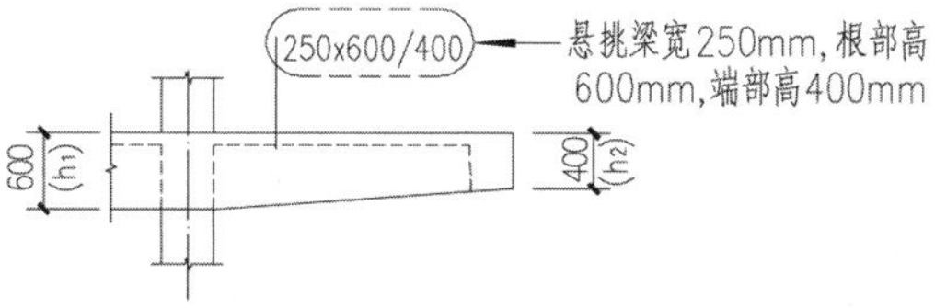
250x600/400——悬挑梁宽250mm,根部高600mm,端部高400mm
600(h1) 400(h2)</td></tr>
<tr><td rowspan="2">箍筋</td><td>梁箍筋信息包括钢筋级别、直径、间距(加密区与非加密区间距不同时,前面为加密区间距,后面为非加密区间距,之间用斜线“/”分隔)、肢数(写在括号内)</td></tr>
<tr><td>图例识读:
Φ8@100/200(2)表示箍筋为HPB300级钢筋,直径8mm,加密区间距100mm,非加密区间距200mm,均为两肢箍</td></tr>
<tr><td rowspan="2">通长筋或架立筋</td><td>当上部同排纵钢中既有通长筋又有架立筋时,用“角部通长纵筋+(架立筋)”注写
当梁上部、下部通长纵筋全跨相同,或多数跨相同时,可用“上部通长纵筋,下部通长纵筋”注写</td></tr>
<tr><td>图例识读: 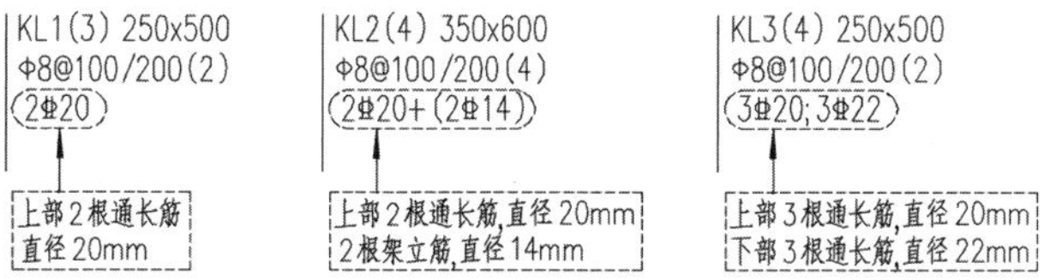
KL1(3) 250x500
Φ8@100/200(2)
2Φ20
上部2根通长筋 直径20mm

KL2(4) 350x600
Φ8@100/200(4)
2Φ20+(2Φ14)
上部2根通长筋,直径20mm 2根架立筋,直径14mm

KL3(4) 250x500
Φ8@100/200(2)
3Φ20;3Φ22
上部3根通长筋,直径20mm 下部3根通长筋,直径22mm</td></tr>
<tr><td rowspan="2">梁侧构造钢筋或受扭钢筋</td><td>由代号(梁侧纵向构造钢筋以大写字母G打头,受扭钢筋以大写字母N打头)、梁两侧的总配筋值(两侧对称配筋)、钢筋级别、直径组成</td></tr>
<tr><td>图例识读: 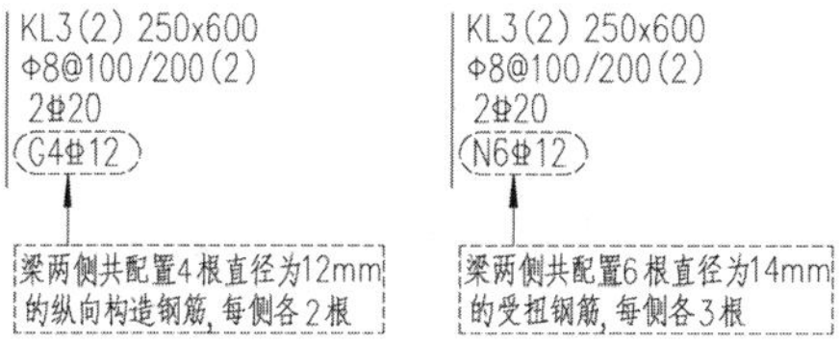
KL3(2) 250x600
Φ8@100/200(2)
2Φ20
G4Φ12
梁两侧共配置4根直径为12mm的纵向构造钢筋,每侧各2根

KL3(2) 250x600
Φ8@100/200(2)
2Φ20
N6Φ12
梁两侧共配置6根直径为14mm的受扭钢筋,每侧各3根</td></tr>
</table>

续表

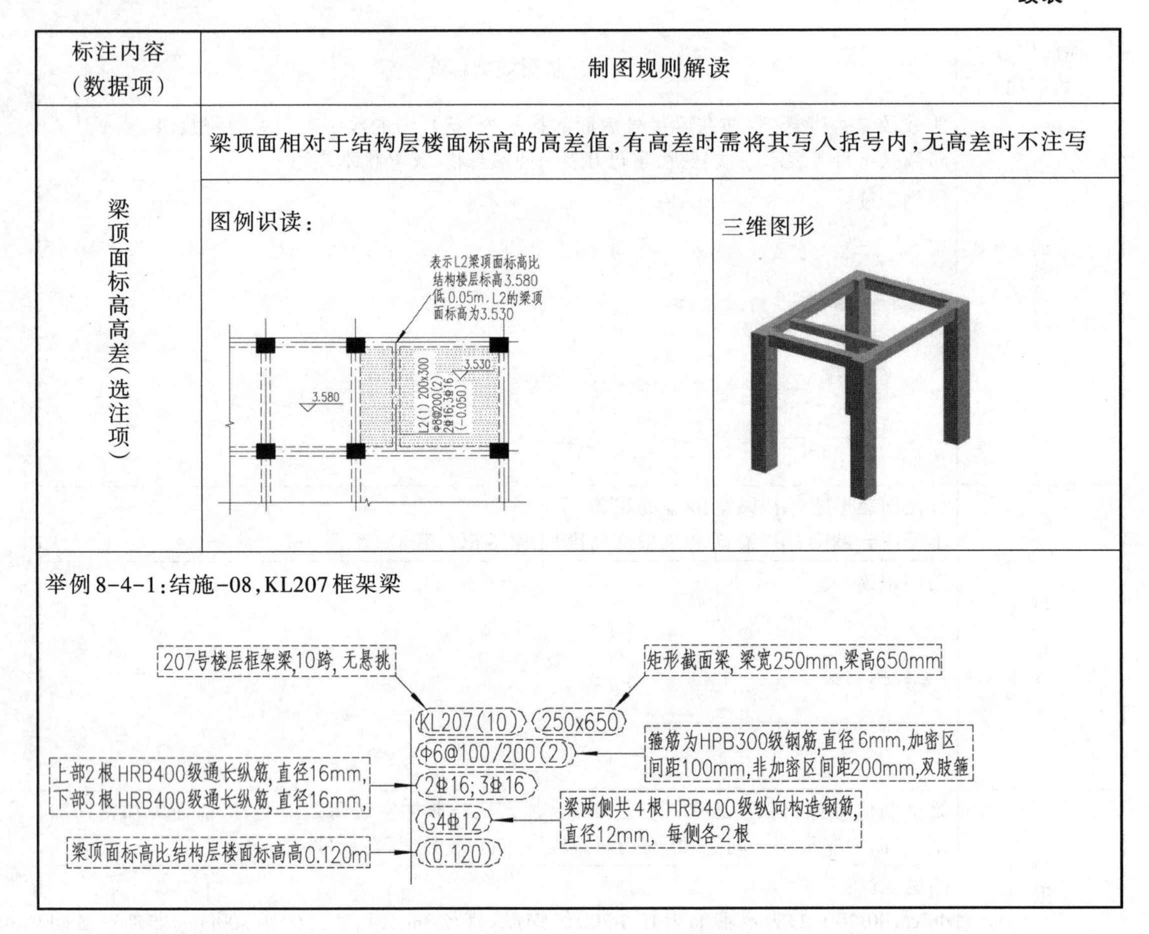

<table>
<tr><td>标注内容
(数据项)</td><td colspan="2">制图规则解读</td></tr>
<tr><td rowspan="2">梁顶面标高高差(选注项)</td><td colspan="2">梁顶面相对于结构层楼面标高的高差值,有高差时需将其写入括号内,无高差时不注写</td></tr>
<tr><td>图例识读:
表示L2梁顶面标高比结构楼层标高3.580低0.05m,L2的梁顶面标高为3.530
3.580
3.530
L2(1) 200x300
Φ8@200(2)
2Φ16;3Φ16
(-0.050)</td><td>三维图形</td></tr>
<tr><td colspan="3">举例8-4-1:结施-08,KL207框架梁
KL207(10) 250x650
Φ6@100/200(2)
2Φ16;3Φ16
G4Φ12
(0.120)
207号楼层框架梁,10跨,无悬挑
矩形截面梁,梁宽250mm,梁高650mm
箍筋为HPB300级钢筋,直径6mm,加密区间距100mm,非加密区间距200mm,双肢箍
上部2根HRB400级通长纵筋,直径16mm,下部3根HRB400级通长纵筋,直径16mm,
梁两侧共4根HRB400级纵向构造钢筋,直径12mm,每侧各2根
梁顶面标高比结构层楼面标高高0.120m</td></tr>
</table>

2. 梁的原位标注

梁的原位标注包括梁支座上部纵筋、梁下部纵筋、附加箍筋或吊筋以及梁集中标注内容不适用于某跨时的原位标注,如图8-4-6所示。

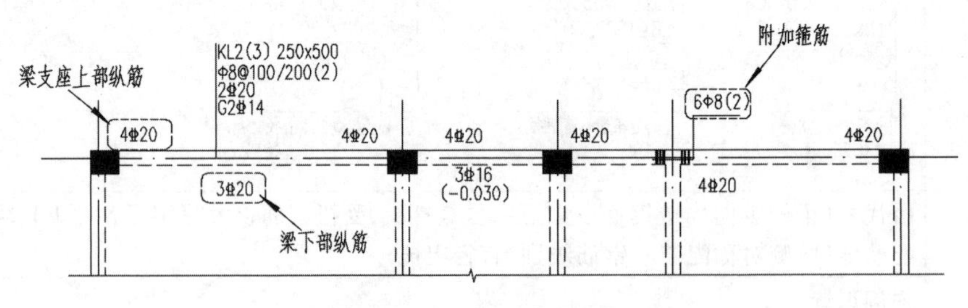

图8-4-6 梁的原位标注

(1)梁支座上部纵筋

梁支座上部纵筋是指该位置的所有上部纵筋,包括该位置集中标注的上部通长钢筋,如图8-4-7所示。

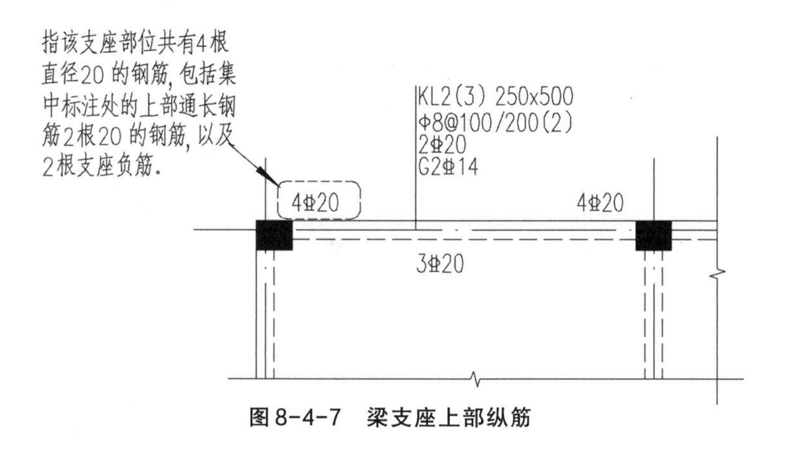

图 8-4-7　梁支座上部纵筋

当该支座上部纵筋多于一排时，用“/”将纵筋自上而下分开；当同一排纵筋采用两种直径的钢筋时，用“+”号将两种直径的钢筋相连且将放在角部的钢筋写在加号的前面。

梁中间支座两边的上部钢筋配筋相同时，仅在支座的一边注写配筋值，另一边省去不注；当支座两边的上部钢筋配筋不同时，须在支座两边分别注写。

梁支座上部纵筋识读举例，见表 8-4-2。

表 8-4-2　梁支座上部纵筋识读举例

单位：mm

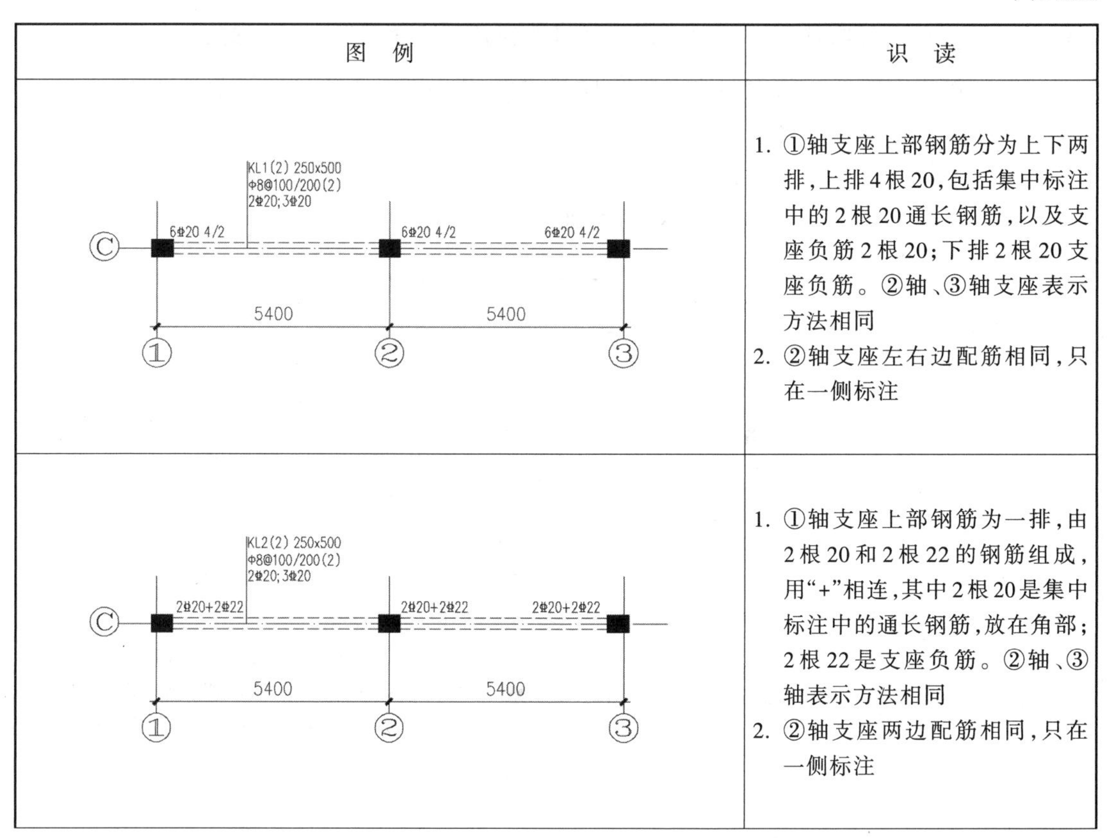

图　例	识　读
	1. ①轴支座上部钢筋分为上下两排，上排 4 根 20，包括集中标注中的 2 根 20 通长钢筋，以及支座负筋 2 根 20；下排 2 根 20 支座负筋。②轴、③轴支座表示方法相同 2. ②轴支座左右边配筋相同，只在一侧标注
	1. ①轴支座上部钢筋为一排，由 2 根 20 和 2 根 22 的钢筋组成，用“+”相连，其中 2 根 20 是集中标注中的通长钢筋，放在角部；2 根 22 是支座负筋。②轴、③轴表示方法相同 2. ②轴支座两边配筋相同，只在一侧标注

续表

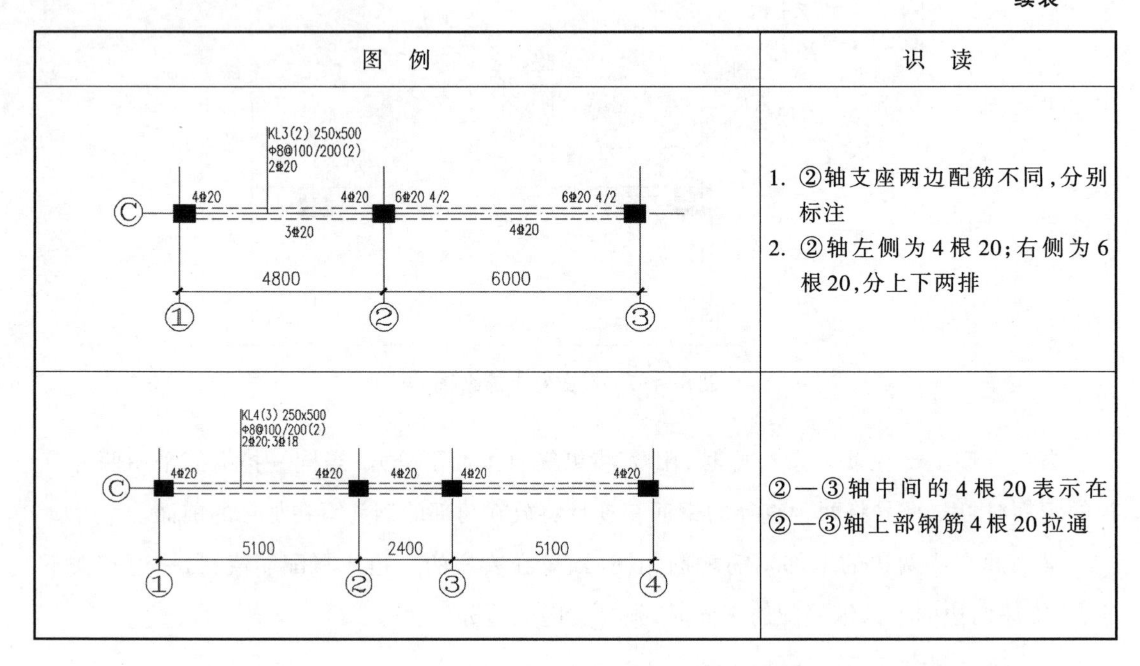

图　例	识　读
	1. ②轴支座两边配筋不同,分别标注 2. ②轴左侧为4根20;右侧为6根20,分上下两排
	②—③轴中间的4根20表示在②—③轴上部钢筋4根20拉通

(2)梁下部纵向钢筋

梁下部纵向钢筋多于一排时,用“/”将纵筋自上而下分开;当同一排纵筋采用两种直径的钢筋时,用“+”号将两种直径的钢筋相连且将放在角部的钢筋写在加号的前面。

当梁下部纵向钢筋不是全部伸入支座时,将梁下部不伸入支座的钢筋数量写在括号内。

梁下部纵向钢筋识读举例,见表8-4-3。

表8-4-3　梁下部纵向钢筋识读举例

(单位:mm)

图　例	识　读
KL1(2) 250x500 Φ8@100/200(2) 2⌀20;3⌀20 6⌀20 4/2　6⌀20 4/2　6⌀20 4/2 5400　5400 Ⓒ ① ② ③	集中标注处3根20表示梁①—②轴、②—③轴下部纵向钢筋均为3根20
KL2(2) 250x500 Φ8@100/200(2) 2⌀20 4⌀20　6⌀20 4/2　6⌀20 4/2 3⌀20　2⌀20+2⌀22 4800　6000 Ⓒ ① ② ③	①—②轴梁下部纵向钢筋3根20;②—③轴梁下部纵向钢筋2根20和2根22,用“+”号相连,其中2根20放在角部

续表

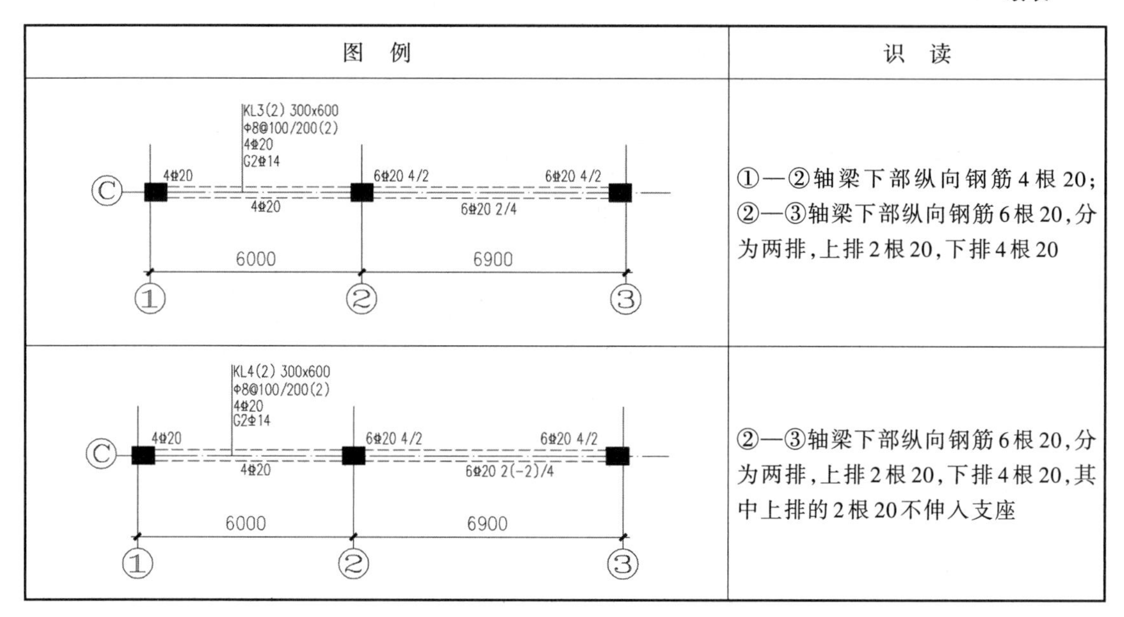

图　例	识　读
	①—②轴梁下部纵向钢筋4根20;②—③轴梁下部纵向钢筋6根20,分为两排,上排2根20,下排4根20
	②—③轴梁下部纵向钢筋6根20,分为两排,上排2根20,下排4根20,其中上排的2根20不伸入支座

(3)附加钢筋或吊筋

主次梁相交处,次梁支承在主梁上,应在主梁上配置附加箍筋或吊筋。附加钢筋和吊筋直接在梁平面图上引注,且注写总配筋值。当多数附加箍筋或吊筋相同时,可在梁平法施工图上统一注明,少数与统一注明值不同时,再原位标注。

附加钢筋及吊筋识读举例如图8-4-8所示。

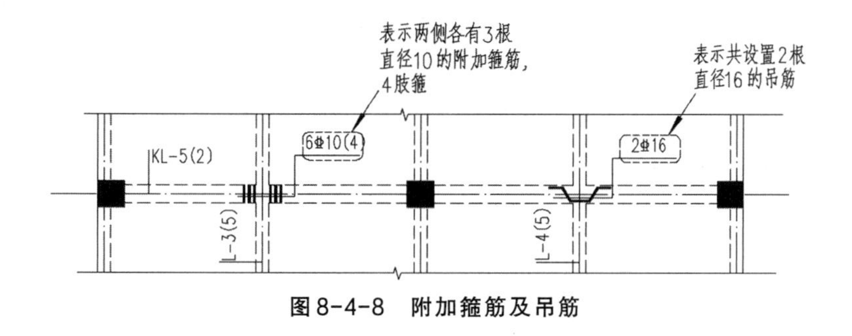

图8-4-8　附加箍筋及吊筋

(4)梁综合原位标注

当梁集中标注中的内容(包括梁截面尺寸、箍筋、上部通长钢筋或架立筋、梁侧面纵向构造钢筋或受扭纵向钢筋以及梁顶面标高高差中的一项或几项数值)不适用于该梁的某跨或悬挑部位时,将其修正的内容原位标注在该跨或悬挑部位。

梁综合原位标注识读举例如图8-4-9所示。

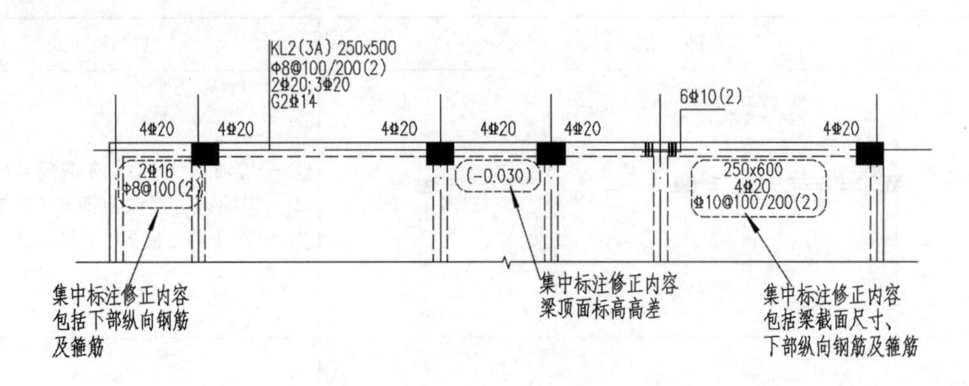

图 8-4-9　梁综合原位标注

任务实施

一、楼层梁平法施工图识读

1. 楼层梁平法施工图

以结施-08、8.070～11.670梁平法施工图为例。

2. 楼层梁平法施工图识读

梁平法施工图的主要内容有五个方面：(1)图号、图名和比例；(2)结构层楼面标高、结构层高与层号；(3)定位轴线及其编号、间距尺寸；(4)梁平法标注：梁的编号、尺寸、配筋和梁面标高高差；(5)必要的设计详图和说明。

图纸识读要按一定的方法和步骤对这五个方面的内容逐一识读，结施-08的识读见表8-4-4。

表 8-4-4　楼层梁平法施工图识读

识读步骤	主要内容识读	说　明
标题栏	图号：结施-08 图名：8.070—11.670梁平法施工图 比例：1:100	因教材采用缩小印刷，图纸实际尺寸无法真实反映比例关系
结构层楼面标高、结构层高	屋面 15.300 3 10.770 3.630 2 8.070 3.600 1 4.470 3.600 -0.550 5.020 层号 标高(m) 层高(m) 结构层楼面标高 结构层高	结构层楼面标高是指楼面现浇板顶面标高 结构层高是指相邻结构层现浇板顶面标高之差 基础顶面标高为-0.550m

续表

识读步骤	主要内容识读	说　明
定位轴线及其编号、间距尺寸	水平定位轴线:①—⑪,楼梯间轴线间距3.6m,其余轴线间距为4.5m,水平方向轴线总间距为43.2m 垂向定位轴线:A—C,A与B轴线间距2.4m,B与C轴线间距7.5m,垂向轴线总间距为9.9m	从左往右为水平定位轴线,用数字1、2、3…表示;从下往上为竖向定位轴线,用英文字母A、B、C…表示
梁平法标注	(1)KL201楼面框架梁 ①集中标注: 该梁为楼面框架梁,编号201,有两跨,两端无悬挑,梁宽250mm,梁高700mm;内配直径为8mm的双肢箍筋,箍筋间距在梁两端加密区为100mm,非加密区为200mm;梁上部通长钢筋2根20;梁两侧纵向构造钢筋4根12,每侧各2根;梁顶面标高为8.185及11.785。 ②原位标注: 梁上部钢筋:①轴支座共配2根钢筋,为集中标注所指通长钢筋2根20;②轴中间支座左右两侧配筋相同,共配5根钢筋,分两排:上排3根,其中角部2根20为集中标注所指通长钢筋,另外1根22为支座负筋;下排2根22为支座负筋;③轴支座共配5根钢筋,分两排:上排3根,其中角部2根20为集中标注所指通长钢筋,另外1根20为支座负筋;下排2根20为支座负筋。 梁下部钢筋:①—②轴梁下部纵向钢筋3根16;②—③梁下部纵向钢筋2根25加1根22,其中2根25放在角部。 (2)其余梁识读略	

二、屋面梁平法施工图识读

1. 屋面梁平法施工图

以结施-09、15.300梁平法施工图为例。

2. 屋面梁平法施工图识读

该屋面为坡度20%的现浇钢筋混凝土梁板结构屋面,部分梁为折梁,详见图中的示意图。屋面梁平法施工图的识读方法和步骤同楼面梁平法施工图,梁的平法标注内容识读见表8-4-5。

表8-4-5　屋面梁平法施工图标注内容识读

识读步骤	主要内容识读	说明
梁平面标注	(1)屋面框架梁WKL103 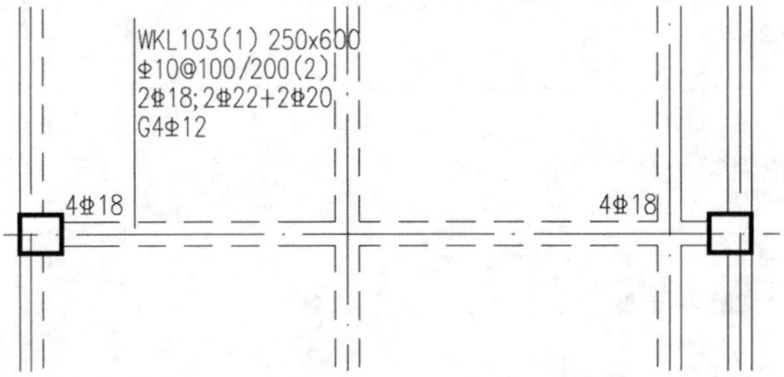 WKL103(1) 250x600 Φ10@100/200(2) 2Φ18;2Φ22+2Φ20 G4Φ12 4Φ18　4Φ18 集中标注：____号____梁，跨数____；梁高____，梁宽____；箍筋采用____级钢筋，直径____，加密区间距____，非加密区间距____，____肢箍；上部通长钢筋____，下部通长钢筋____； 梁侧构造钢筋____，每侧____根。 原位标注：梁左侧支座共配______，其中______为集中标注所指的通长钢筋，位于角部，另外______为支座负筋；梁右侧支座共配______，其中_______为集中标注所指的通长钢筋，位于角部，另外____为支座负筋。 (2)屋面非框架梁WL101 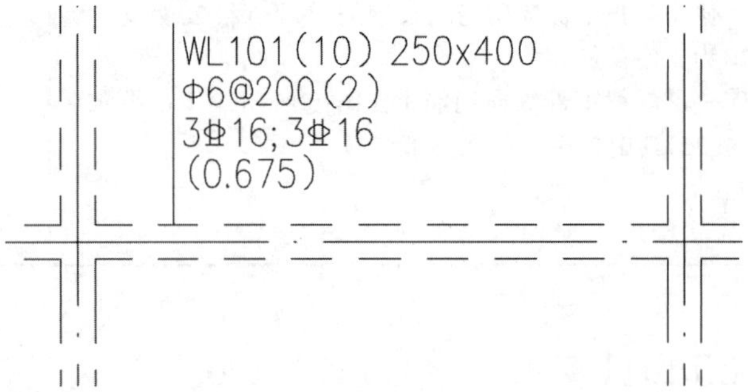 WL101(10) 250x400 Φ6@200(2) 3Φ16;3Φ16 (0.675) 集中标注：____号____梁，跨数____；梁高____，梁宽____；箍筋采用____级钢筋，直径____，间距____，____肢箍；上部通长钢筋____，下部通长钢筋____；梁顶标高比屋面层结构标高高____。	屋面层结构标高15.300m

说一说

说一说钢筋混凝土框架结构中梁平法施工图的制图规则。

想一想

想一想熟练识读一般框架结构的梁平法施工图的技能要点。

练一练

一、单项选择题

1. 梁编号“WKL”表示(　　)。

A. 屋面梁　　B. 框架梁

C. 屋面框架梁　　D. 悬挑梁

2. 梁集中标注中的选注项是(　　)。

A. 梁截面尺寸　　B. 梁编号

C. 梁箍筋　　D. 梁顶面标高高差

3. 下列钢筋不属于梁中配筋的是(　　)。

A. 箍筋　　B. 角筋

C. 侧面纵向构造钢筋　　D. 架立钢筋

4. 下面说法错误的是(　　)。

A. KL3(6)表示框架梁,第3号,6跨,无悬挑

B. XL2表示现浇梁2号

C. WKL1(3A)表示屋面框架梁,1号,3跨,一端有悬挑

D. L表示非框架梁

5. 梁的上部有四根纵筋,2⌀25放在角部,2⌀12放在中部作为架立筋,在梁支座上部应注写(　　)。

A. 2⌀25+2⌀12　　B. 2⌀25+(2⌀12)

C. 2⌀25;2⌀12　　D. 2⌀25(2⌀12)

6. 下面说法正确的是(　　)。

A. KL1 300mm×700mm表示截面宽度700mm,截面高度300mm

B. KL5 300mm×700mm Y500mm×250mm表示截面宽度300mm,截面高度700mm,腋长250mm,腋高500mm

C. KL8 300mm×700/500mm表示梁根部截面高度700mm,端部截面高度500mm

D. KL3 300mm×700/500mm表示梁根部截面高度500mm,端部截面高度700mm

二、识图题

1. 描述图 8-4-10 中梁编号的含义。

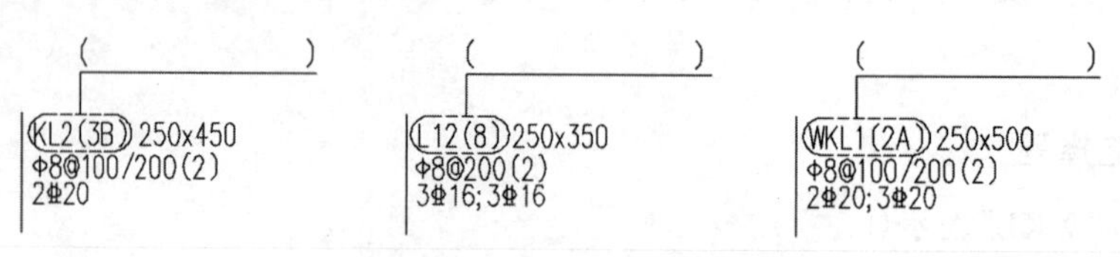

图 8-4-10　梁编号含义

2. 描述图 8-4-11 中梁箍筋的含义。

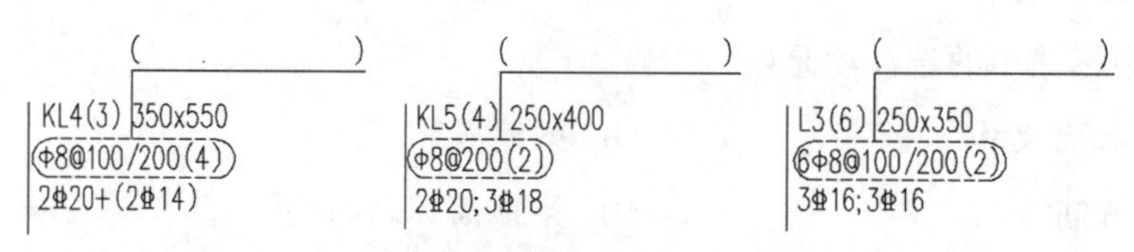

图 8-4-11　梁箍筋含义

3.描述图 8-4-12 中所示钢筋的含义。

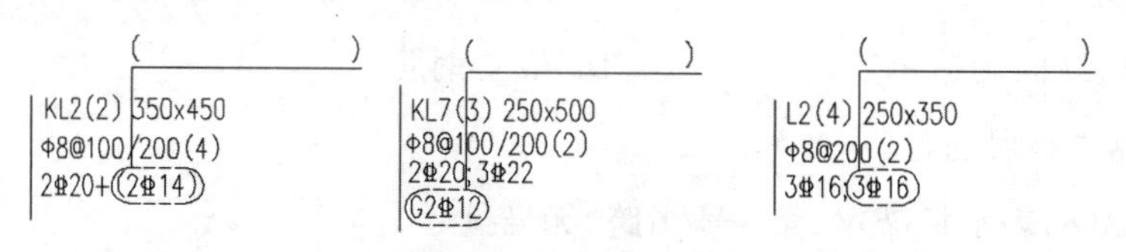

图 8-4-12　钢筋含义

4. 结施-07、4.470 梁平法施工图中梁 KL102 如图 8-4-13 所示，照图识读：

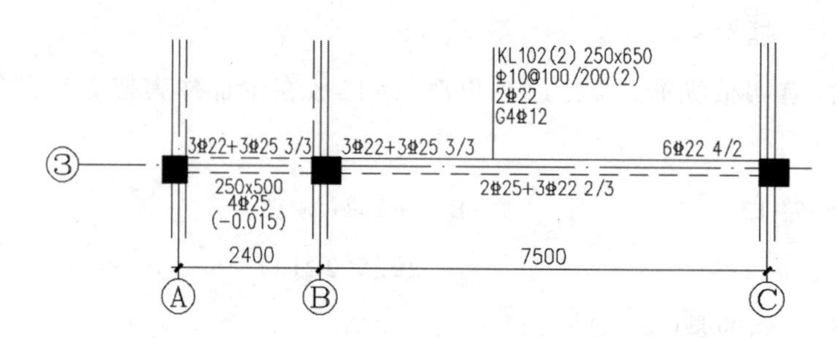

图 8-4-13　结施-07、4.470 梁平法施工图

集中标注：

______号______梁，跨数______；梁高______，梁宽______；箍筋采用______级钢筋，直径______，加密区间距______，非加密区间距______，______肢箍；上部通长钢筋______；梁侧构造钢筋______，每侧______根。

原位标注：

上部钢筋：~轴及轴右侧共配______，分______排，上排______，其中角部______为集中标注所指的通长钢筋，另外 1Φ22 为______，下排______为支座负筋；轴左侧支座共配______，分______排，上排______，其中角部______为集中标注所指的通长钢筋，2Φ22 为______，下排______为支座负筋。

下部钢筋:~轴下部通长钢筋______,~轴下部通长钢筋______,分______排,上排______,下排______。

梁综合原位标注:~轴梁宽________,梁高________,~轴梁顶标高比楼层结构标高低________,该梁顶标高为________。

任务五　板施工图的识读

框架结构楼盖,如图8-5-1所示。

(a)有梁楼盖

(b)无梁楼盖

图8-5-1　框架结构楼盖

任务要求

1. 理解有梁楼盖平法施工图的制图规则。
2. 熟练识读有梁楼盖楼(屋)面板平法施工图。

知识解读

有梁楼盖的制图规则适用于以梁为支座的楼面与屋面板平法施工图设计。有梁楼盖平法施工图,系在楼面板和屋面板布置图上,采用平面注写的表达方式,楼(屋)面板平法施工图上的平面标注主要有板块集中标注和板支座原位标注,如图8-5-2所示。

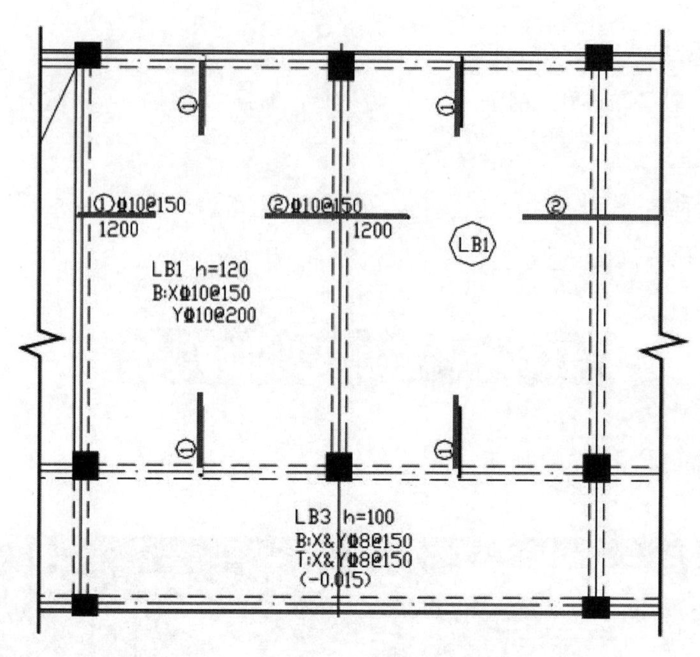

图8-5-2　4.470~11.670板平法施工图(局部)

一、板块集中标注

板块集中标注的内容为:板块编号、板厚、贯通纵筋,以及当板面标高不同时的标高高差。对于普通楼面,两向(X、Y方向)以一跨为一个板块;对密肋楼盖,两向主梁(框架梁)以一跨为一个板块,所有板块应逐一编号。

板块集中标注的内容与规则,见表8-5-1。

表8-5-1　板块集中标注的内容与规则

标注内容(数据项)	制图规则解读
板块编号	代号:楼面板——LB,屋面板——WB,悬挑板——XB
	序号:××加在板块代号后面
板厚	注写h=×××垂直于板面的厚度,单位为mm
	注写h=×××/×××:斜线前后分别为悬挑板根部与端部的厚度
贯通纵筋(单层或双层)	板上部和下部分别注写(单层/双层配置):B-下部、T-上部、B&T-下部与上部双层配置
	正交轴线分别注写(单向/双向配置):X-从左至右的水平方向、Y-从下到上的垂直方向、X&Y-两向相同配置
板面标高高差(选注)	相对于结构层楼面标高的高差,应将其注写在括号内,且有高差时注写,无高差时不注写

续表

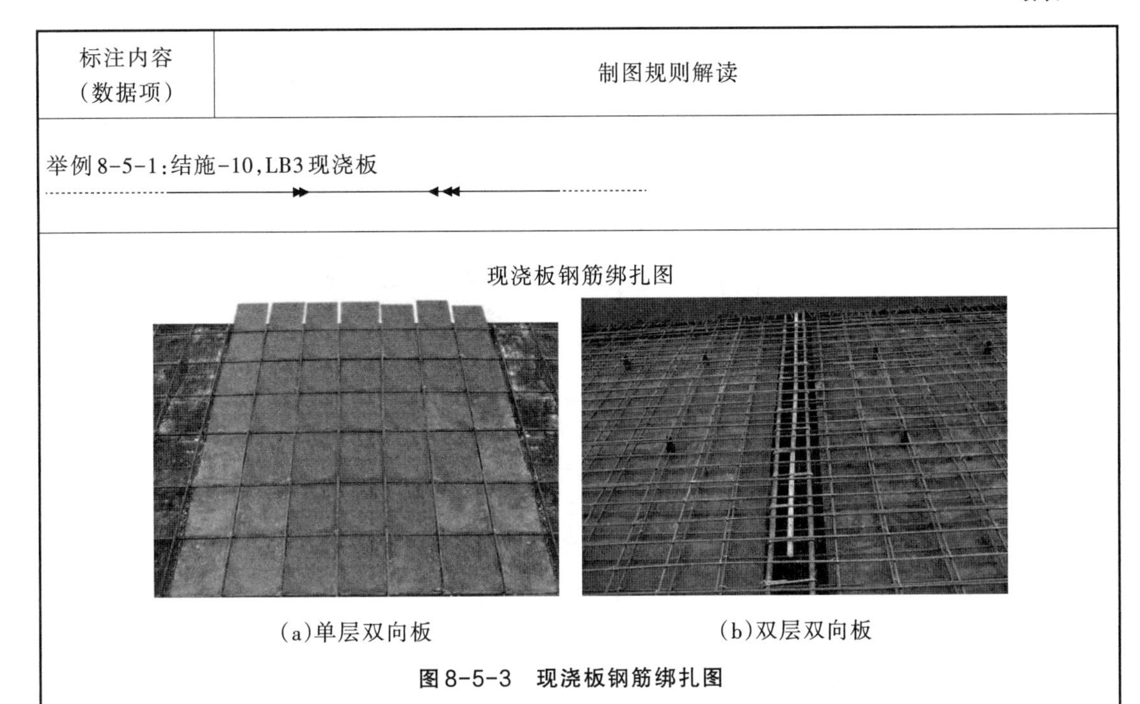

标注内容(数据项)	制图规则解读
举例8-5-1:结施-10,LB3现浇板	
现浇板钢筋绑扎图 (a)单层双向板　(b)双层双向板 图8-5-3　现浇板钢筋绑扎图	

二、板支座原位标注

板支座原位柱注的内容为:板支座上部非贯通纵筋和悬挑板上部受力钢筋。板支座原位标注的内容与规则,见表8-5-2。

表8-5-2　板支座原位标注的内容与规则

标注内容(数据项)	制图规则解读
板支座上部非贯通纵筋(支座负筋)	标注位置:应在配置相同跨的第一跨上
	钢筋绘制:垂直于支座(梁或墙)绘制中粗实线代表支座负筋,钢筋长度为自支座中心线向跨内的伸出长度
	标注要求:在钢筋上方注写钢筋编号、配筋值、横向连续布置的跨数(注写在括号内,且当为一跨时可不注);在钢筋下方注写钢筋伸出长度。对中间支座且对称时只注写一侧伸出长度,对于中间支座且非对称时,则两侧注写伸出长度

续表

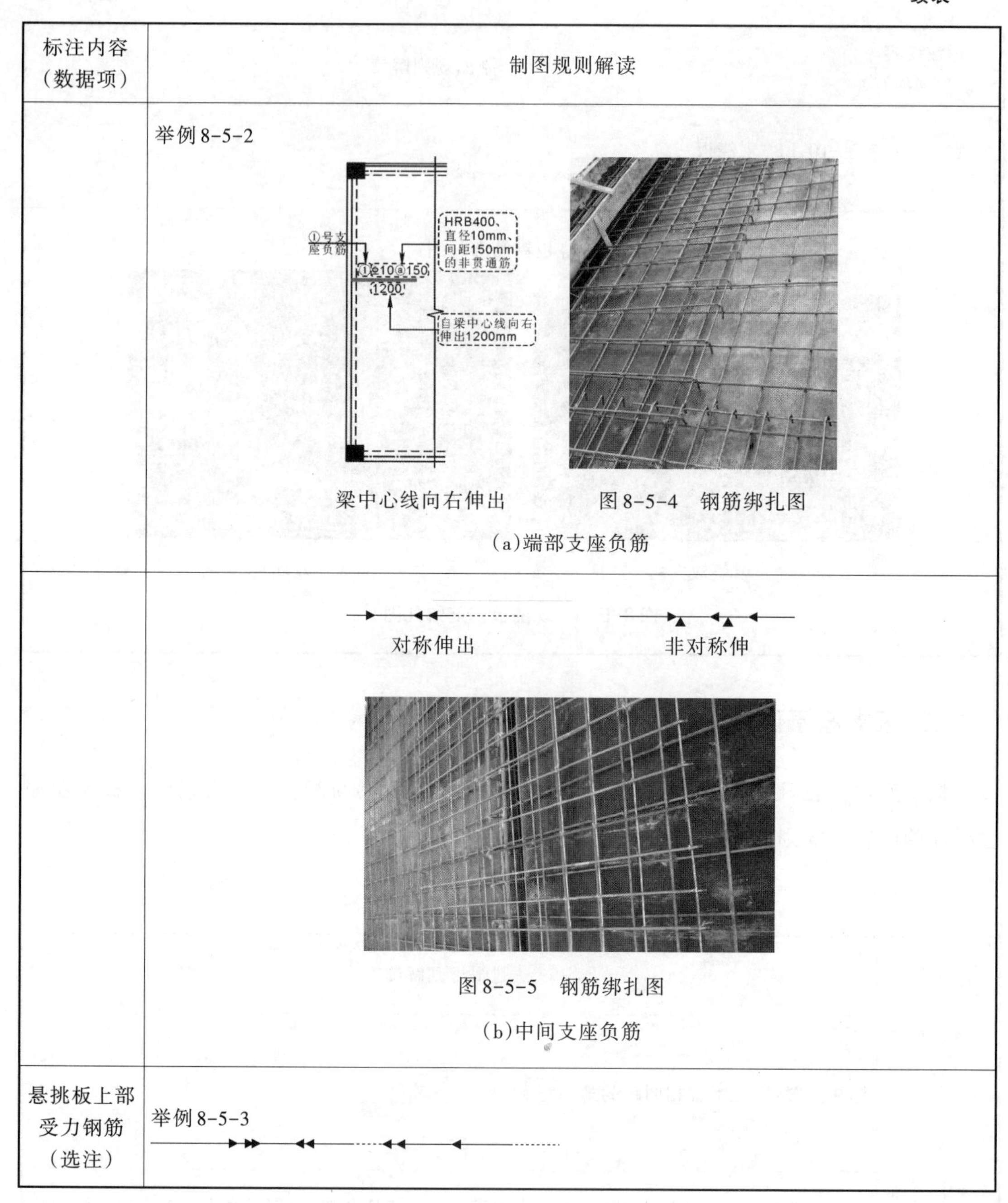

标注内容（数据项）	制图规则解读
	举例8-5-2 梁中心线向右伸出　　图8-5-4　钢筋绑扎图 (a)端部支座负筋
	对称伸出　　非对称伸 图8-5-5　钢筋绑扎图 (b)中间支座负筋
悬挑板上部受力钢筋（选注）	举例8-5-3

单层配筋就是在板的下部配置贯通纵筋，而在板的周边配置非贯通纵筋（支座负筋）；双层配筋就是在板的下部和上部均配置贯通纵筋。单向配筋就是在板的一个方向上配置受力筋，而在另一个方向上配置分布筋，如悬挑板都是单向配筋板，受力筋的配置方向与悬挑方向一致，且配置在悬挑板的上部；双向配筋就是在两个相互垂直的方向都配筋受力筋，这种配筋方式目前应用较广泛，双向板钢筋的放置，短跨方向钢筋置于外层，长跨方向钢筋置于内层。

任务实施

一、楼面板平法施工图识读

1. 楼面板平法施工图

以结施-10、4.470～11.670板平法施工图为例。

2. 楼面板平法施工图识读

板平法施工图的主要内容有五个方面：(1)图号、图名和比例；(2)结构层楼面标高、结构层高与层号；(3)定位轴线及其编号、间距尺寸；(4)板平法标注板块的编号、厚度、配筋和板面标高高差；(5)必要的说明。图纸识读要按一定的方法和步骤对这五个方面的内容逐一识读，结施-10的识读见表8-5-3。

表8-5-3　楼面板平法施工图识读

识读步骤	主要内容识读	说　明
标题栏	图号：结施-10 图名：4.470～11.670板平法施工图 比例：1∶100	因教材采用缩小印刷，图纸实际尺寸无法真实反映比例关系
结构层楼面标高、结构层高	屋面 | 15.300 | 3 | 10.770 | 3.630 2 | 8.070 | 3.600 1 | 4.470 | 3.600 | -0.550 | 5.020 层号 | 标高(m) | 层高(m) 结构层楼面标高 结 构 层 高	结构层楼面标高是指楼面现浇板顶面标高 结构层高是指相邻结构层现浇板顶面标高之差 基础顶面标高为-0.550m
定位轴线及其编号、间距尺寸	水平定位轴线：①—⑪，楼梯间轴线间距3.6m，其余轴线间距为4.5m，水平方向轴线总间距为43.2m 竖向定位轴线：A—C，A与B轴线间距2.4m，B与C轴线间距7.5m，竖向轴线总间距为9.9m	从左往右为水平定位轴线，用数字1、2、3…表示；从下往上为竖向定位轴线，用英文字母A、B、C…表示。
	(1)1号板块LB1 ①集中标注：1号楼面板、板厚120mm；下部贯通纵筋双向布置，X方向布置为Φ10@150钢筋，Y方向布置为Φ10@200钢筋。 ②原位标注：①号支座负筋Φ10@150，分布在②轴、⑩轴和B轴、C轴，自相应梁中心线伸入LB1板内长度为1200mm。②号支座负筋Φ10@150，分布在③轴至⑨轴，自相应梁中心线向左、向右对称伸入LB1板内长度均为1200mm	

续表

识读步骤	主要内容识读	说明
板平法标注	(2)2号板块LB2 集中标注:2号楼面板、板厚100mm;上下双层贯通纵筋:板下部水平与垂直方向双向布置Φ8@150钢筋,板上部水平与垂直方向双向布置Φ8@150钢筋;板面标高比结构层楼面标高4.470m、8.070m、11.670m低0.015m,分别为4.455m、8.055m、11.655m。 (3)3号板块LB3	依据结构设计总说明9.5,楼板分布筋均为Φ8@150钢筋。详见举例8-5-2

二、屋面板平法施工图识读

1. 屋面板平法施工图

以结施-11、15.300板平法施工图为例。

2. 屋面板平法施工图识读

该屋面为20%的坡度现浇屋面,详见15.300板平法施工图中的剖切示意图。屋面板与楼面板平法施工图识读方法与步骤相似,其中结构层楼面标高、结构层高和定位轴线及其编号、间距尺寸内容相同,标题栏和详图内容相似,屋面板平面标注内容识读见表8-5-4。

表8-5-4 屋面板平法施工图平面标注内容识读

识读步骤	主要内容识读		说明
屋面板平面标注	(1)1号板块WB1 WB1 h=110 B:X&YΦ10@200 T:X&YΦ10@200 WB1 h=110 B:X&YΦ10@200 T:X&YΦ10@200 (2)3号板块WB3	集中标注:____号____板、板厚____mm;____层贯通纵筋:板____部与____部水平与垂直方向均为____向布置____钢筋。 采用____标注法:____号____板,板厚____mm;____层贯通纵筋:板上下部均为水平与垂直双向配置____钢筋;板顶面标高为____m	贯通纵筋识别:钢筋等级为____、直径为____、间距为____。 屋面板结构标高为15.300m

说一说

说一说有梁楼盖平法施工图的制图规则。

想一想

想一想熟练识读有梁楼盖楼(屋)面板平法施工图的技能要点。

练一练

一、单项选择题

1. 现浇板块编号“WB”表示(　　)。

A. 现浇板　　B. 屋面板　　C. 楼面板　　D. 悬挑板

2. 板块集中标注中的选注项是(　　)。

A. 板块编号　　B. 板厚　　C. 贯通纵筋　　D. 板面标高高差

3. 有梁楼盖底部受力钢筋伸入支座(梁)内的长度为(　　)。

A. ≥5d　　B. ≥梁宽/2

C. ≥5d且≥梁宽/2　　D. 梁宽-保护层厚度

4. 有梁楼盖中间支座(梁)负筋的弯折长度为(　　)。

A. 板厚h-板保护层厚度　　B. 15d

C. 10d　　D. 5d

5. 下列钢筋不属于板中配筋的是(　　)。

A. 受力钢筋　　B. 支座负筋

C. 构造钢筋　　D. 架立钢筋

6. 关于板支座上部非贯通纵筋的标注,下列说法错误的是(　　)。

A. 应标注在配置相同跨的第一跨上

B. 支座负筋用粗实线表示,钢筋的长度为支座的边缘向跨内的伸出长度

C. 钢筋上方注写钢筋编号、配筋值、横向连续布置的跨数

D. 钢筋下方注写钢筋伸出长度

二、识图题

1. 某现浇板平法施工图如图8-5-6所示,照图识读。

(1)该现浇板为__________板,板厚为__________。板__________部配筋为__________,方向配置受力钢筋为__________,__________方向配置受力钢筋__________。

(2)①号支座负筋配筋为__________,自梁__________向板内伸出长度为__________。

②号支座负筋配筋为__________,自梁__________向板内__________伸出长度为__________。

(3)“Φ16@200”指:钢筋种类为__________,直径为__________,间距为__________。

(4)画出该现浇板的钢筋构造图。

2. 结施-11中,板平法局部施工图如图8-5-7所示,照图识读。

(1)该现浇板为__________板,其坡度为__________,屋面檐沟板板面标高为__________。

(2)屋面板板块分别是WB6、WB2、WB4,其中WB6和WB4板的板厚为__________,板上部和下部配筋__________,在__________方向与__________方向均为__________,其板面标高为__________。其中WB2板的板厚为__________,板上部和下部配筋__________,在__________方向与__________方向均为__________,其板面标高为__________。

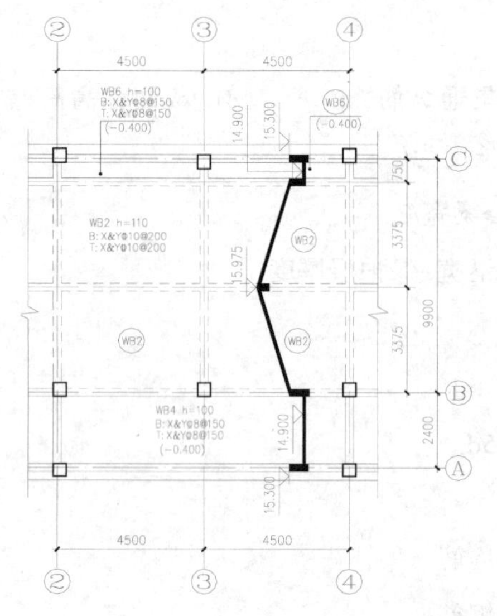

图8-5-6 某现浇平法施工图

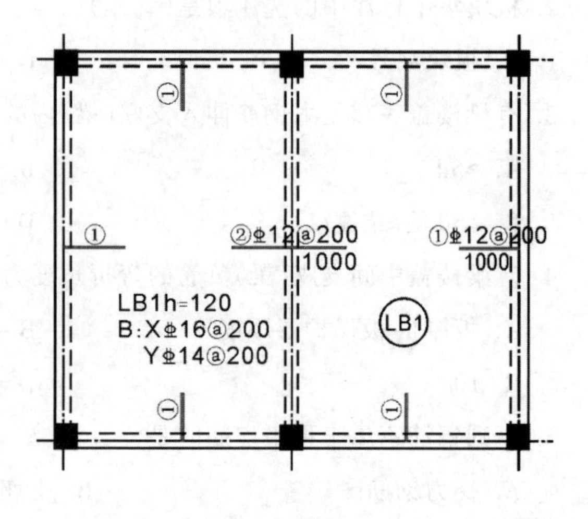

图8-5-7 板平法局部施工图

任务六 楼梯施工图的识读

楼梯实图和示意图,如图8-6-1所示。

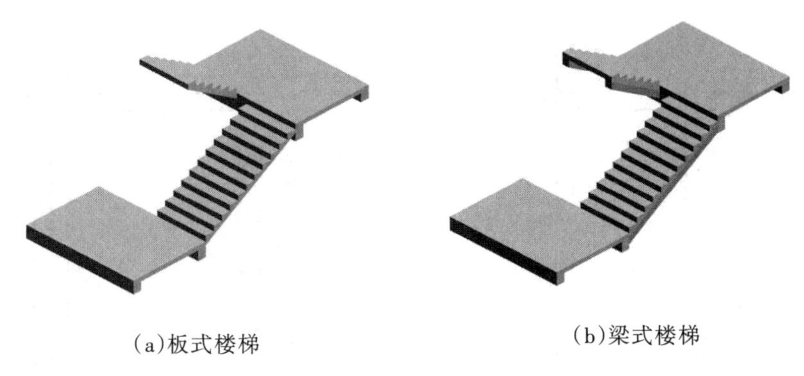

(a)板式楼梯　　(b)梁式楼梯

图 8-6-1　楼梯实图和示意图

任务要求

1. 掌握现浇混凝土板式楼梯的制图规则。

2. 熟练识读混凝土板式楼梯平法施工图。

知识解读

一、板式楼梯平法施工图的表示方法

钢筋混凝土板式楼梯的平面表示方法是指将楼梯构件的尺寸和配筋等,按照平面整体表示方法制图规则,直接表达在楼梯结构平面图上,再与楼梯标准构造详图结合,构成完整的楼梯结构设计。板式楼梯平法施工图(局部),如图 8-6-2 所示。

现浇混凝土板式楼梯梯板的平法注写方式有平面注写方式、剖面注写方式和列表注写方式,在实际施工图中,平面注写方式与剖面注写方式应用较多,本项目主要介绍平面注写方式与剖面注写方式。平台板、平台梁及梯柱的平法注写方式见本书前面介绍的梁、板、柱平法表示(《混凝土结构施工图平面整体表示方法制图规则和构造详图(现浇混凝土框架、剪力墙、梁、板)》11G101-1)。

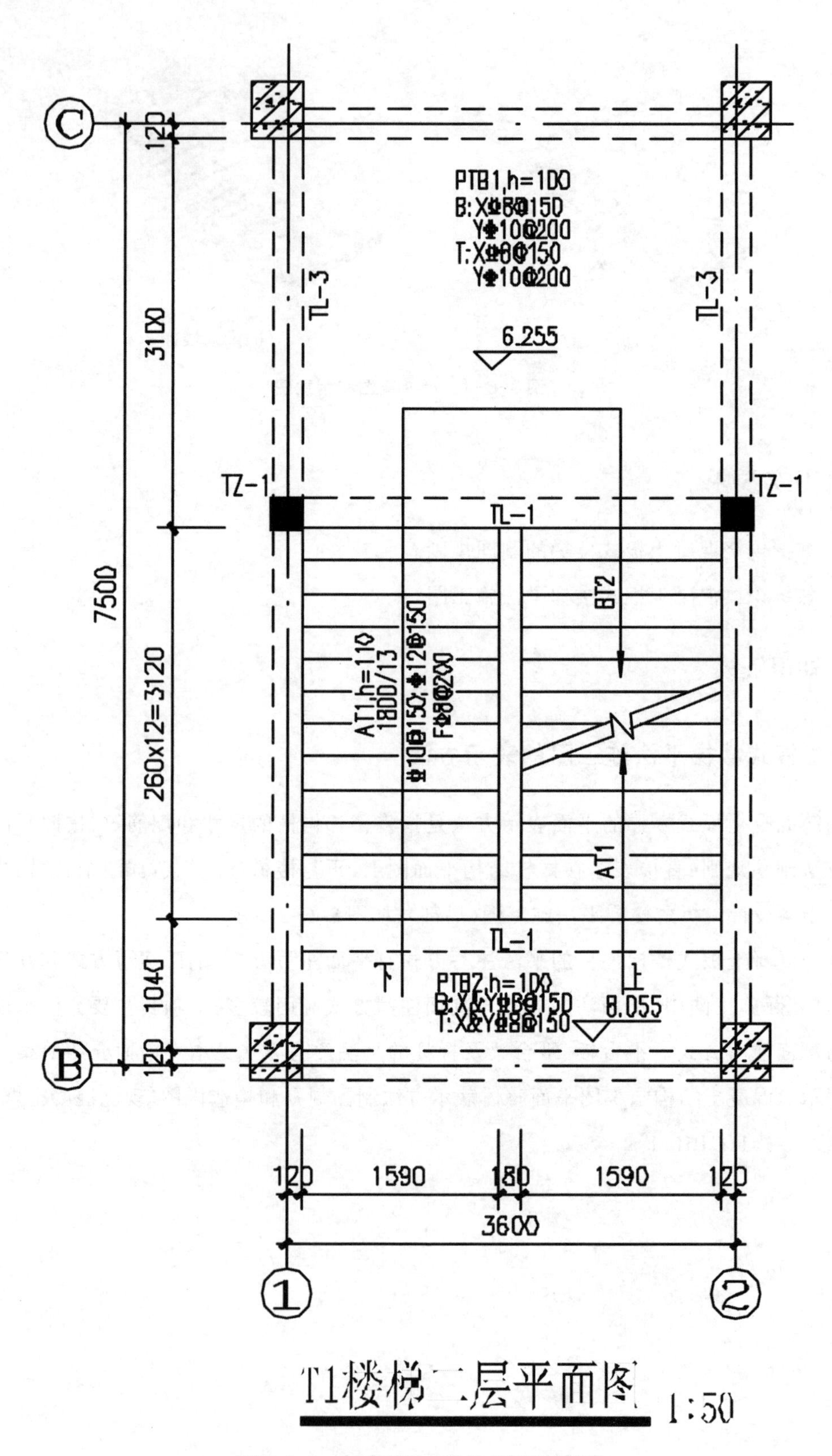

图 8-6-2　板式楼梯平法施工图(局部)

二、板式楼梯的类型

1. 板式楼梯类型包含11种,其编号、适用范围及特征详,见表8-6-1。

表8-6-1　板式楼梯的类型

梯板编号	适用范围		特　征	
	抗震构造措施	适用结构	图　示	说　明
AT	无	框架、剪力墙、砌体结构	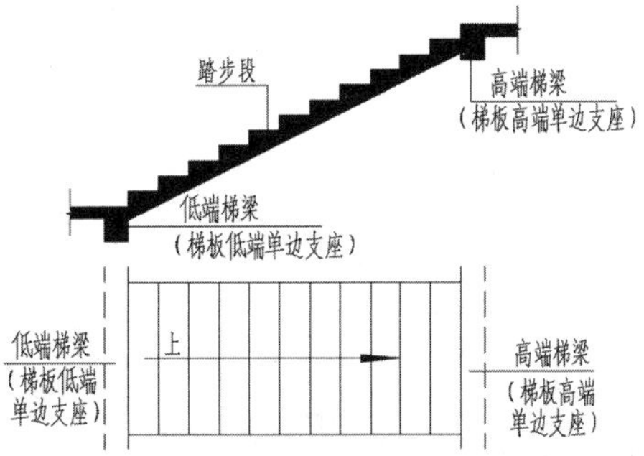	梯板全部由踏步段构成
BT	无	框架、剪力墙、砌体结构	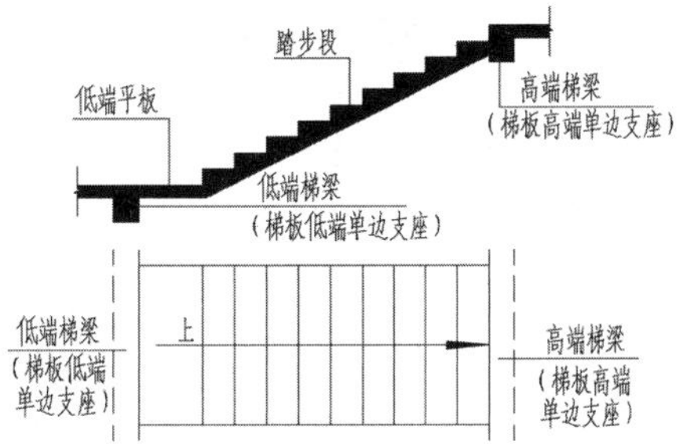	梯板由低端平板和踏步段构成
CT	无	框架、剪力墙、砌体结构	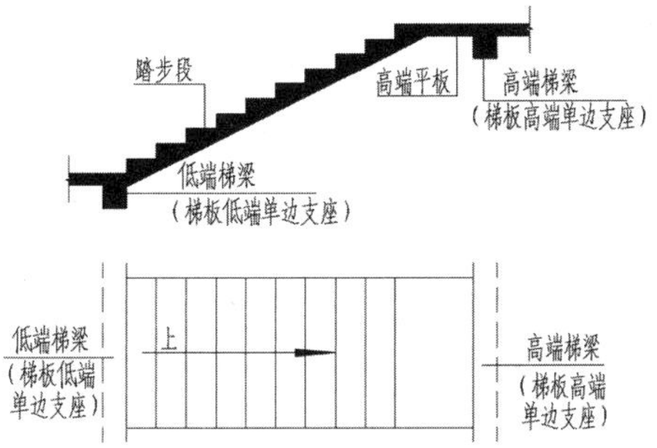	梯板由踏步段和高端平板构成

续表

梯板编号	适用范围		特征	
DT	无	框架、剪力墙、砌体结构	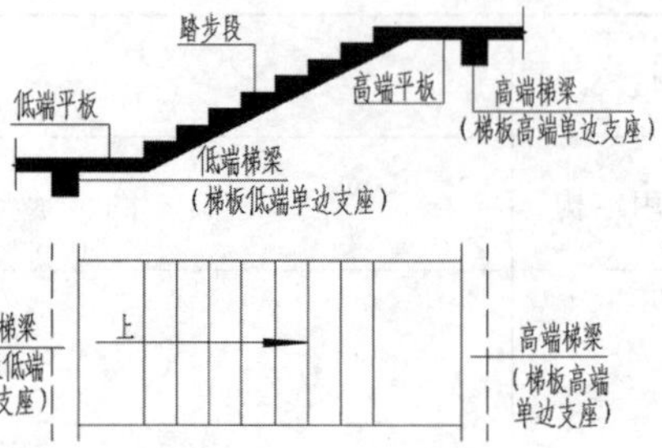	梯板由低端平板、踏步板和高端平板构成
ET	无	框架、剪力墙、砌体结构	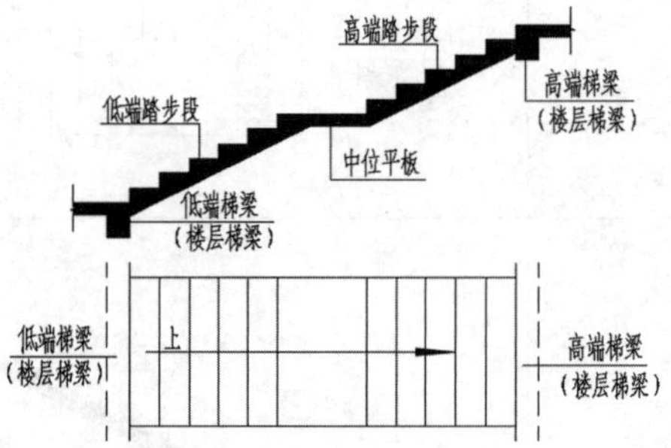	梯板由低端踏步段、中位平板和高端踏步段构成
FT	无	框架、剪力墙、砌体结构	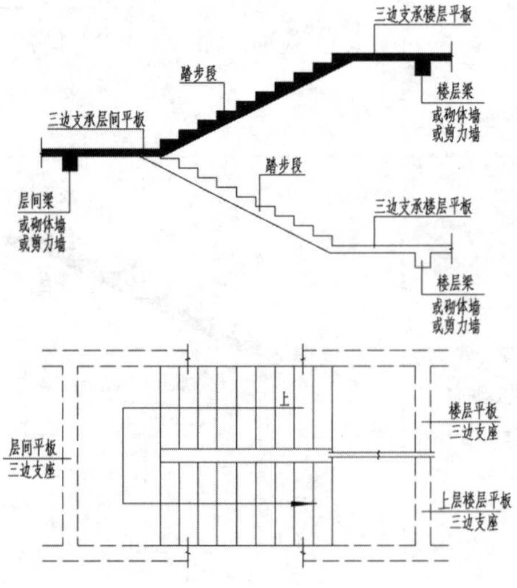	由层间平板、踏步段和楼层平板构成；梯板一端的层间平板采用三边支承，另一端的楼层平板也采用三边支承

续表

梯板编号	适用范围		特　征	
GT	无	框架结构	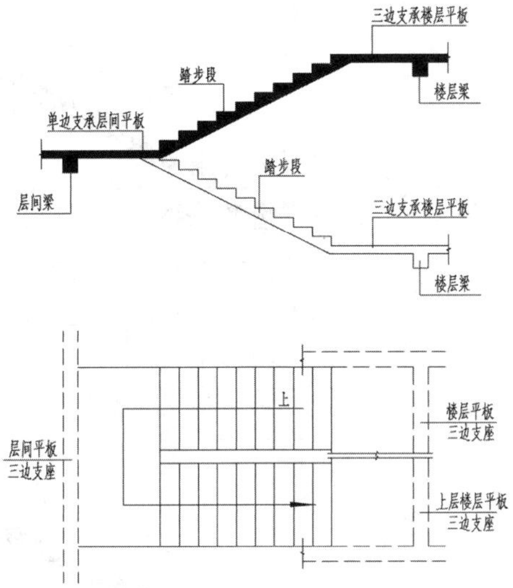	由层间平板、踏步段和楼层平板构成;梯板一端的层间平板采用单边支承,另一端的楼层平板采用三边支承
HT	无	框架、剪力墙、砌体结构	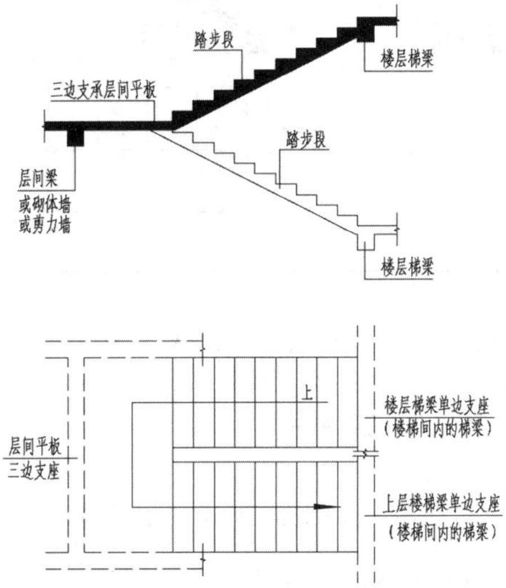	由层间平板和踏步段构成;梯板一端的层间平板采用三边支承,另一端的梯板段采用单边支承(在梯梁上)
ATa	有	框架结构	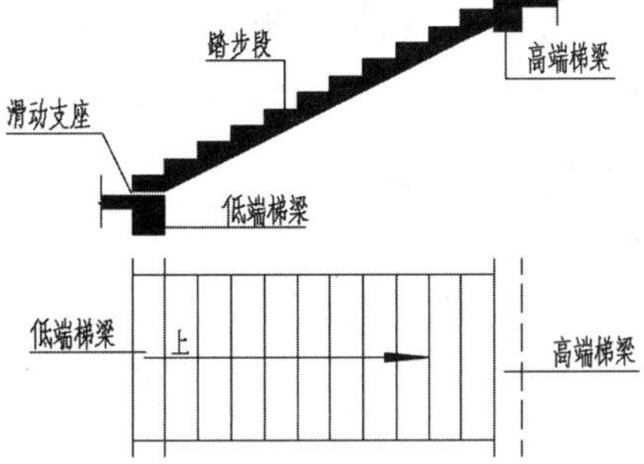	梯板全部由踏步段构成,梯板高端支承在梯梁上,梯板低端带滑动支座支承在梯梁上

续表

梯板编号	适用范围		特　征	
ATb	有	框架结构	踏步段 高端梯梁 滑动支座 低端梯梁 低端梯梁 上 高端梯梁	梯板全部由踏步段构成,梯板高端支承在梯梁上,梯板低端带滑动支座支承在梯梁的挑板上
ATc	有	框架结构	踏步段 高端梯梁 低端梯梁 低端梯梁 上 高端梯梁	梯板全部由踏步段构成,梯板两端均支承在梯梁上,楼梯参与结构整体抗震计算

2. 楼梯编号由梯板代号和序号组成,如:AT1表示1号AT型梯板。

三、板式楼梯的平面注写方式

楼梯的平面注写方式是在楼梯平面布置图上用注写截面尺寸和配筋的具体数值的方式来表达楼梯施工图,楼梯的平面注写方式包括集中标注和外围标注。

1. 集中标注

楼梯集中标注的内容有五项,包括梯板类型代号和序号、梯板厚度、踏步段总高度和踏步级数、梯板支座上部纵筋和下部纵筋、梯板分布筋。

集中标注的内容与规则,见表8-6-2。

表 8-6-2　梯板集中标注的内容与规则

标注内容(数据项)	制图规则解读
梯板编号	代号:AT ~ ATc 型(见表 8-6-1、楼梯的类型)
	序号:××加在梯板代号后面
梯板厚度	注写 h=×××,垂直于板面的厚度,单位为 mm
踏步段总高度/踏步级数	注写踏步段总的高度尺寸以及该踏步段踏步的级数,单位分别为 mm 和级
上部纵筋;下部纵筋	梯板上部纵向钢筋的级别、直径及间距;梯板下部纵向钢筋的级别、直径及间距
梯板分布钢筋	注写梯板分布钢筋的级别、直径及间距
举例:结施-13、T1 楼梯二层平面图中 AT1 梯板 1号AT型梯板 板厚110mm AT1 h=110 1800/13 Φ10@150;Φ12@150 FΦ8@200 上部纵筋Φ10@150 下部纵筋Φ12@150 踏步段总高度1800mm, 踏步级数13级 梯板分布筋 Φ8@200	

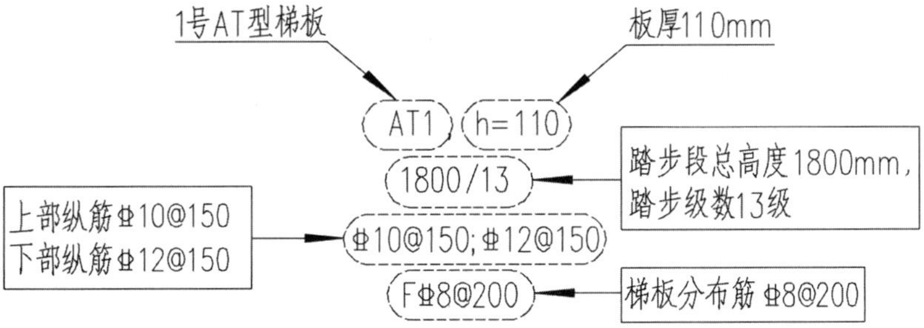

2. 外围标注

楼梯外围标注的内容,包括楼梯间的平面尺寸、楼层结构标高、层间结构标高、楼梯的上下方向、梯板的平面几何尺寸、平台板配筋、梯梁及梯柱配筋等,如图 8-6-3 所示。

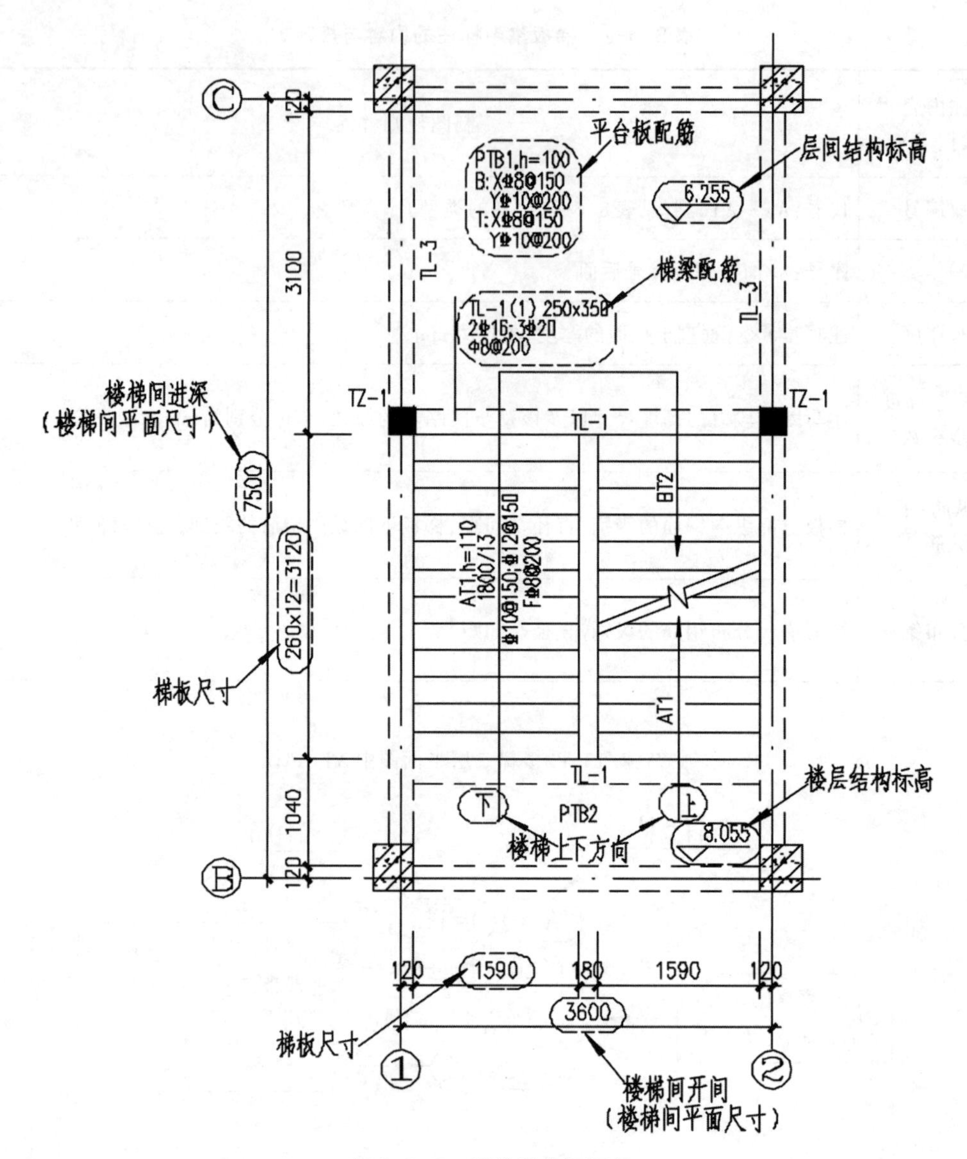

图8-6-3　楼梯的外围标注

四、板式楼梯的剖面注写方式

楼梯的剖面注写方式是在楼梯平法施工图中绘制楼梯平面布置图和楼梯剖面图，标注方式分平面标注和剖面标注。

1. 楼梯平面布置图标注内容，包括楼梯间的平面尺寸、楼层及层间结构标高、楼梯的上下方向、梯板的平面几何尺寸、梯板类型及编号、平台板配筋、梯梁及梯柱配筋等。

2. 楼梯剖面图标注内容，包括梯板集中标注、梯梁梯柱编号、梯板水平及竖向尺寸、楼层及层间结构标高等。如图8-6-4所示。

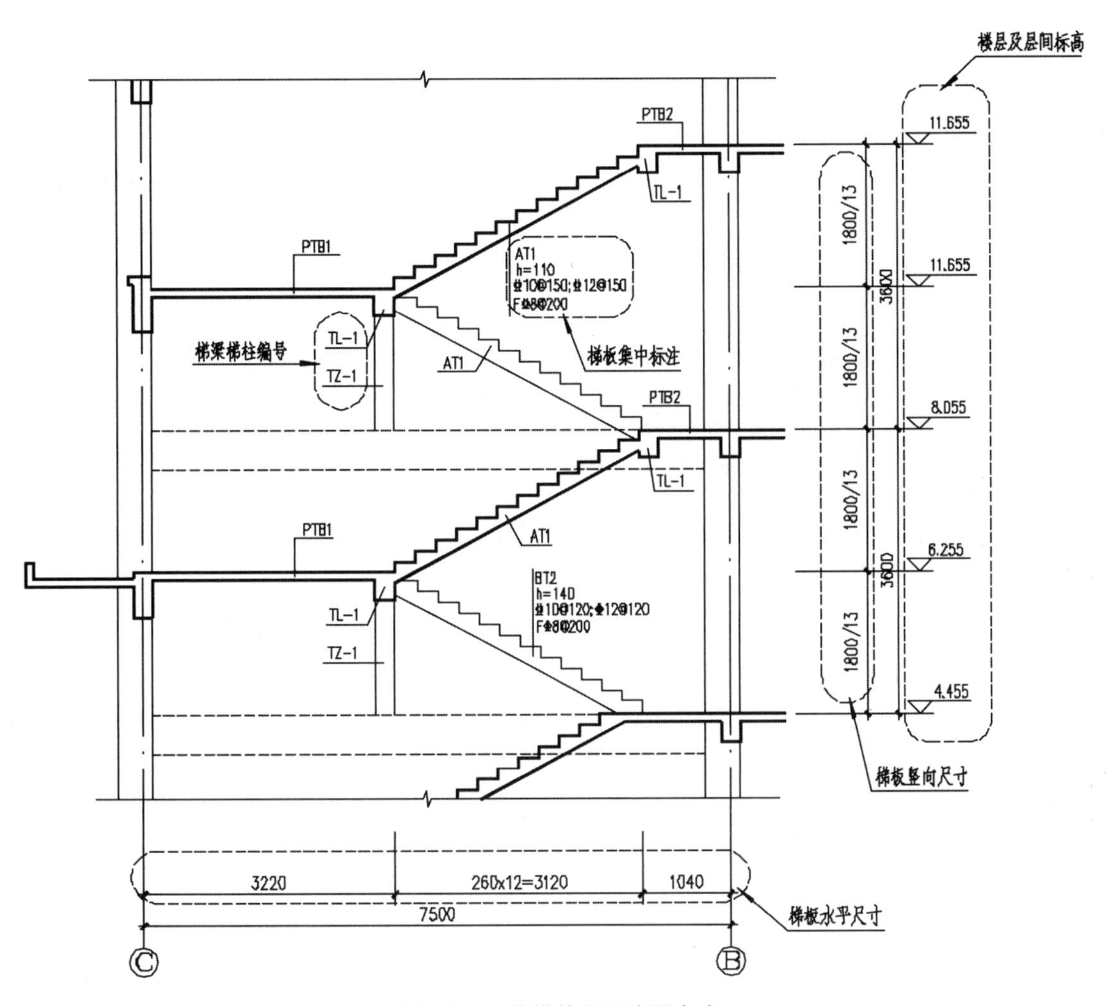

图8-6-4　楼梯的剖面注写方式

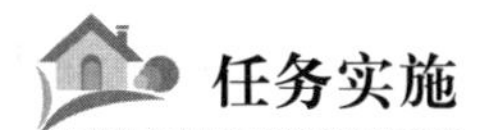

任务实施

一、楼梯平法施工图的识读

1. 楼梯平法施工图

以结施-13、T1楼梯平法施工图为例。

2. 楼梯平法施工图识读

楼梯平法施工图的主要内容有五个方面:(1)图号、图名和比例;(2)楼面结构标高、层间结构标高;(3)楼梯间定位轴线及其编号、间距尺寸;(4)楼梯平法标注:梯板类型编号、板厚、配筋以及平台板、梯梁梯柱的尺寸配筋等;(5)必要的设计详图和说明。

图纸识读要按一定的方法和步骤对这五个方面的内容逐一识读，结施-13的识读，见表8-6-3。

表8-6-3　楼梯平法施工图识读

识读步骤	主要内容识读	说　明
标题栏	图号：结施-13 图名：T1楼梯详图 比例：1∶50	因教材采用缩小印刷，图纸实际尺寸无法真实反映比例关系
楼面结构标高、层间结构标高	楼面结构标高是指结构层楼面现浇板顶面标高： 如T1楼梯二层平面图中PTB2的板顶标高为8.055m。 层间结构层高是层间平台板顶面标高： 如T1楼梯二层平面图中PTB1的板顶标高为6.255m。	
楼梯间定位轴线及其编号、间距尺寸	水平定位轴线：①—②，楼梯间开间间距3.6m 垂向定位轴线：B—C，楼梯间进深间距7.5m	
楼梯平法标注	(1)T1楼梯一层平面图识读 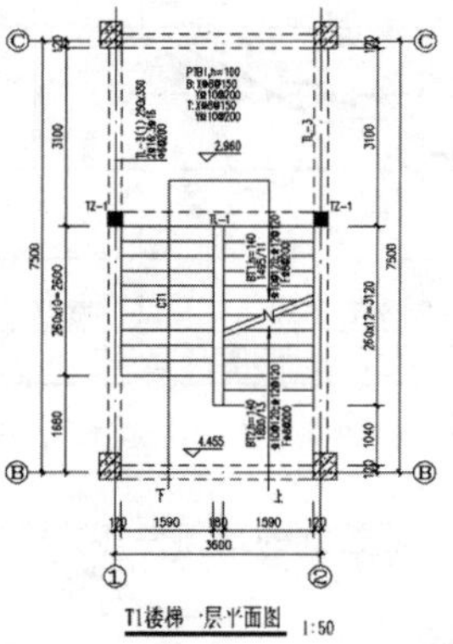 T1楼梯 一层平面图 1:50 ①集中标注：1号BT型梯板，板厚140mm；踏步段总高度1495mm，踏步级数11级；上部纵向钢筋Φ10@120，下部纵向钢筋Φ12@120；分布钢筋Φ8@200； 2号BT型梯板，板厚140mm；踏步段总高度1800mm，踏步级数13级；上部纵向钢筋Φ10@120，下部纵向钢筋Φ12@120；分布钢筋Φ8@200； ②外围标注： 楼梯间开间3600mm，进深7500mm；楼层结构标高4.455m，层间结构标高2.960m；BT1、BT2梯板的宽度1590mm，BT2平板长1040mm，踏步段水平长3120mm；PTB1、TL1、TL3等配筋（略）。 (2)T1楼梯二层平面图 (3)T1楼梯架空层平面图	详见举例8-6-2及图8-6-3作为学习检测题

说一说

说一说现浇混凝土板式楼梯的制图规则。

想一想

想一想熟练识读混凝土板式楼梯平法施工图的技能要点。

练一练

一、单项选择题

1. 现浇板式楼梯中编号“DT”表示(　　)。

A. 梯板由踏步段和高端平板构成　　B. 梯板由低端平板和踏步段构成

C. 梯板由低端平板、踏步板和高端平板构成　　D. 梯板全部由踏步段构成

2. 楼梯集中标注的内容不包括(　　)。

A. 梯板类型代号和序号　　B.踏步段总高度和踏步级数

C.梯板支座上部纵筋和下部纵筋　　D.梯板的平面几何尺寸

3. 楼梯平法施工图中,PTB是指(　　)。

A. 楼梯板　　B. 平台板　　C. 预制板　　D. 踏步板

4. 某楼梯集中标注处FΦ8@200表示(　　)。

A. 梯板下部钢筋Φ8@200　　B. 梯板上部钢筋Φ8@200

C. 梯板分布筋Φ8@200　　D. 平台梁钢筋Φ8@200

5. 梯板上部纵筋的延伸长度为净跨的(　　)。

A. 1/2　　B. 1/3　　C.1/4　　D. 1/5

6. 某楼梯集中标注处1800/13表示(　　)。

A. 踏步段宽度及踏步级数　　B. 踏步段长度及踏步级数

C. 层间高度及踏步宽度　　D. 踏步段总高度及踏步级数

7. 下面说法正确的是(　　)。

A. CT3　h=110表示3号CT型梯板,板厚110

B. FΦ8@200表示梯板上部钢筋Φ8@200

C. 1800/13表示踏步段宽度1800及踏步级数13级

D. PTB1　h=100表示1号踏步板,板厚110

8. 下部纵筋伸入支座(　　)。

A. ≥10d且至少伸过支座中线　　B. ≥15d

C. ≥5d　　D. ≥5d且至少伸过支座中线

二、识图题

1. 结施-13中T1楼梯架空层平面图如图8-6-5所示，照图识读：

(1)集中标注：梯板类型代号________，梯板厚度________，踏步段总高度________，踏步级数________，梯板上部纵向钢筋________，下部纵向钢筋________，分布钢筋________。

(2)外围标注：该楼梯间开间________，进深________，梯板宽度________，梯板踏步段水平长________，平板长________，楼层结构标高________。

2. 某现浇板式楼梯平法施工图如图8-6-6所示，照图识读：

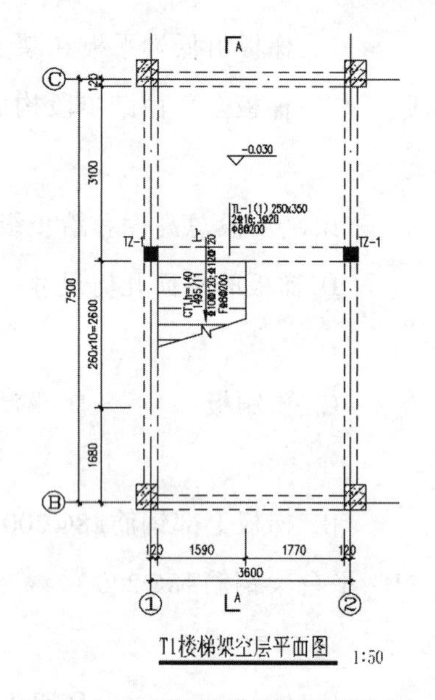

图8-6-5　T1楼梯架空层平面图

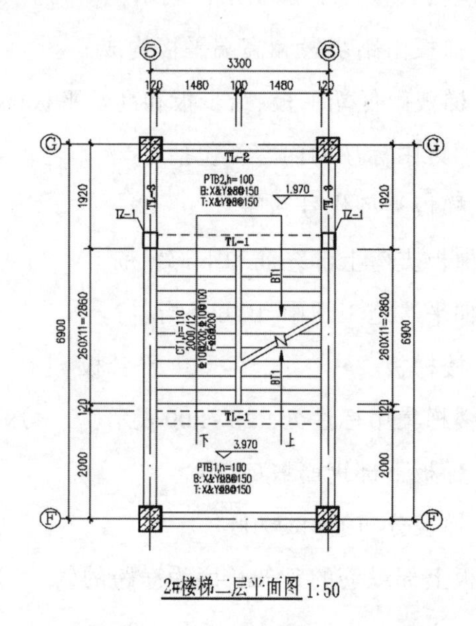

图8-6-6　2#楼梯二层平面图

(1)集中标注：梯板类型代号________，梯板厚度________，踏步段总高度________，踏步级数________，梯板上部纵向钢筋________，下部纵向钢筋________，分布钢筋________。

(2)外围标注：该楼梯间开间________，进深________，梯板宽度________，梯板踏步段水平长________，平板长________，楼层结构标高________，层间结构标高________。

知识拓展

现浇钢筋混凝土板式楼梯的平法施工图主要掌握平面注写方式，其平面注写方式主要有集中标注和外围标注，集中标注的内容有梯板类型代号和序号、梯板厚度、踏步段总高度和踏步级数、梯板支座上部纵筋和下部纵筋、梯板分布筋。外围标注的内容包括楼梯间的平面尺寸、楼层及层间结构标高、楼梯的上下方向、梯板的平面几何尺寸、平台板配筋、梯梁及梯柱配筋等。

梯板中钢筋的构造主要掌握梯板中主要钢筋的布置和锚固，折板钢筋的构造要求等。

项目九　室内设计施工图识读

任务一　室内设计施工图的识图要点

任务要求

1. 请根据生活中的个人体验写出10个不同种类家具的大概尺寸。

2. 学会分析家装设计中要考虑哪些尺度要求。

一、带着问题，我们一起来看一看室内设计的基本尺度要求

室内设计是空间的设计，塑造良好的空间尺度感是室内设计的关键因素之一，需要考虑人体尺度、人体行为活动空间尺度、常用家具设备尺寸、建筑尺度规范、视觉心理和空间尺度等因素。为了方便识读，这里介绍一些常用的室内尺寸数据。

1. 墙

①承重墙体：厚度0.24—0.37m。

②轻质隔墙：厚度0.06—0.12m。

③踢脚板高：0.08—0.2m。

④墙裙高：0.8—1.5m。

⑤挂镜线高（画中心距地面高度）：1.6—1.8m。

2. 灯具

①大吊灯最小高度：2.4m。

②壁灯高：1.5—1.8m。

③反光灯槽最小直径：≥灯管直径2倍。

④壁式床头灯高：1.2—1.4m。

⑤照明开关高：1.0m。

3. 门

①门宽：住宅分户门0.9—1m，分室门0.8—0.9m，厨房门0.8m左右，卫生间门0.7—0.8m，多取上限尺寸。公共建筑的门宽一般单扇门1m，双扇门1.2—1.8m，门扇宽0.6—1m。管道

井供检修门,宽度一般为0.6m。车辆或设备通过的门,净宽每边留出0.3—0.5m空隙。供检修的“人孔”其尺寸≥0.6m×0.6m。

②外门:高2.0—2.4m、宽0.9—1.8m。

③内门:高2.0—2.4m、宽0.8—1.8m。

④设备管井的检查门,净高1.5—2m。

⑤车辆或设备通过的门,净高宜较车辆或设备高出0.3—0.5m。

4. 窗

①窗高:住宅窗高为1.5m,窗台高0.9m。公共建筑,窗台高1.0—1.2m,开向公共走道的窗扇,底高≥2.0m。窗台高 < 0.8m时,应采取防护措施。

②窗宽: > 0.6m。

③窗帘盒:高度0.12—0.18m;深度:单层窗帘0.12m;双层窗帘0.16—0.18m。

5. 交通空间

①住宅过道净宽≥0.8m,卧室、起居室的过道净宽≥1.0m。高层住宅外和公共建筑的走道净宽 > 1.2m。两侧墙中距净宽1.5—2.4m。

②两侧设座椅的综合式走廊宽度≥2.5m。

③公共建筑走廊高: > 2.2m。设备管线高度约0.6m,烟感探头、喷淋头高 > 2.15m。

6. 阳台

多层建筑阳台栏杆高≥1.0m;高层建筑阳台栏杆高≥1.10m。

7. 楼梯

①楼梯扶手的高度(自踏步前缘线量起)≥0.90m;室外楼梯扶手高≥1.05m。

②楼梯井宽度 > 0.20m时,扶手栏杆的垂直杆件净空 < 0.11m,以防儿童坠落。

③ 楼梯平台净宽≥梯段宽度,且≥1.10m。

④公共建筑,楼梯至少一侧设扶手,梯段净宽达三股人流时,应两侧设扶手,达四股人流时,应加设中间扶手。

⑤室内外台阶踏步宽度≥0.30m,踏步高度≤0.15m。踏步至少两级。

⑥旋转楼梯做疏散梯时,踏步距内侧扶手0.25m处,其踏面宽≥0.22m。

8. 电梯、自动扶梯

①住宅:电梯候梯厅深度≥最大的电梯轿厢深度。

②公共建筑:乘客电梯≥电梯中最大轿厢深度的1.5倍,多台并列时,≥2.40m,多台对列时,≥对列电梯轿厢深度之和,且≤4.50m。

③通向机房的通道、楼梯和门的宽度≥1.20m,楼梯的坡度≤45°。

④自动扶梯梯级宽有0.6m、0.8m、1.0m三种。倾角一般有30°和35°两类。

9. 浴厕

①厕所最小隔间:外开门时≥0.9m×1.2m;内开门时≥0.9m×1.4m。

②洗脸盆或盥洗槽水嘴中心与侧墙面净距≥0.55m。

③并列洗脸盆或盥洗槽水嘴中心间距≥0.70m。

④单侧并列洗脸盆或盥洗槽外沿至对面墙的净距≥1.25m。

⑤双侧并列洗脸盆或盥洗槽外沿之间的净距≥1.80m。

⑥浴盆长边至对面墙面的净距≥0.65m;无障碍盆浴间短边净宽度≥2m。

⑦并列小便器的中心距离≥0.65m。

⑧单侧厕所隔间至对面墙面的净距:内开门时≥1.10m;外开门时≥1.30m。双侧厕所隔间之间的净距:内开门时≥1.10m;外开门时≥1.30m。

⑨单侧厕所隔间至对面小便器或小便槽外沿的净距:内开门时≥1.10m;外开门时≥1.30 m。

10. 商店

①层高:底层5.4—6.0m;楼层4.5—5.4m。

②普通营业厅内通道最小净宽:通道在柜台与墙或陈列窗之间宜为2.2m。

通道在两个平行柜台之间:

①柜台长度均小于7.5m时,宜为2.2m;

②柜台长度若为7.5—15.0m时,宜为3.7m;

③柜台长度若大于15.0m时,宜为4.0m。

通道一端设有楼梯时,宜为上下两梯段之和加1.0m。柜台边与开敞楼梯最近踏步间距4m,且≥梯间净宽。

③营业厅公用楼梯梯段净宽≥1.4m,踏步高≤0.16m,踏步宽≥0.28m。

④营业员柜台走道宽:0.8m。营业员货柜台:厚0.6m,高0.8—1.0m。

11. 餐饮建筑

①主通道宽:1.2—1.3m。内部工作道宽:0.6—0.9m。

②酒吧台高:0.9—1.05m,宽0.5m。酒吧凳高:0.6—0.75m。

③座椅与桌间空隙:0.1m。桌间走道:单人宽0.6m,双人宽≥1.2m。

12. 办公楼

①办公室净高:≥2.6m,设空调时可≥2.4m。走道净高≥2.1m。

②单面布置走道宽度1.3—2.2m;双面布置走道宽1.6—2.2m。

13. 观众厅

①观点高度:电影院是银幕下沿;剧院是大幕投影线中点距地面0.6—1.1m处。

②舞台高度:采用镜框式舞台时为0.6—1.1m;采用突出式舞台或岛式舞台时为0.15—0.6m。

③视线升高值:每排升高0.12m;坐位错开排列,每排升高0.06m。

④排距:长排法0.9—1.05m;矩排法0.78—0.80m。

⑤座椅扶手中距:硬椅0.47—0.50m;软椅为0.5—0.7m。

⑥座椅排列:短排法双侧走道,座位数≥22个;单侧走道,座位数≥11个;长排法双侧走道,座位数≥50个。

⑦走道宽:首排与舞台前沿距离>1.5m,突出式舞台≥2.0m。走道按片区的观众数每100人0.6m计算,边走道≥0.8m,中间走道及纵走道≥1.0m。长排法边走道≥1.2m。

⑧走道纵坡:1∶10-1∶6;>1∶6时,做成以0.2m高台阶。

⑨座席地坪高差≥0.5m时,设防护栏杆。

14. 旅馆

① 客房标准面积:大房25m²,中房16—18m²,小房16m²。

②卫生间面积:3—5m²。卫生间地面应低于客房0.02m。

③客房净高:有空调时≥2.4m;无空调时≥2.6m。

④客房内走道宽度:≥1.1m。公共走道净高>2.1m。宽度:单面走廊为1.2—1.8m;双面走廊1.6—2.1m。

⑤客房门洞宽度一般≥0.9m;卫生间门洞宽≥0.75m,高度≥2.1m。

⑥ 浴缸长度:常用的有1220mm、1520mm、1680mm三种;宽720mm、高450mm。

⑦ 坐便:0.75m×0.35m。冲洗器:0.69m×0.35m。

⑧洗手盆:0.55m×0.41m。淋浴器高:2.1m。化妆台:长1.35m、宽0.45m。

15. 图书馆

①书库、阅览室藏书区净高≥2.4m,梁或管线底面净高≥2.2m。

②多层书架净高:4.6—6.9m。

③书库工作专用楼梯梯段净宽≥0.8m,踏步宽≥0.22m,踏步高≥0.20m。

④阅览室阅览桌、椅排列尺寸:

单面阅览桌前后间隔净宽≥0.65m;双面阅览桌前后间隔净宽1.3—1.5m;阅览桌左右间隔净宽0.6—0.9m;主通道净宽:闭架阅览时为1.2m;开架阅览时为1.5m。

想一想

1. 前面室内设计的基本尺度要求中主要概述的是物与物之间的尺度还是物体本身的尺度?(基础题)

2. 这些空间的尺度范围是如何形成的？为什么会有这样的要求?(思考题)

3. 这些尺寸如何去快速地记忆？如何寻找参考系?(技巧题)

4. 除去这些,还有哪些空间尺度需要我们去把握?(拓展思考题)

任务二　室内设计施工图识读

任务要求

1. 室内设计方案图是什么？给谁用的？室内设计施工图是什么？给谁用的?

2. 室内设计施工图由哪些内容组成?

3. 每张施工图分别有什么内容?

一、室内设计方案内容介绍

室内设计方案设计阶段是在设计前期准备阶段的基础上,进一步收集、分析、运用与设计任务有关的资料与信息,构思立意,进行初步方案设计,深入设计,进行方案的分析与比较。室内设计方案提交的文件一般包括:

1. 封面:项目名称、业主名称、设计单位、设计资质证书编号、日期等。

2. 图纸目录。

3. 内容设计说明:项目名称、项目概况、设计规范、设计依据、关于防火、环保等。

4. 室内平面图常用比例为1:50,1:100。规模大或复杂项目还会增加交通分析、功能分析等内容。

5. 室内立面展开图常用比例为1:20,1:50。

6. 室内天花图或仰视图常用比例为1:50,1:100。

7. 室内透视图。

8. 室内主要装饰材料样板意向图。

9. 结构设计说明

10. 造价概算。

这些图纸通常用CAD、3Dmax、Photoshop 来实现,初步设计方案须经审定后,方可进行施工图设计。

二、室内设计施工图实例

每个室内设计项目的规模大小和复杂程度各有不同,施工图少则十几张,多则上百张,需要按照一定的顺序统一编排。一般成套的施工图主要包括以下内容。

1. 封面:项目名称、业主名称、设计单位、设计资质证书编号、日期等。(图9-2-1、图9-2-2)。

2. 目录:目录表应包含项目名称、序号、图号、图名、图幅、图号说明、图纸修订日期、备注等。(图9-2-3)

3. 文字说明:项目名称,项目概况,设计规范,设计依据,常规做法说明,关于防火,环保等方面的专篇说明。(图9-2-4、图9-2-5)

4. 主要材料与器具表:材料表、门窗表、洁具表、家具表、灯具表等内容。(图9-2-4、图9-2-5)

5.平面图:建筑隔墙平面、家具陈设布局平面、地面铺装平面、天花造型平面、机电平面等内容。可根据不同项目的大小和复杂程度增减内容。(图9-2-6—图9-2-12)

6. 立面图:装修立面图、家具立面图、机电立面图。(图9-2-13)

7. 大样详图:构造详图、图样大样等内容。(图9-2-14)

8. 配套专业图纸:风、水、电等相关配套专业图纸。(图9-2-15、图9-2-16、图9-2-17)

想一想

1. 施工图与方案图的区别与联系。(基础题)

2. 施工图的作用和意义。(拓展思考题)

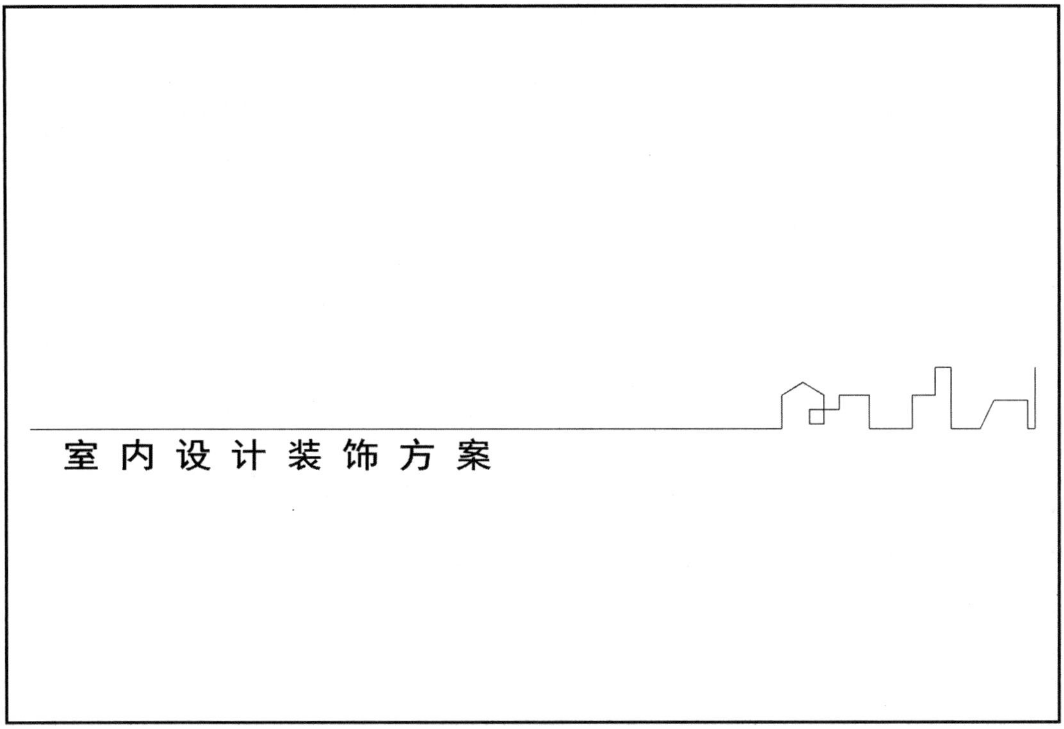

室 内 设 计 装 饰 方 案

图 9-2-1

- 尊　　客：
- 项目地点：
- 户　　型：
- 建筑面积：
- 设　　计：
- 设计风格：
- 施工单位：

设计说明

简欧风格形式上以浪漫主义为基础，常用大理石、华丽多彩的织物、精美的地毯、多姿曲线的家具，让室内显示出豪华、富丽的特点，充满强烈的动感效果。一方面保留了材质、色彩的大致风格，让人感受到传统的历史痕迹与浑厚的文化底蕴；摒弃了过于复杂的肌理和装饰，简化了线条。现代欧式风格，更像是一种多元化的思考方式，将怀古的浪漫情怀与现代人对生活的需求相结合，兼容华贵典雅与时尚现代，反映出后工业时代个性化的美学观点和文化品位。

图 9-2-2

图纸目录

图号	图纸名称
01	封面
02	设计说明
03	图纸目录
04	施工说明
05	配电系统图例及说明
施工图部分	
平面图部分	
P-01	原始平面图
P-02	原始顶面图
P-03	拆墙尺寸图
P-04	砌墙尺寸图
P-05	平面布置图
P-06	顶面布置图
P-07	地面材质图
P-08	平面尺寸放样图
P-09	顶面尺寸放样图
P-10	灯具定位图
P-11	强电布置图
P-12	弱电布置图
P-13	开关控制图
立面图部分	
L-14	餐厅/过道/客厅A立面图
L-15	过道/客厅B立面图　餐厅B立面图
L-16	客厅/过道/餐厅C立面图
L-17	过道D立面图　鞋柜B立面图
L-18	鞋柜D立面图　餐厅D立面图

图号	图纸名称
L-19	过道A立面图　过道C立面图
L-20	主卧A立面图
L-21	主卧B立面图　主卧D立面图
L-22	主卧C立面图
L-23	主卧-衣帽间立面图
L-24	主卧-衣橱立面图
L-25	小孩房A立面图　小孩房B立面图
L-26	小孩房C立面图
L-27	小孩房D立面图　小孩房衣柜内立面图
L-28	书房兼客房A立面图　书房兼客房B立面图
L-29	书房兼客房C立面图　书房兼客房D立面图
L-30	外卫A立面图　外卫B立面图
L-31	外卫C立面图　外卫D立面图
L-32	内卫A立面图　内卫B立面图
L-33	内卫C立面图　内卫D立面图
L-34	南阳台C立面图
L-35	线条样式

图号	图纸名称

图 9-2-3

施工说明

- 图纸说明：
  - 在设计师不出具施工变更单的情况下，施工人员不得修改图纸。图纸尺寸与实际尺寸不符时应以实际尺寸为准。如图纸与实际有矛盾，应及时反映情况。
  - 电位示意图如有不详之处或位置变更请与设计师现场指定。
- 施工说明：
  - 本工程木作部分为刷聚酯色漆(一级标准）。
  - 水电部分如无特殊要求均需暗装。
  - 灯具安装详见灯具自带说明。
  - 电路安装管井及水路管井检修口不许封死，以备检修之用。
- 材料说明：本工程主要采用木饰面板、艺术壁纸、硬包大理石、实木地板等材料。
- 施工按施工单位标准作业。

图 9-2-4

说　明：

1. 电源采用220V，从外面引至电表箱，再由电表箱引至本配电箱。
2. 照明配电箱位置按图，安装标高为底部距地1.8ｍ，一般插座为三孔带二孔10A，距地0.3ｍ(所指地面是装修好的地面)，插座为16A，一般距地 1.2ｍ，其中壁式空调、热水器插座为1.8ｍ，立式空调插座为0.3ｍ ;灯开关约为 1.3ｍ 。
3. 各灯具、开关导线均采用名牌产品，洗衣机插座带开关 。
4. 照明配管应在顶棚上沿柱、沿梁侧敷设，务必整齐美观，不影响景观；
5. 各电气设备均应接地，利用PE线，卫生间应做局部等电位联结，具体做法参照02D501-2<<等电位联结安装>>。
6. 网络、电话、电视插座位置如图。

插座	高度		规格
壁挂空调插座(带开关)	2.0ｍ	距地	16A
立式空调插座(带开关)	0.3m	距地	16A
热水器插座	1.8m	距地	16A
普通插座	0.3m	距地	10A
厨房、卫生间内插座	1.3m	距地	10A
脱排油烟机插座	2.1m	距地	10A
电视电源插座	10cm	距柜面	10A

图例	说明
	筒灯
	防水筒灯
	射灯
	斗盏灯
	明装射灯
	装饰壁灯
	地灯
LEP	LEP等离子光源
	小吊灯
	水晶吊灯
	方形吊灯
	镜前灯
	吸顶灯
	灯带
	换气扇
	浴霸
	扣板集成灯
	空调进出风口

图例	说明
	暗装单联开关
	暗装双联开关
	暗装三联开关
	暗装多联开关
	暗装双控开关
	暗装电源插座
	暗装防水电源插座
	暗装空调电源插座
	热水器电源插座
	音响插孔
	电视插孔
	电话插孔
	宽带网插孔
	弱电箱
	配电箱

注：本图只供参考，若有变化按实际发生情况而定。

地插标识为矩形，例：

10　10　1350　300　地板面　地板面

配电系统图例及说明

图 9-2-5

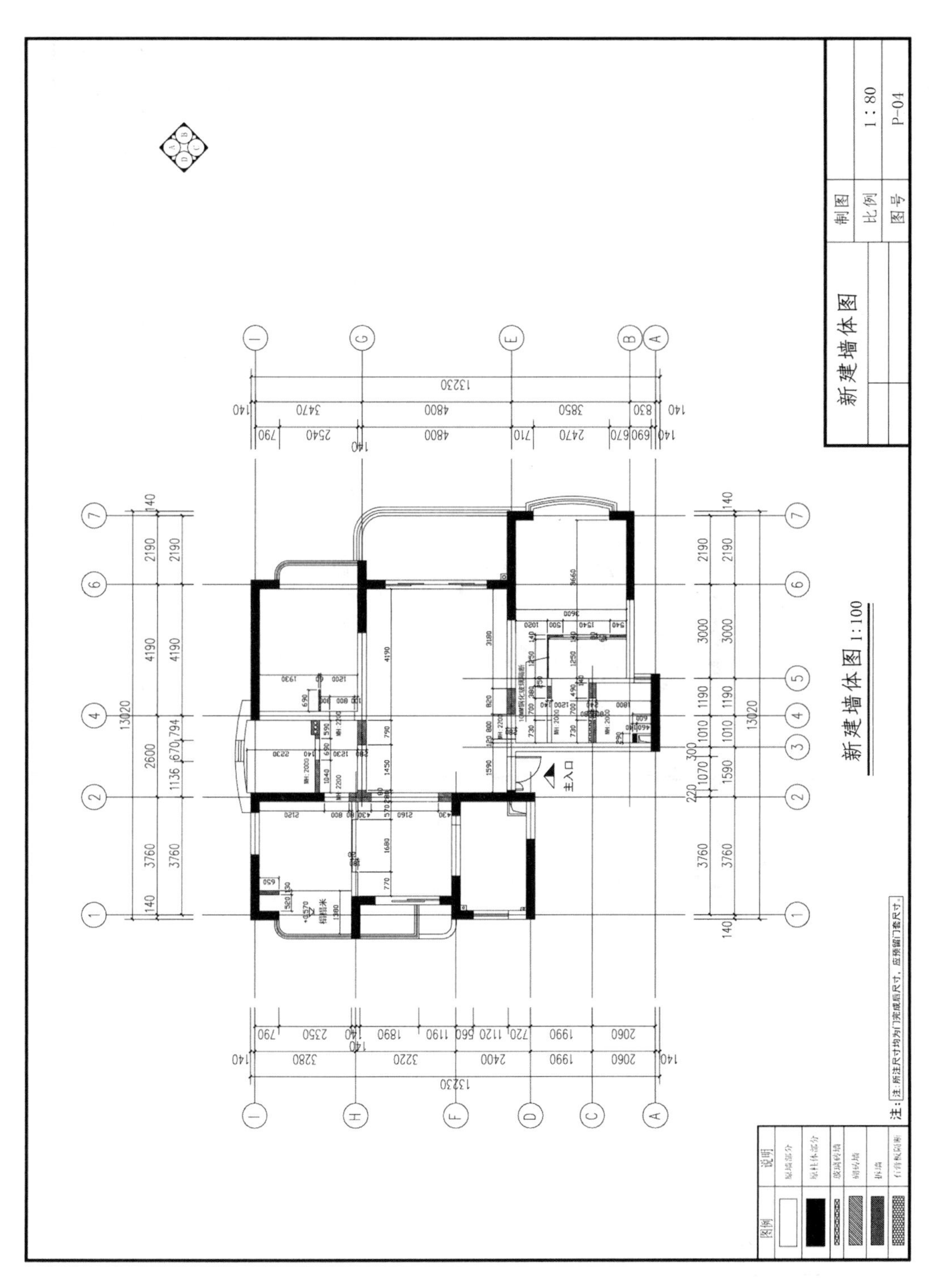

图 9-2-6

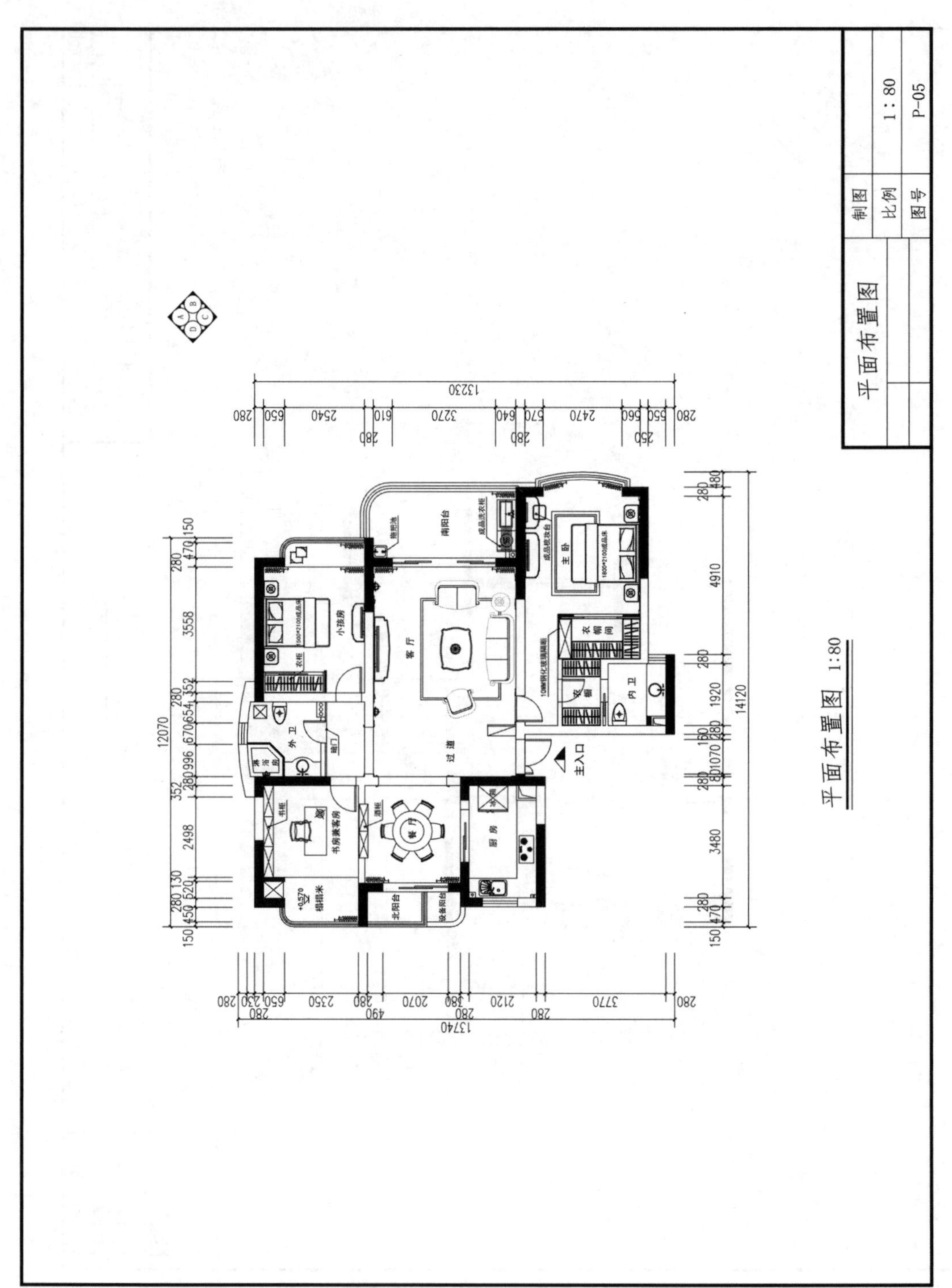
平面布置图
制图
比例 1：80
图号 P-05
平面布置图 1:80
9-2-7

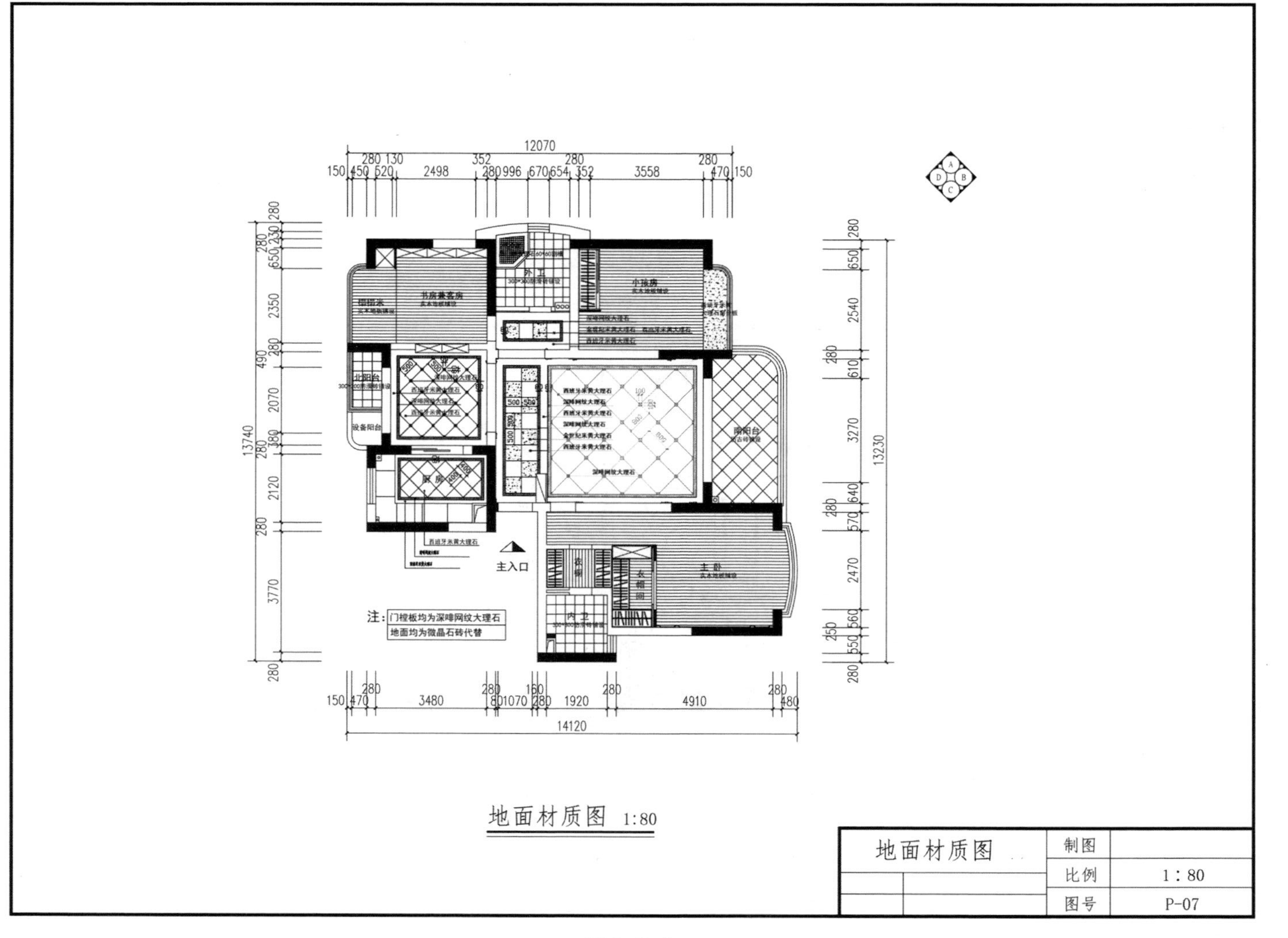
12070
13740
13230
14120
书房兼客房
小孩房
外卫
北阳台
设备阳台
厨房
南阳台
主卧
衣帽间
内卫
主入口
注：门槛板均为深啡网纹大理石
地面均为微晶石砖代替
地面材质图 1:80
地面材质图
制图
比例
1：80
图号
P-07

图 9-2-8

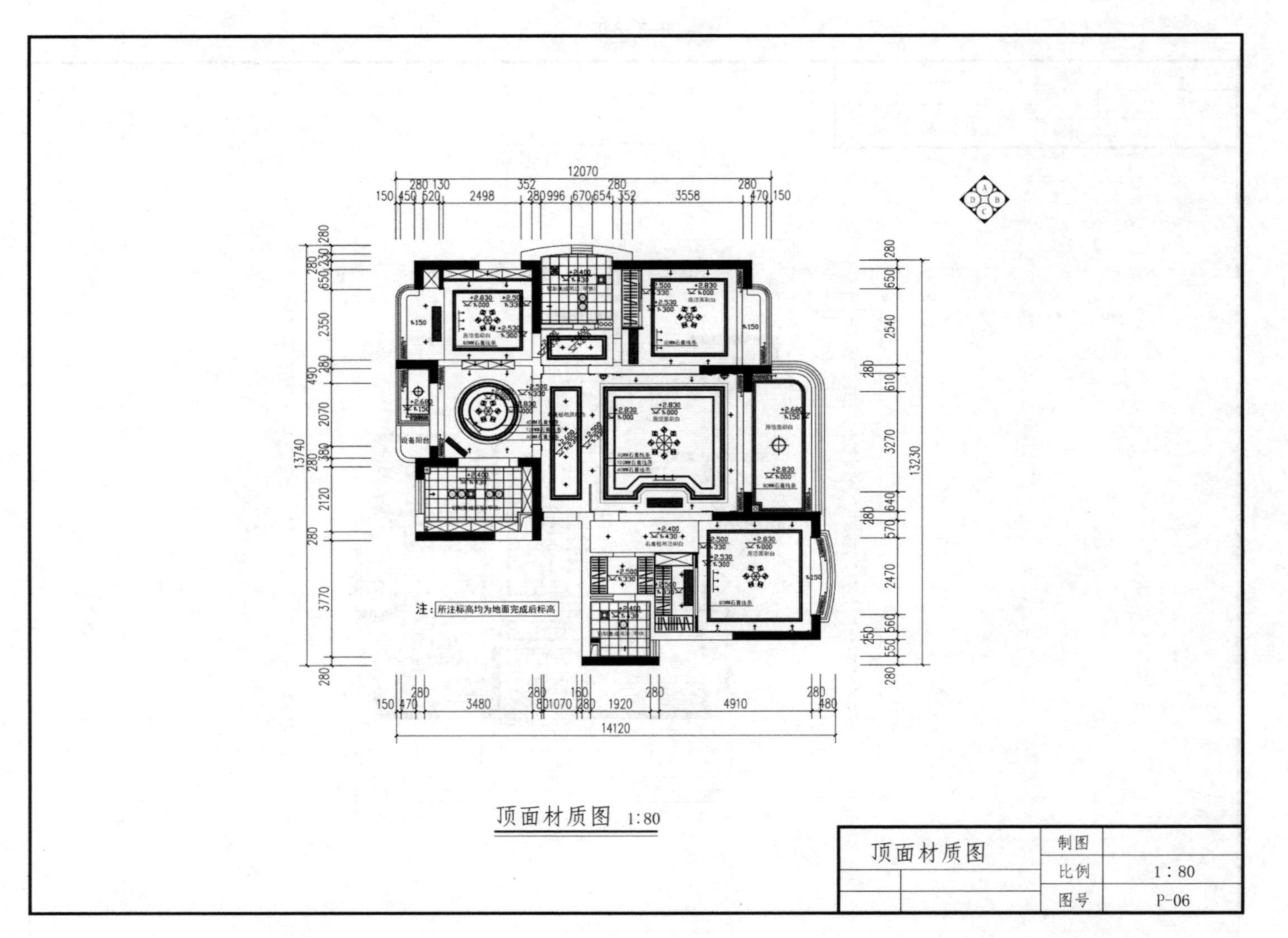
12070
13740
13230
14120
注：所注标高均为地面完成后标高
设备阳台
顶面材质图 1:80
顶面材质图
制图
比例 1：80
图号 P-06

图 9-2-9

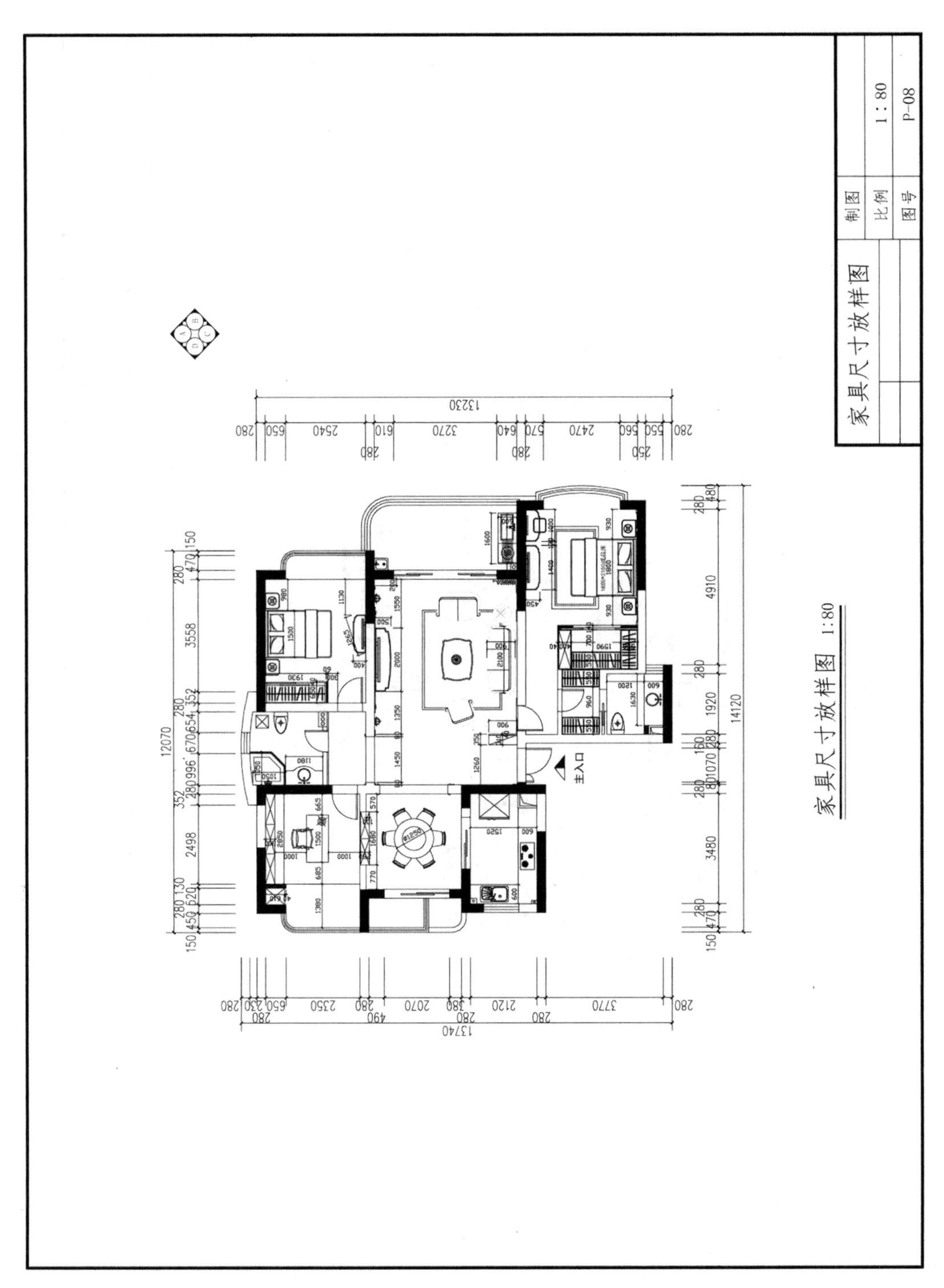
家具尺寸放样图
制图
比例 1:80
图号 P-08
家具尺寸放样图 1:80
主入口
13230
13740
12070
14120

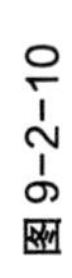
图9-2-10

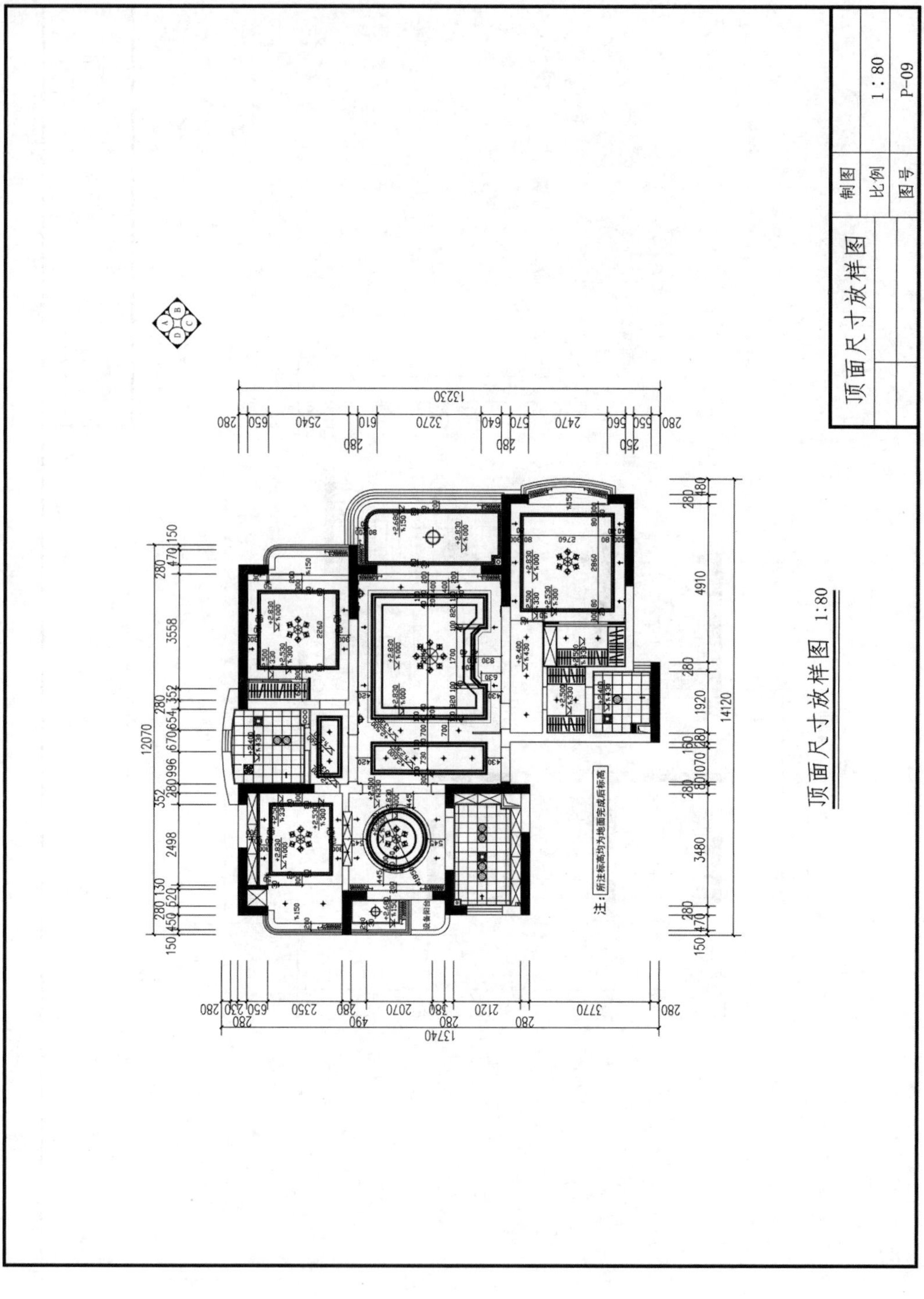

顶面尺寸放样图

制图	
比例	1：80
图号	P-09

注：所注标高均为地面完成后标高

顶面尺寸放样图 1:80

图9-2-11

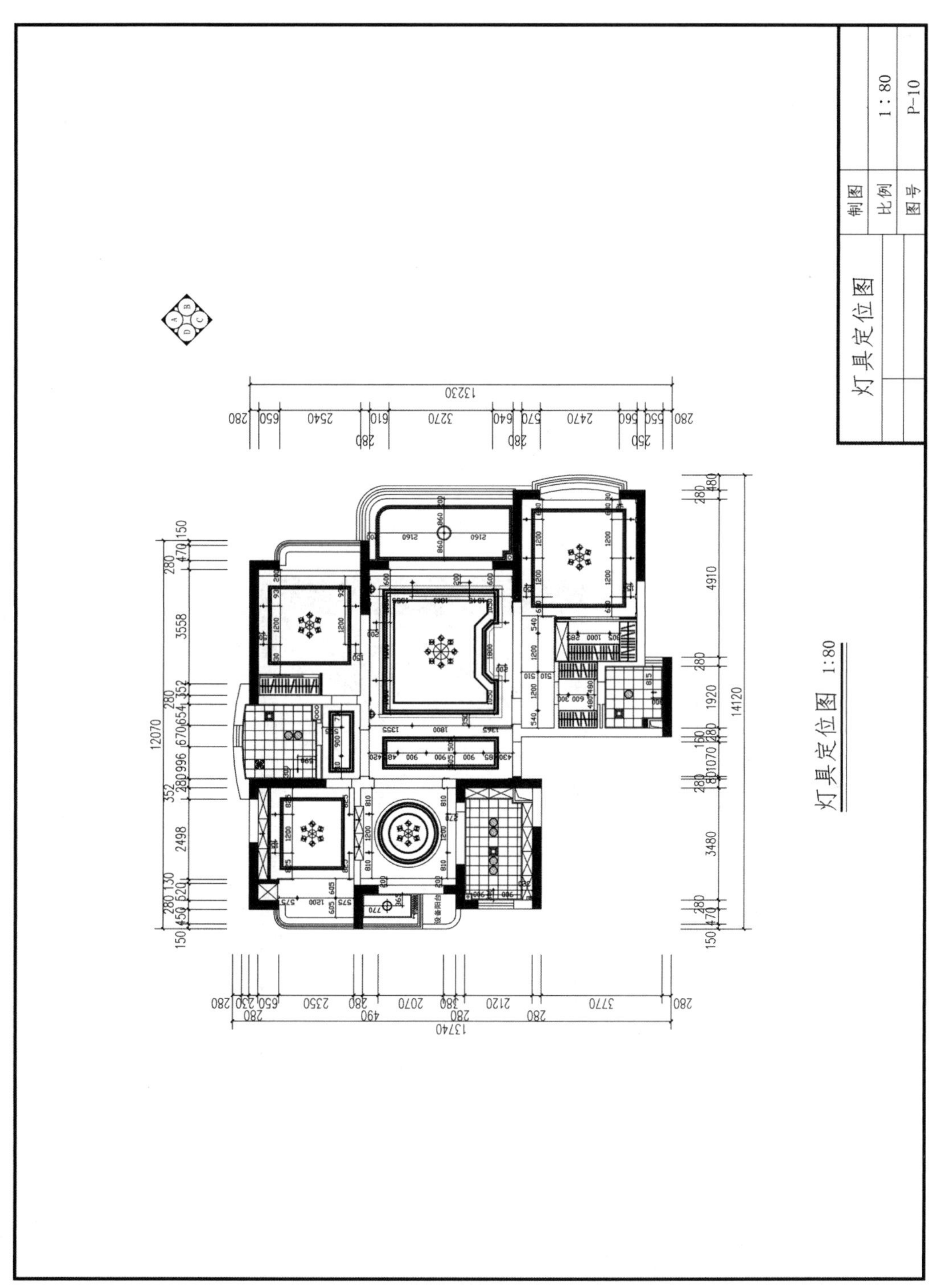

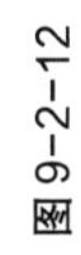
图 9-2-12

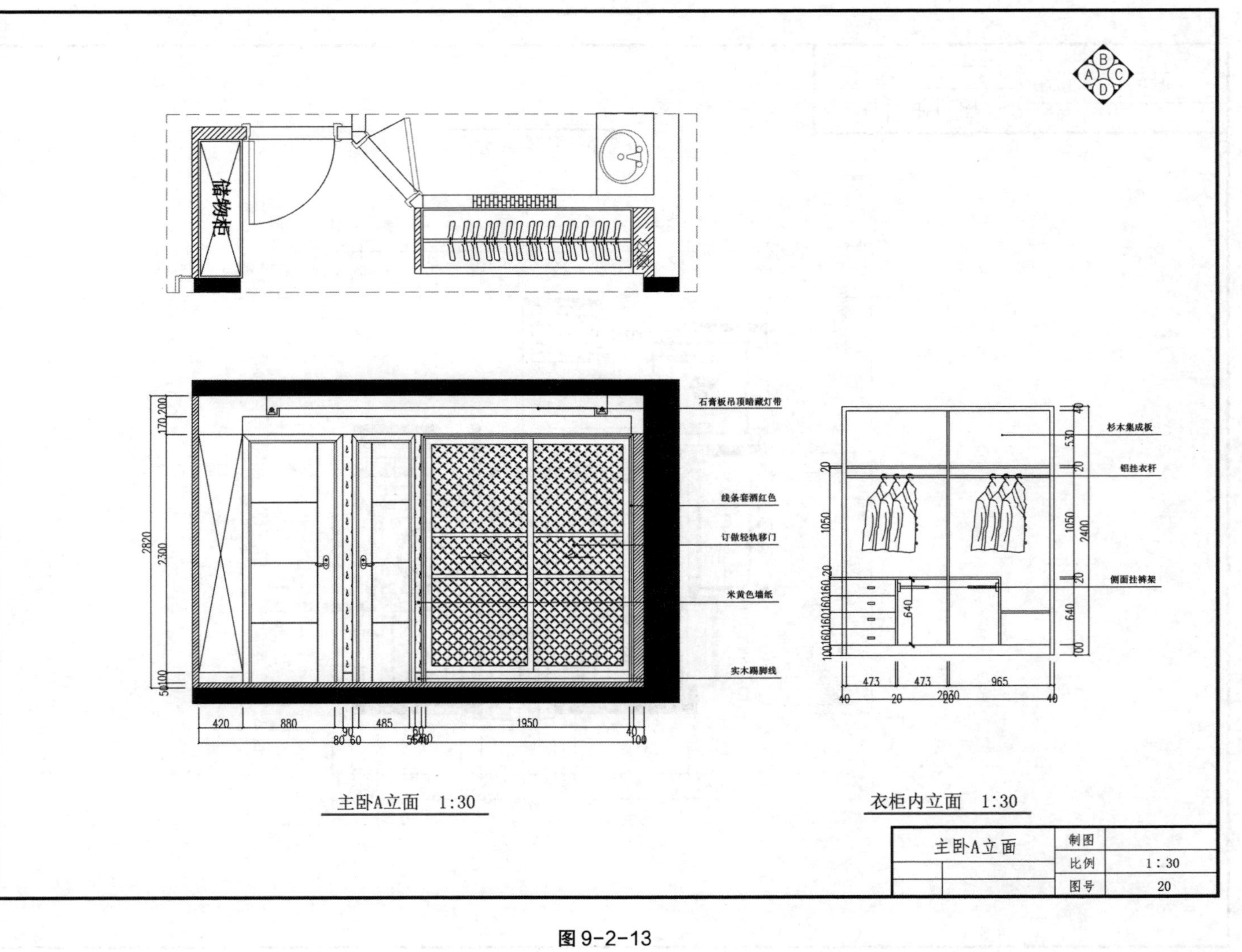
储物柜
石膏板吊顶暗藏灯带
线条套酒红色
订做轻轨移门
米黄色墙纸
实木踢脚线
主卧A立面 1:30
杉木集成板
铝挂衣杆
侧面挂裤架
衣柜内立面 1:30
主卧A立面
制图
比例 1:30
图号 20

图 9-2-13

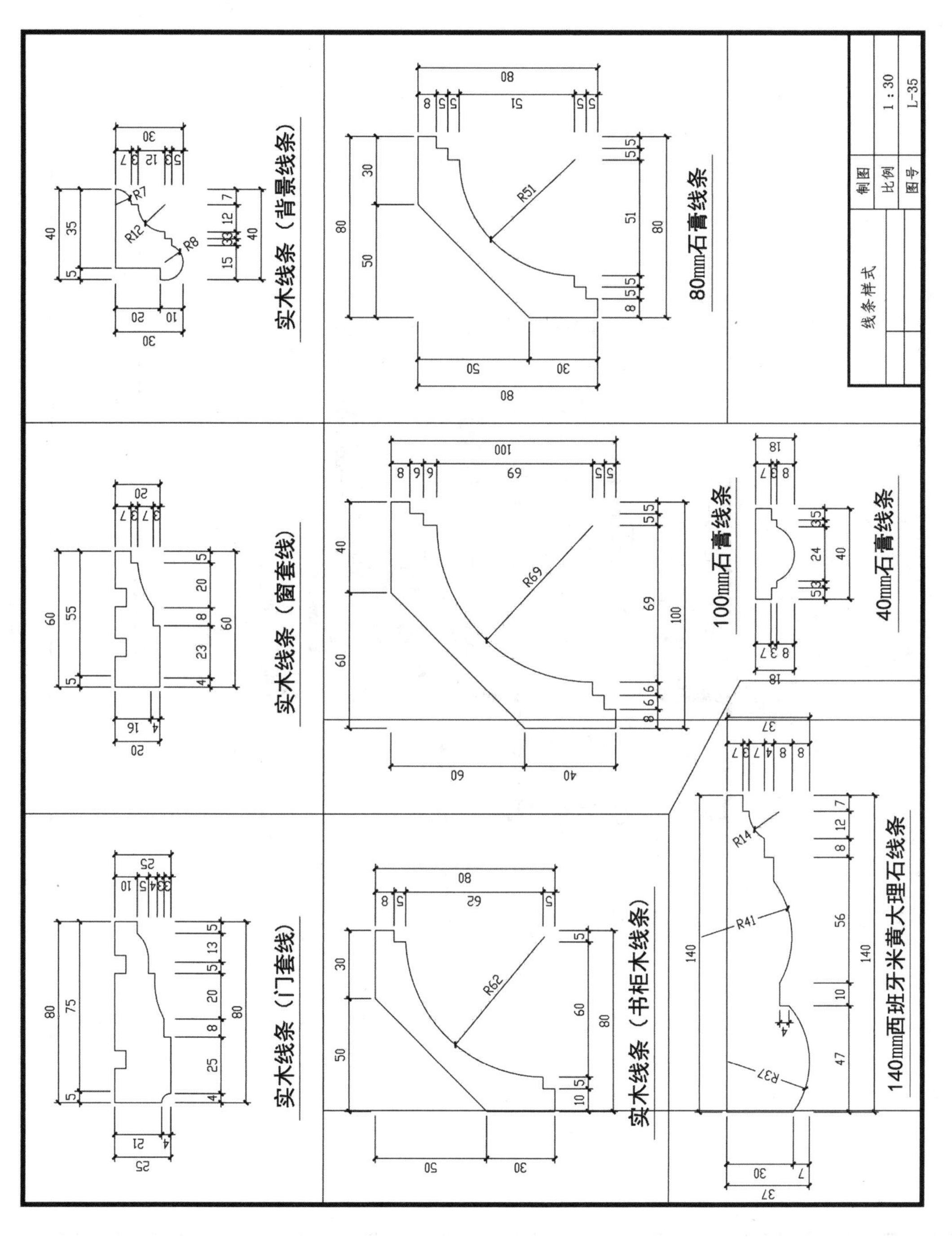
实木线条（背景线条）
80mm石膏线条
实木线条（窗套线）
100mm石膏线条
40mm石膏线条
实木线条（门套线）
实木线条（书柜木线条）
140mm西班牙米黄大理石线条
线条样式
制图
比例
1:30
图号
L-35

图9-2-14

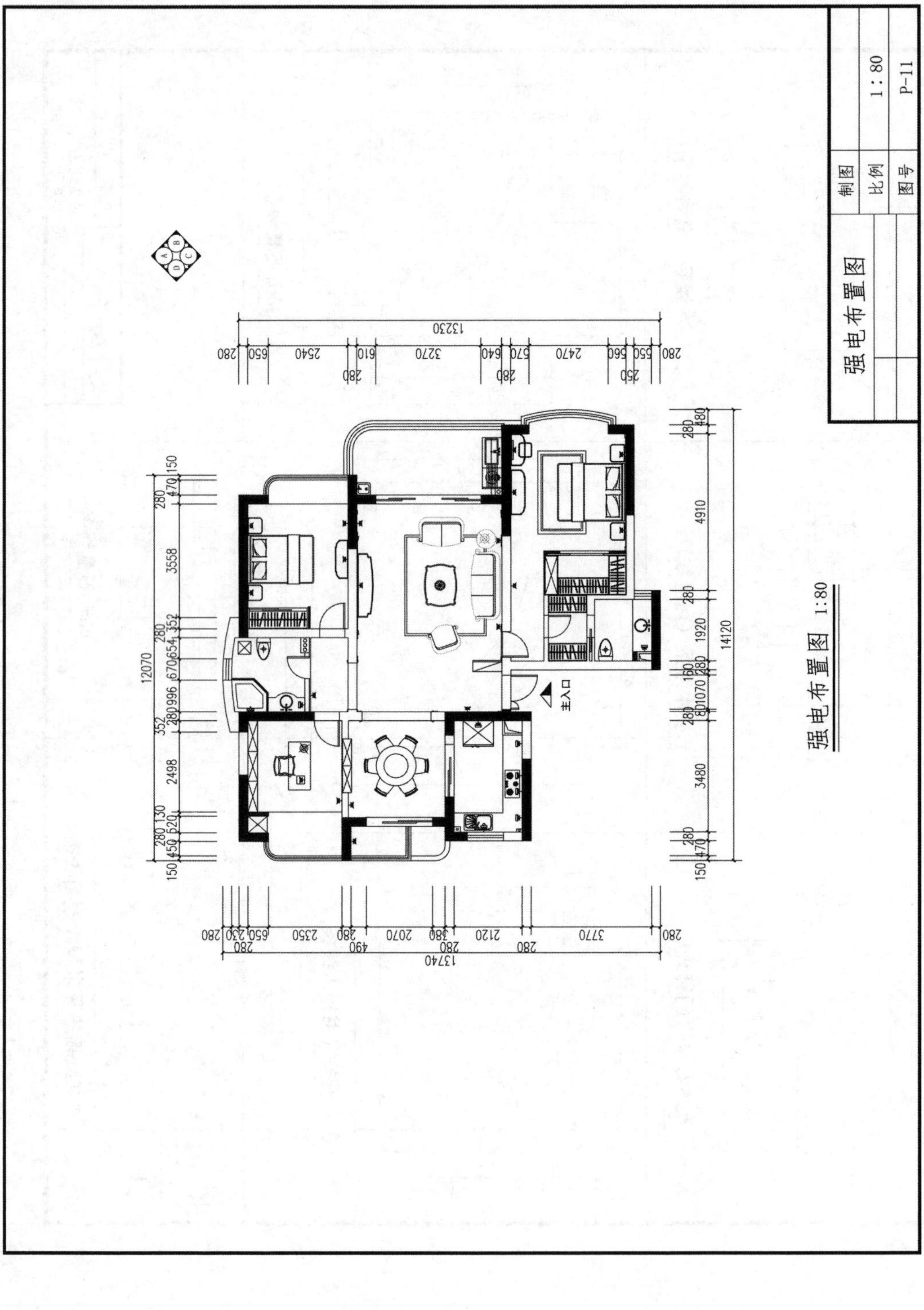

强电布置图

制图	
比例	1：80
图号	P-11

主入口

强电布置图 1:80

图9-2-15

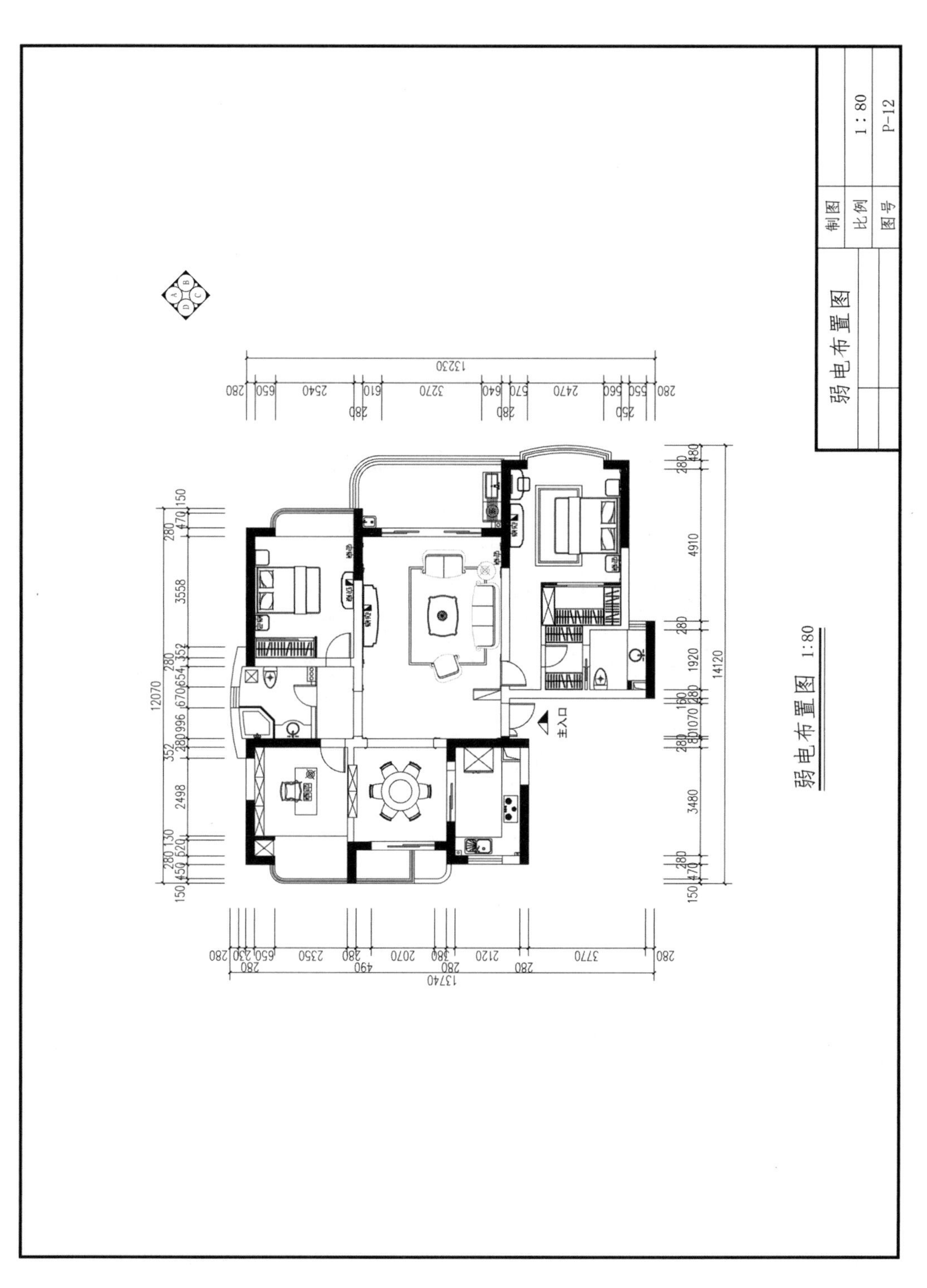

图9-2-16

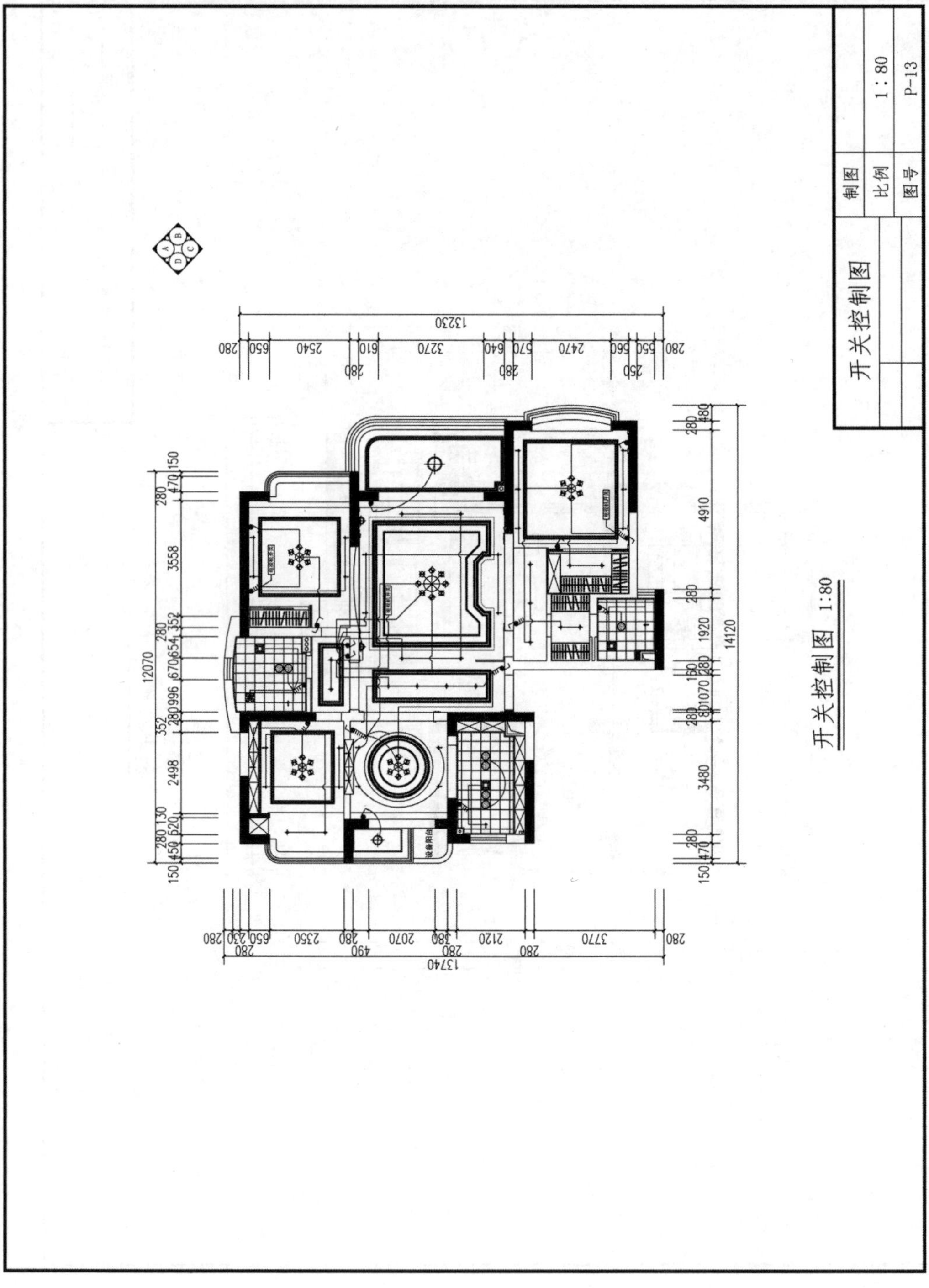

开关控制图 1:80

开关控制图	制图	
	比例	1：80
	图号	P-13

9-2-17

项目十　建筑弱电工程图识读

建筑弱电工程图是阐述弱电工程的结构和功能，描述弱电系统设备装置的工作原理，提供安装接线和维护使用信息的施工图。学习本章节的内容可以帮助大家掌握建筑弱电工程图的基本知识，提升对建筑弱电工程中消防联动系统工程图、综合布线系统工程图、安全防范系统工程图等的识读能力，为今后设计、施工建筑弱电工程打下基础，对将来走向建筑弱电相关工作岗位大有帮助。

任务一　建筑弱电工程图基本知识

任务要求

1. 会识读建筑弱电工程图中常用的图形符号。
2. 了解建筑弱电系统中线缆及光缆的标注方式及敷设方式。

一、概述

电力应用按照电力输送功率的强弱可以分为强电与弱电两类。建筑及建筑群用电一般指交流220V、50Hz及以上的强电。主要向人们提供电力能源，将电能转换为其他能源，例如空调用电、照明用电、动力用电等。

智能建筑中的弱电主要有两类，一类是国家规定的安全电压等级及控制电压等低电压电能，有交流与直流之分，交流36V以下，直流24V以下，如24V直流控制电源或应急照明灯备用电源；另一类是载有语音、图像、数据等信息的信息源，如电话、电视、计算机的信息。人们习惯把弱电方面的技术称为弱电技术。可见智能建筑弱电技术基本含义仍然是原来意义上的弱电技术。只不过随着现代弱电高新技术的迅速发展，智能建筑中的弱电技术应用越来越广泛。

一般情况下，弱电系统工程指第二类应用。主要包括：

1. 电视信号工程，如电视监控系统、有线电视。

2. 通信工程,如电话。

3. 消防联动工程。

4. 广播音响工程,如小区中的背景音乐广播、建筑物中的背景音乐。

5. 综合布线工程,主要用于计算机网络通信。

6. 安全防范系统工程,如对讲门禁、停车场管理、巡更。

随着计算机技术的飞速发展,软、硬件功能的迅速强大,各种弱电系统工程和计算机技术的完美结合,使以往的各种分类不再像以前那么清晰。各类工程的相互融合,就是系统集成。

常见的弱电系统工作电压包括24VAC、16.5VAC、12VDC,有的时候,220VAC也算弱电系统,比如有的摄像机的工作电压是220VAC,我们就不能把它归入强电系统。

常见的弱电系统包括闭路电视监控系统、防盗报警系统、门禁系统、电子巡更系统、停车场管理系统、可视对讲系统、家庭智能化系统及安防系统、背景音乐系统、LED显示系统、等离子拼接屏系统、DLP大屏系统、三表抄送系统、楼宇自控系统、防雷与接地系统、寻呼对讲及专业对讲系统、弱电管道系统、UPS不间断电源系统、机房系统、综合布线系统、计算机局域网系统、物业管理系统、多功能会议室系统、有线电视系统、卫星电视系统、卫星通信系统、消防系统、电话通信系统、酒店管理系统、视频点播系统、人力资源管理系统等等。

弱电工程图是阐述弱电工程的结构和功能,描述弱电系统设备装置的工作原理,提供安装接线和维护使用信息的施工图。由于每一项弱电工程的规模不同,所以反映该项工程的弱电系统图种类和数量也不尽相同,通常一项工程的弱电工程图由首页、弱电系统图、弱电平面图、设备布置图、电路图、安装接线图、主要设备材料表及预算组成。

二、弱电工程常见图形符号

弱电系统所涉及的图形符号比较繁复,其中综合布线、安全防范、有线电视、公共广播、消防联动部分常用图形符号,见表10-1-1—表10-1-5。

表10-1-1 弱电系统常用图形符号——综合布线

名 称	图形符号	名 称	图形符号	名 称	图形符号
电话插座	TP	光缆端接箱	OTU	光接收机	
电话分线箱		天线		光电转换器	O E

续表

名　称	图形符号	名　称	图形符号	名　称	图形符号
电话过路箱		适配器	ADP	电光转换器	E O
电缆交接间		电话		光发送机	
主配线架 1		程控交换机	PBX	光纤连接盒	LIU
分配线架 2		网络交换机	SWH	向上配线	
信息插座		路由器	RUT	向下配线	
交叉连线		调制解调器	MD	由下引来	
接插线		集线器	HUB	由上引来	
直接连线		多路复用器	MUX	垂直通过配线	
机械端接		微机		由上向下引	
转接点		服务器		由下向上引	
电缆		小型计算机		打印机	
光缆					

表 10-1-2 弱电系统常用图形符号——安全防范

名 称	图形符号	名 称	图形符号	名 称	图形符号
被动红外探测器	IR	解码器	DEC	电视摄像机	
微波入侵探测器	M	视频顺序切换器(X输入,Y输出)	y SV x	楼宇对讲电控防盗门主机	
电控锁	EL	视频分配器(X输入,Y输出)	y VD x	玻璃破碎探测器	B
被动红外/微波技术探测器	IR/M	保安巡逻打卡器		读卡器	
门磁开关		可视对讲		压力垫开关	
紧急按钮		图像分割器	(×)	压敏探测器	P
云台摄像机		电视监视器		对讲电话分机	
紧急脚挑开关		彩色电视监视器			

表 10-1-3 弱电系统常用图形符号——有线电视

名 称	图形符号	名 称	图形符号	名 称	图形符号
带矩形波导馈线的抛物面天线		无本地天线的前端		变频器	f_1 f_2
天线一般符号		具有反向通路的放大器		固定衰减器	dB
放大器、中继器一般符号		定向耦合器		可变衰减器	dB

续表

名　称	图形符号	名　称	图形符号	名　称	图形符号
均衡器		高通滤波器		调制器、解调器一般符号	
解调器		低通滤波器		调制解调器	
调制器		带通滤波器		匹配终端	
用户分支器(一路分支)		供电阻断器		具有反向通路并带有自动增益和(或)自动斜率控制的放大器	
带本地天线的前端		可变均衡器		桥楼放大器	
干线桥放大器		用户分支器(两路分支)		混合器	
有源混合器		分配器两路		分路器	
陷波器	N	分配器三路		带阻滤波器	
线路供电器		分配器四路		正弦信号发生器	G
高频避雷器		带自动增益和(或)自动斜率控制的放大器		电源插入器	
混合网络		线路末端放大器		干线分配放大器	

表 10-1-4　弱电系统常用图形符号——公共广播

名　称	图形符号	名　称	图形符号	名　称	图形符号
扬声器		传声器		扬声器、音箱、声柱	
高音号筒式扬声器		光盘播放器		磁带录音机	
调谐器、无线接收机		放大器		电平控制器	

表 10-1-5　弱电系统常用图形符号——消防联动

名　称	图形符号	名　称	图形符号	名　称	图形符号
缆式线型定温探测器	CT	复合式感光感烟火灾探测器		增压送风口	
感烟探测器		消火栓启泵按钮		火灾电话插孔	
感光火灾探测器		带监视信号的检修阀		手动火灾报警按钮	
报警发生器		防火阀		压力开关	P
火灾报警扬声器		排烟口	SE	防火阀	
应急疏散指示标志灯	EEL	带手动报警按钮的火灾电话插孔		防烟防火阀	
应急疏散照明灯	EL	火灾光警报器		火警报警电话	
感温探测器		消防联动控制装置	IC	火警电铃	

续表

名　称	图形符号	名　称	图形符号	名　称	图形符号
感烟探测器	N	应急疏散指示灯	EEL	火灾声光警报器	
气体火灾探测器		消火栓		自动消防设备控制装置	AFE
复合式感光感温火灾探测器		感温探测器	N	应急疏散指示标志灯	EEL
水流指示器		感烟探测器	EX	报警阀	
复合式感烟感温火灾探测器					

三、弱电系统常用线缆及敷设

1. 标注方式

弱电工程图中常用一些文字(包括汉语拼音字母、英文)和数字按照一定的格式书写,来表示弱电设备及线路的规格型号、标号、数量、安装方式、标高及位置等。这些标注方法在实际工程中用途很大,弱电设备及线路的标注方法必须熟练掌握。表10-1-6为线路敷设方式标注,表10-1-7为导线敷设部位标注,表10-1-8为线缆类型标注。

表10-1-6　线路敷设方式标注

符　号	敷设方式	符　号	敷设方式
SC	穿焊接钢管敷设	KPC	穿塑料波纹电线管敷设
PC	穿硬塑料管敷设	DB	直接埋设
CT	电缆桥架敷设	MT	穿电线管敷设
PR	塑料线槽敷设	FPC	穿阻燃半硬聚氯乙烯管敷设
MR	金属线槽敷设	CP	穿金属软管敷设
M	用钢索敷设	TC	电缆沟敷设

表 10-1-7　导线敷设部位标注

符　号	敷设部位	符　号	敷设部位
AB	沿或跨梁敷设	CE	沿天棚或顶板面敷设
BC	暗敷在梁内	CC	暗敷设在屋面或顶板内
AC	沿或跨柱敷设	SCE	吊顶内敷设
CLE	沿柱敷设	FC	地板或地面下敷设
WE	沿墙面敷设	SR	沿钢索敷设
WC	暗敷设在墙内		

表 10-1-8　线缆类型标注

符　号	线缆类型
RV	铜芯聚氯乙烯绝缘连接软电缆(电线)
RVB	铜芯聚氯乙烯绝缘平形连接软电线
RVS	铜芯聚氯乙烯绝缘绞形连接软电线
RVV	铜芯聚氯乙烯绝缘聚氯乙烯护套圆形连接软电缆
RVVB	铜芯聚氯乙烯绝缘聚氯乙烯护套平形连接软电缆
RV-105	铜芯耐热105℃聚氯乙烯绝缘连接软电线
RG	物理发泡聚乙烯绝缘电缆
SYKV(Y)	聚乙烯耦状射频同轴电缆
SYWV(Y)	物理发泡射频电缆
SYV	实芯聚乙烯绝缘射频同轴电缆
UPT	非屏蔽双绞线
HSYV	非屏蔽数字水平对绞电缆

2. 工程实例应用

例如SYV-75-5,SYV代表视频线,75代表阻抗为75Ω,5代表线材的外径。

例如SYV75-5-1(A、B、C),S代表射频,Y代表聚乙烯绝缘,V代表聚氯乙烯护套;75代表75Ω,5代表线径为5mm,1代表单芯;A代表64编,B代表96编,C代表128编。

例如SYWV75-5-1,S代表射频,Y代表聚乙烯绝缘,W代表物理发泡,V代表聚氯乙烯护套;75代表75Ω,5代表线缆外径为5mm,1代表单芯。

例如RVVP2×32/0.2,R代表软线,VV代表双层护套线,P代表屏蔽;2代表芯多股线,32

代表每芯有32根铜丝，0.2代表每根铜丝直径为0.2mm。

例如ZR-RVS2×24/0.12，ZR代表阻燃，R代表软线，S代表双绞线；2代表2芯多股线，24代表每芯有24根铜丝，0.12代表每根铜丝直径为0.12mm。

例如ZR-RVS2×1.5，ZR-RVS的导线为阻燃型铜芯聚氯乙烯绝缘绞形连接用软电线、阻燃型对绞多股软线，简称阻燃型双绞线。“2(芯)乘1.5(mm^2)(聚氯乙烯)护套双绞软线”，这种线多用于消防火灾自动报警系统的探测器线路。

例如UTP-6+HPV-2×2×0.5-SC20，理解成6类网线和电话线穿钢管。2×2×0.5是两根两芯0.5mm^2的电话线，20是钢管的直径。

例如RVS2×1.5，即“2(芯)乘1.5(mm^2)(聚氯乙烯)护套双绞软线”，型号中第3位字母S表示双绞/多绞。

例如RVVP4×0.3×16/0.15，即“4(芯)乘0.3(mm^2)屏蔽(聚氯乙烯)护套软线，其中每个字母的含义如下：多线芯软线(型号中第1位字母R)，聚氯乙烯绝缘(型号中第2位字母V)，聚氯乙烯护套(型号中第3位字母V)，铜软线或镀锡软铜线编织屏蔽(型号中第4位字母P)，带绝缘层的线芯数4芯(型号中第5位4)，绝缘层内的导体线芯数16芯(型号中第7、8位1、6)，绝缘层内的导体线芯直径0.15mm(型号中第10—13位0.15)。

例如4 UTP CAT5E网络线，4对非屏蔽超5类线UTP表示非屏蔽(STP表示屏蔽)，CAT5E表示超5类(CAT5表示5类)总称：超5类4对非屏蔽双绞线。

例如YJV224×16：聚乙烯绝缘聚氯乙烯护套的电缆，22代表铠装(即在4条线的外面有层铁皮包裹)，一共4芯，横截面积为16mm^2。

例如YJV-3X4-SC25-HDPE50：YJV代表交联聚乙烯电缆；3×4代表3根4mm^2的；SC25代表电缆穿25的焊接钢管敷设；HDPE50代表50的波纹管敷设。

例如BV-500-5×16SC32：导线型号为铜芯塑料绝缘线，耐压500V，5根16mm^2，穿焊接钢管敷设。

例如VV-5×2.5-SC32/WC/FC：5根2.5mm^2的VV(规格)电缆穿32的焊接钢管沿墙或地面暗敷设。

例如FPC(15)-WC：穿阻燃半硬聚氯乙烯管敷设。

例如WP1-BV-500-(3×50+1×35)CTCE：1号动力线路，导线型号为铜芯塑料绝缘，耐压500V，3根50mm^2、1根35mm^2，沿顶板面用电缆桥架敷设。

例如WL2-BV(3×2.5)SC15WC：2号照明线路、3根2.5mm^2铜芯塑料绝缘导线穿钢管沿墙暗敷。

四、光缆型号及标注

光缆的型号标记一般由三部分组成:光缆型号(如 GYXTW,GYTS 等);光缆规格(用芯数的数字表示,如 4,6,14,24 等);光纤类型(单模:B,多模:A)。光缆型号就是通过光缆的编码和编号所代表的含义,以方便人们认识和使用光缆。分类方法如下。

1. 类别

GY——通信用室外光缆,GM——通信用移动式光缆,GJ——通信用室内光缆,GS——通信用设备内光缆,GH——通信用海底光缆,GT——通信用特殊光缆,GR——通信用软光缆。构件代号含义:无一金属构件,F——非金属加强构件,G——金属重型加强构件,H——非金属重型加强构件。

2. 光缆结构特性代号含义

无一层绞式结构,S——光纤松套被覆结构,J——光纤紧套被覆结构,D——光纤带结构,G——骨架槽结构,X——中心管式结构,T——填充式结构,B——扁平结构,Z——阻燃结构,C——自承式结构,E——护层椭圆截面。

3. 光缆护套代号含义

Y——聚乙烯,V——聚氯乙烯,F——氟塑料,U——聚氨酯,E——聚酯弹性体,A——铝带—聚乙烯黏结护套,S——钢带—聚乙烯黏结护套,W——夹带钢丝的钢带,聚乙烯结护套,L——铝,G——钢,Q——铅,光缆外护套。

4. 铠装代号含义

0——无铠装,2——双钢带,3——细圆钢丝,4——粗圆钢丝,5——皱纹钢带,6——双层圆钢带。

5. 外被层或外套代号

1——纤维外护套,2——聚氯乙烯护套,3——聚乙烯护套,4——聚乙烯护套加敷尼龙护套,5——聚乙烯管。

说一说

说一说建筑弱电工程中通常包含哪些系统。

想一想

想一想线路的敷设方式有哪些,如何在图纸上区分不同的敷设方式。

练一练

1. 画出下列弱电设备的图形符号。

集线器	云台摄像机	红外探测器	天线	消火栓	防火阀
主配线架	门磁	变频器	防火阀	感烟探测器	水流指示器

2. 写出下列线缆标注的含义。

(1)RVVP2×32/0.2

(2)UTP-6+HPV-2X2X0.5-SC20

(3)RVVP4×0.3×16/0.15

知识拓展

智能建筑弱电系统的发展

智能建筑产业是随着信息产业的发展而诞生,且迅速发展起来的。现代建筑物的电气发展是经过电气化阶段、自动化阶段和当今的智能化阶段。智能建筑技术的发展非常迅速,它是由电子技术、通信技术、网络技术、计算机技术、自动控制技术、传感技术及多媒体技术等一系列最先进技术飞速发展的结晶。特别是智能建筑系统工程,它作为弱电系统工程的延伸和发展,综合性强,涉及的专业领域更广,新的弱电系统不断加盟到智能建筑技术领域内。建筑物使用功能现代化的需求和相关技术的不断更新和进步,共同促进智能建筑弱电系统技术的快速发展。

智能建筑弱电系统中的电子和微电设备较多,这些弱电系统的设备耐受电压较低,如电子设备耐受电压为5V,微电子设备耐受电压只有1.5V,这些设备过电压、过电流的能力差。信息系统设备(包括缆线)在遭受雷害和电磁干扰(如地电位升高、磁耦合、电耦合和电磁耦合等)时,必然会使信息系统中的设备、网络和布线遭受感应过电压和电磁干扰的危害;各种高频、超高频的通信设施不断涌现,相互间的电磁辐射和电磁干扰日益严重,大量的运行和实践证明,电磁干扰和谐波对智能化设备和布线系统危害的案例和教训也应引起我们足够的重视,不可掉以轻心。

智能建筑需要不同行业的专家共同参与,除了业主之外,设计师和自动化技术、信息技术、通信技术、人造智能技术及电气技术等众多专家一起密切合作才能得以实现。

“弱电较弱”正是指在智能建筑中,整体弱电系统工程是建筑电气工程中较薄弱环节,无论是技术力量、人员素质,还是设计与施工、智能化系统工程施工监理等都相对较弱。这对我国的智能建筑的迅速发展是很不利的。

任务二 消防系统工程图识读

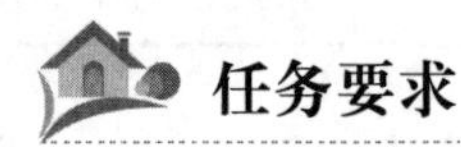

任务要求

1. 了解消防联动系统的控制原理。
2. 会识读消防系统图图例。

一、消防系统基本知识

消防联动控制，是指火灾探测器探测到火灾信号后，能自动切除报警区域内有关的空调器，关闭管道上的防火阀，停止有关换风机，开启有关管道的排烟阀，自动关闭有关部位的电动防火门、防火卷帘门，按顺序切断非消防用电源，接通事故照明及疏散标志灯，停运除消防电梯外的全部电梯，并通过控制中心的控制器，立即启动灭火系统，进行自动灭火。

1. 消防联动组成形式

联动的组成形式，一般可分为集中控制、分散控制与集中控制相结合两种形式，其控制方式有联动（自动）控制、非联动（手动）控制和联动与非联动相结合三种方式。

集中控制系统是一种将系统中所有的消防设施都通过消防控制室进行集中控制、显示、统一管理的系统。这种系统适用于总线制、实施数字控制、通信方式的系统，特别适用于采用计算机控制的楼宇自动化管理系统；当控制点数不多且分散时，多线制也常用。当控制点数特别多且很分散时，为使控制系统简单，减少控制信号的部位显示和控制线数目，可采用分散与集中相结合的系统，通常是将消防水泵、送风机、防排烟风机、部分防火卷帘门和自动灭火控制装置等，在消防控制室进行集中控制，统一管理。对数量大而分散的控制系统如防排烟风机、防火门释放器等，可采用现场分散控制。应强调不管那种控制系统，都应将被控制对象执行机构的动作信号送到消防控制室集中显示。高层建筑中容易造成混乱带来严重后果的被控制对象（如电梯、非消防电源等）应由消防控制室集中管理。火灾自动报警与联动控制系统图，如图 10-2-1 所示。

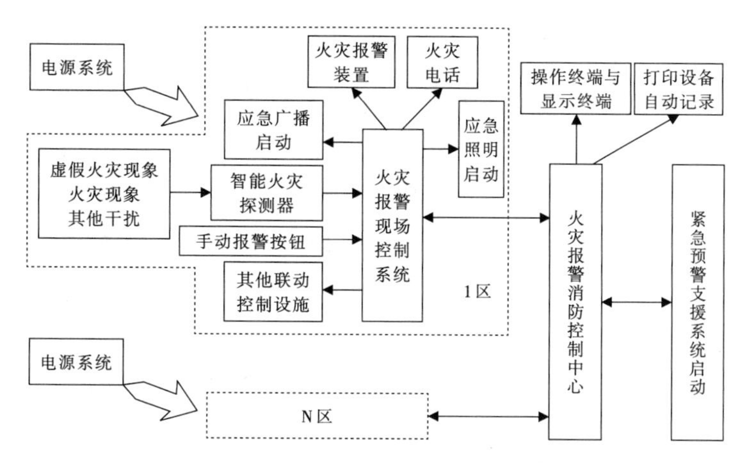

图 10-2-1　火灾自动报警与联动控制系统图

2. 消防联动控制原理

(1)消火栓

室内消火栓系统是建筑物内最基本的消防设备,该系统由消防给水设备和电控部分组成。消防设备通过电气控制柜,实现对消火栓系统的如下控制:消防泵启、停;显示启泵按钮位及显示消防泵工作、故障状态,如图 10-2-2 所示。

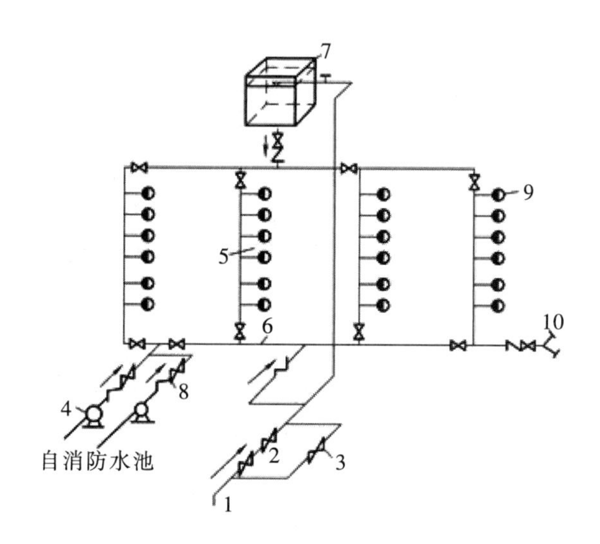

图 10-2-2　消火栓灭火系统

1 引入管;2 水表;3 旁通管及阀门;4 消防水泵;5 竖管;6 干管;7 水箱;8 止回阀;9 消火栓设备;10 水泵接合器

(2)自动喷淋灭火系统

自动喷淋灭火系统按喷头形式,可分为闭式、开式两种;前者又可分为多种形式。其中湿式喷淋灭火系统应用最广泛。湿式喷淋灭火、自动报警系统是建筑消防监控系统中重要的分支系统，当发生火情时，安装在该区域内的闭式喷头的热敏组件(玻璃球)因受热破裂，使管网中压力水经喷头喷水灭火；同时，安装在配水管网支路上的水流指示器动作，发出开启信号，由喷水报警箱接收，经延时判别信号后，由报警箱发出报警信号，并显示失火回路及地点；报警箱输出信号，启动喷淋加压泵或喷淋水泵，使管网中供水增加，提供迅速扑灭火源所需水量和水压；消防控制室得到报警信号后，立即采取相应消防措施。自动喷淋系统工作进程如图10-2-3所示。

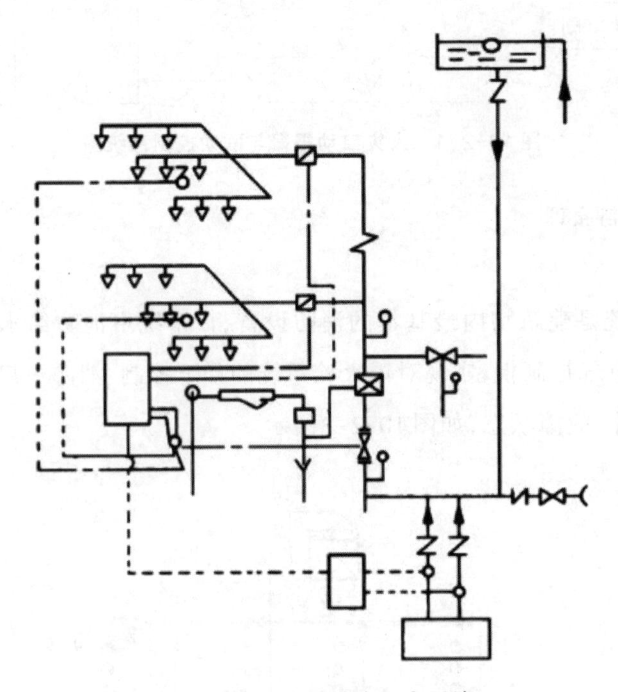

图10-2-3　自动喷水灭火系统

(3)卤代烷灭火系统

卤代烷灭火系统用于建筑物内不适宜用水灭火但又重要的场所，如变配电室、计算机房、档案室等。通常，卤代烷灭火系统通过火灾探测报警系统来进行联动操纵，实现自动灭火。常用的卤代烷灭火剂有1211和1301，它们具有灭火效率高、灭火速度快、灭火后不留痕迹、电绝缘性好、腐蚀性极小、便于贮存且久贮不变质等优点，是性能十分优良的灭火剂，但卤代烷灭火剂也有显著的缺点：有毒性，价格高；更重要的，它是破坏大气臭氧层的元凶之一，将面临被淘汰。可用二氧化碳等灭火剂来替代卤代烷灭火剂，今后会有更好的替代产品满足需要。卤代烷灭火系统如图10-2-4所示。

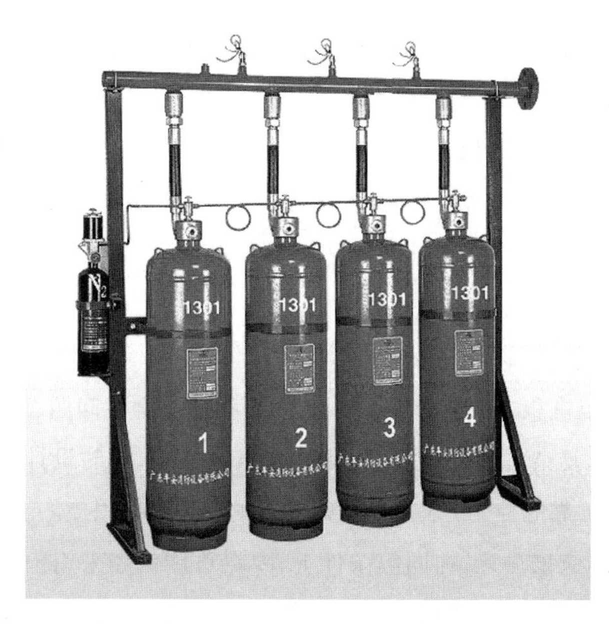

图 10-2-4　卤代烷灭火系统

(4)通风、空调、防排烟及电动防火阀控制系统

通常做法是排烟阀单独联动,或者设备需设计一个控制模块和一个监视模块。探测器报警后,控制模块接到报警控制器指令,将开启排烟阀,排烟阀动作的反馈信号由监视模块完成。

(5)防火卷帘门、防火门控制系统

对防火卷帘门一类的设备,要求既能控制其从上位降到中位,也能控制其从中位降到底位,同时还能确定它是处于上、中、下三位的哪一位;必要时,还应加上手动控制按钮,即实现联动或非联动的控制。

(6)火灾事故广播与警报系统

当发生火灾时,火灾探测器探测到火警,通过传输线发送给火灾报警控制器,经过人工确认以后,再通过消防广播控制器启动或关闭相应的扬声器。与此同时,启动警报器,发出声音警报。扬声器要求能同时进行手动操作。

(7)非消防电源及电梯应急控制

强切非消防用电电源的控制目的是减轻火势的继续发展,减少在消火栓灭火时造成触电伤亡事故。非消防用电电源包括一般照明、生活水泵和空调器等设备的用电。在报火警及火灾初期时,应慎重地对待强切非消防用电电源,尤其是照明电源,应尽量地减少停电时造成的秩序混乱。当确认火灾确实发生后,首先应切断空调及与消防无关的通风系统的电源,因为它可能助长火势,且断电后对人身无任何影响。对待照明电源的断电,首先应强启应急疏散照明,切断火区的照明电源,再切断火区周围防火分区内的照明电源,随着火势的发展有步骤地切断电源,减少混乱局面。同时,根据火情强制除消防电梯之外的其他所有电梯依次停于底层,并切断其电源。

3. 消防联动控制系统设计原则

(1)基本原则

必须遵循国家有关方针、政策,针对保护对象的特点,做到安全可靠、技术先进、经济合理、使用方便。

(2)要求

建筑消防设计的范围很广,是一个多专业、多学科的综合性问题,而且建筑规模越大,功能越多,控制项目也越复杂。因此,在现代化的建筑设施中,消防设计必须尽可能采用机械化、自动化,采用迅速可靠的控制方式,使火灾损失减少到最低限度。

在系统设计时,还应该注意,在同等条件下,要尽可能优先采用国内设备,非必要时,不要轻易引进国外设备,一则是因为国外产品一般价格昂贵,需要外汇,而且日后维修也不方便,还容易受制于人;二则是国内产品也在不断提高,性能指标和技术水平并不比国外产品差,采用国产设备有利于促进民族工业的发展,也可节省大量外汇。这一点是不可忽视的。

系统设计中要遵循的国家现行有关标准规范主要有,《火灾自动报警系统设计规范》(GB50116-98)、《高层民用建筑设计防火规范》《建筑设计防火规范》《人民防空工程防火设计规范》《工业与民用建筑供电系统设计规范》等。

系统的设计,必须由国家有关部门承认并批准的设计单位承担。

设计前期工作要做到:

①摸清建筑物基本情况,包括建筑物的性质、规格、功能等情况;防火分区的划分,建筑、结构专业的防火措施、结构形式及装饰材料;电梯的配置与管理方式,竖井的布置;各类机房、库房的布置、性质及用途等。

②摸清有关专业的消防设施及要求,包括送、排风及空调系统的设置;防排烟系统的设置,对电气控制和联锁的要求;灭火系统(消火栓、自动喷淋及卤代烷系统)的设置,对电气控制与联锁的要求;防火卷帘门及防火门的设置与对电气控制的要求;供、配电系统,照明与电力电源的控制与防火分区的配合;消防电源的配置等。

③明确设计原则,包括按规范要求确定建筑物防火分类等级及保护方式,制订自动防火系统方案,充分掌握各种消防设备及报警器材的技术性能及要求等。

二、消防系统图例识读

某建筑消防自动报警系统联动图,如图 10-2-5 所示。火灾报警与消防联动设备装在 1 层,安装在消防及广播值班室。火灾报警与消防设备的型号为 JB1501AG508-64,JB 为部级标准中的火灾报警控制器，消防电话设备的型号为HJ-17562，消防广播设备型号为HIJ1757(120WX2)，外控电源设备型号为HJ-1752。JB共有4条回路，设为JN1—JN4，JN1用于地下层，JN2用于1、2、3层，JN3用于4、5、6层，JN4用于7、8层。

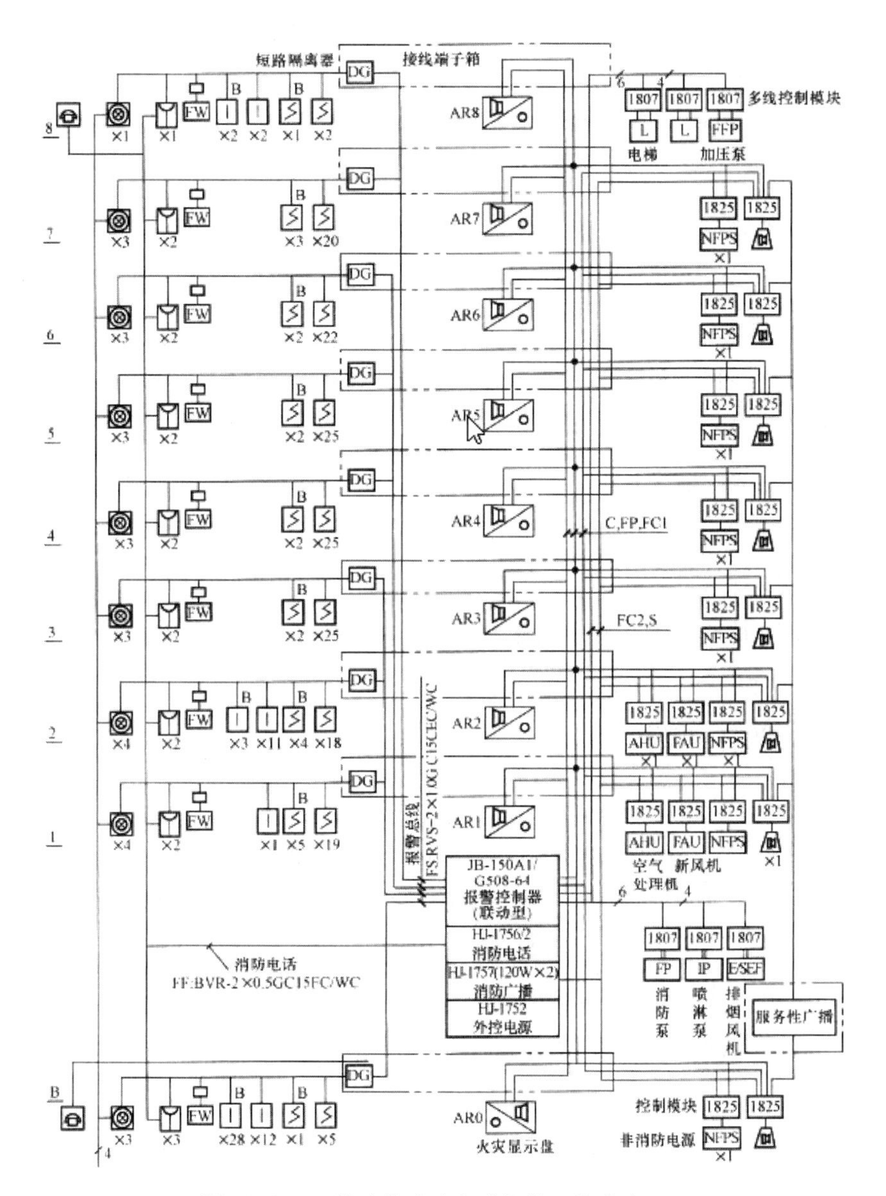

图10-2-5　某建筑消防自动报警系统联动图

1. 配线标注

报警总线PS采用多股软导线、塑料绝缘、双绞线，标注为RVS21.0GS15CEC/WC。其含义是：2根截面积为1mm^2，保护管为水煤气钢管，直径为15mm，沿顶棚暗敷设及有一段沿墙暗敷设，均指每条回路。消防电话线F标注为BVR-2×0.5GC15FC/WC，BVR为塑料绝缘软导线。其他与报警总线类似。

火灾报警控制器的右边有5个回路标注，依次为C、FP、FC1、FC2、S。其对应依次为：C-RS485通信总线，RVS-2×1.0GCI5WC/FC/CEC：FP24VDC主机电源总线，BV2×4GC15WC/FC/CEC：FC1—联动控制总线，BV-21.0GC15WC/ FC/CEC；FC2—多线联动控制线，BV-2×1.5GC20WC/FC/CEC防广播线，BV-2×1.5GC15WC/CEC。

在系统图中，多线联动控制线的标注为BV-2×1.5GC15WC/CEC。多线不是一根线，具体几根线，要根据被控设备的点数而定。从图10-2-5中可以看出，多线联动控制线主要是控制在1层的消防泵、喷淋泵、排烟风机，其标注为6根线，在8层有2台电梯和加压泵，其标注也是6根线。

2. 接线端子箱

从图10-2-5中可以知道，每层楼安装一个接线端子箱，端子箱中安装短路隔离器DG。其作用是当某一层的报警总线发生短路故障时，将发生短路故障的楼层报警总线断开，就不会影响其他楼层报警设备的正常工作了。

3. 火灾显示盘AR

每层楼安装一个火灾显示盘，可以显示各个楼层，显示盘用RS485总线连接，火灾报警与消防联动设备可以将信息传送到火灾显示盘上进行显示，因为显示盘有灯光显示，所以需接主机电源总线FP。

4. 消火栓箱报警按钮

消火栓箱报警按钮也是消防泵的启动按钮，消火栓箱是人工用喷水枪灭火最常用的方式，当人工用喷水枪灭火时，如果给水管网压力低，就必须启动消防泵。消火栓箱报警按钮是击碎玻璃式，将玻璃击碎，按钮将自动动作，接通消防泵的控制电路，消防泵启动，同时通过报警总线向消防报警中心传递信息，每个消火栓箱按钮占一个地址码。在图10-2-5中，纵向第2排图形符号为消火栓箱报警按钮，×3代表地下层有3个消火栓箱，报警按钮编号为SF01、SF02、SF03。消火栓箱报警按钮的连线为4根线，由于消火栓箱的位置不同，形成两个回路，每个回路2根线，线的标注是WDC(启动消防泵)。每个消火栓箱报警按钮也与报警总线相连接。

5. 火灾报警按钮

火灾报警按钮是人工向消防报警中心传递信息的一种方式，一般要求在防火区的任何地方至火灾报警按钮不超过30m，纵向第3排图形符号是火灾报警按钮。×3表示地下层有3个火灾报警按钮，火灾报警按钮编号为SB1、SB02、SBO3。火灾报警按钮也与消防电话线F连接，每个火灾报警按钮板上都设置电话插孔，接上消防电话就可以用，8层纵向第一个图形符号就是消防电话符号。

6. 水流指示器

纵向第4排图形符号是水流指示器FW,每层楼一个。该建筑每层楼都安装了自动喷淋灭火系统。火灾发生超过一定温度时,自动喷淋灭火的闭式感温元件熔化或炸裂,系统将自动喷水灭火,水流指示器安装在喷淋灭火给水的枝干管上。当枝干管有水流动时,水流指示器的电触点闭合,接通喷淋泵的控制电路,使喷淋泵电动机启动加压。同时,水流指示器的电触点也通过控制模块接入报警总线,向消防报警中心传递信息。每个水流指示器占一个地址码。

7. 感温火灾探测器

在地下层2、8层安装了感温火灾探测器,纵向第5排图符上标注B的为母座。编码为ST012的母座带动3个子座,分别编码为ST012-1、ST012-2、ST012-3,此4个探测器只有一个地址码。子座到母座是另外接的3根线,ST是感温火灾探测器的文字符号。

8. 感烟火灾探测器

纵向第7排图形符号标注B的为子座,第8排没标注B的为母座,SS是感烟火灾探测器的文字符号。

9. 其他消防设备

图10-2-5右面基本上是联动设备,而1807、1825是控制模块,这些控制模块是将报点警控制器送出的控制信号放大,再控制需要动作的消防设备。空气处理机AHU是将看电梯前厅的楼梯空气进行处理。新风机FAU共2台,1层安装在右侧楼梯走廊处,2建层安装在左侧楼梯前厅,是用来送新风的,发生火灾时都要求开启换空气。非消防电弱源配电箱安装在电梯井道的后面电气井中,火灾发生时需切换消防电源。广播有服务性广播和消防广播,两者的扬声器合用,发生火灾时需要切换成消防广播。

说一说

说一说识读消防联动系统图的方法。

想一想

想一想消防联动系统的控制原理。

练一练

图10-2-6为某消防自动报警系统联动图,试试识读图。

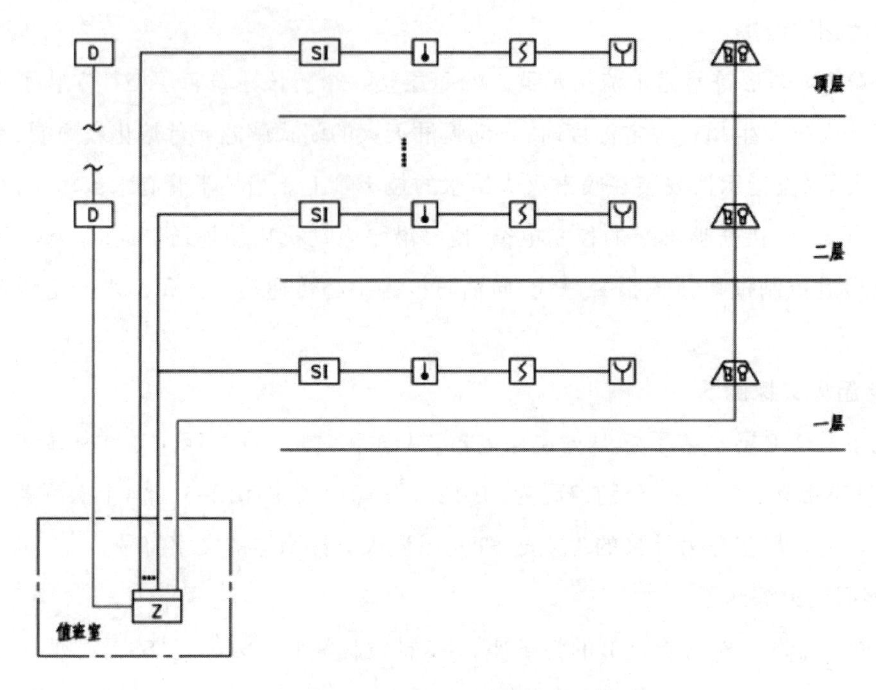

图 10-2-6　某消防自动报警系统联动图

任务三　综合布线系统工程图识读

任务要求

1. 了解综合布线系统的构成。
2. 会识读综合布线系统工程图图例。

一、综合布线系统基本知识

1. 综合布线系统概述

综合布线系统就是为了顺应发展需求而特别设计的一套布线系统。对于现代化的大楼来说，就如体内的神经，它采用了一系列高质量的标准材料，以模块化的组合方式，把语音、数据、图像和部分控制信号系统用统一的传输媒介进行综合，经过统一的规划设计，综合在一套标准的布线系统中，将现代建筑的三大子系统有机地连接起来，为现代建筑的系统集成提供了物理介质。可以说，结构化布线系统的成功与否直接关系到现代化大楼的成败，选择一套高品质的综合布线系统是至关重要的。

建筑物与建筑群综合布线系统是建筑物或建筑群内的传输网络，是建筑物内的“信息高速路”。它既使话音和数据通信设备、交换设备和其他信息管理系统彼此相连，又使这些设备与外界通信网络相连接。它包括建筑物到外部网络或电话局线路上的连接点与工作区的话音和数据终端之间的所有电缆及相关联的布线部件。

综合布线系统是智能化办公室建设数字化信息系统基础设施,是将所有语音、数据等系统进行统一的规划设计的结构化布线系统,为办公提供信息化、智能化的物质介质,支持语音、数据、图文、多媒体等综合应用。

2. 综合布线系统的构成

根据国际标准ISO 11801的定义,结构化布线系统可由以下系统组成。

(1)工作区子系统,如图10-3-1所示:

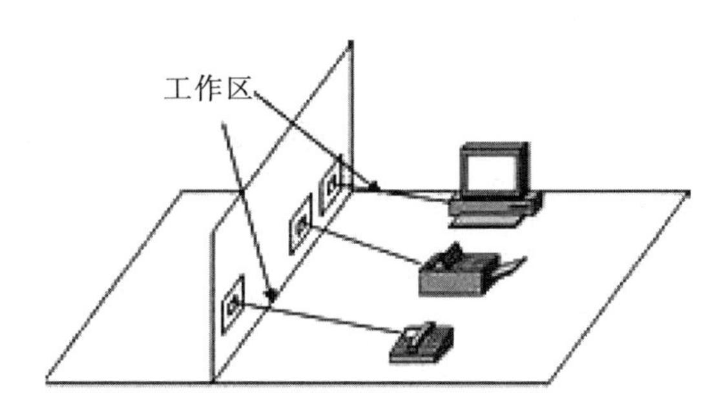

图10-3-1　工作区子系统图

目的是实现工作区终端设备与水平子系统之间的连接,由终端设备连接到信息插座的连接线缆所组成,包括信息插座、插座盒、连接跳线和适配器等。工作区子系统的设计主要考虑信息插座和适配器两个方面。

其一是信息插座。信息插座是工作站与配线子系统连接的接口,综合布线系统的标准IO插座即为8针模块化信息插座。安装插座时,还应该使插座尽量靠近使用者,同时考虑到电源的位置,根据相关的电器安装规范,信息插座的安装位置距离地面的高度是30—50cm。

其二是适配器。工作区适配器的选择应符合以下要求:在设备连接处采用不同的信息插座时,可以用专用电缆或是适配器;在单一信息插座上进行两项服务时,应该选用“Y”形适配器;在配线子系统中选用的电缆类型不同于设备所需的电缆类型,也不同于连接不同信号的数模转换或数据速率转换等相应的装置时所需的电缆类型,应该采用适配器;根据工作区内不同的电信终端设备,可配备相应的终端匹配器。

(2)水平子系统(图10-3-2)

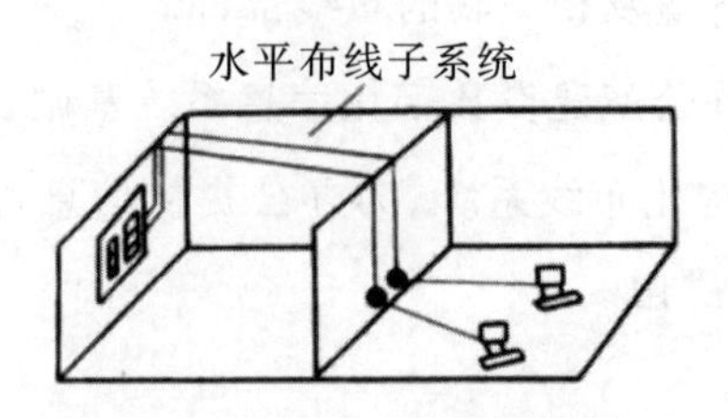

图10-3-2 水平布线子系统图

也称为配线子系统,目的是实现信息插座和管理子系统(跳线架)间的连接,将用户工作区引至管理子系统,并为用户提供一个符合国际标准,满足语音及高速数据传输要求的信息点出口。该子系统由一个工作区的信息插座开始,经水平布置到管理区的内侧配线架的线缆所组成。系统中常用的传输介质是4对UTP(非屏蔽双绞线),它能支持大多数现代通信设备,并根据速率去灵活选择线缆:在速率低于10Mbit/s时,一般采用4类或是5类双绞线;在速率为10—100Mbit/s时,一般采用5类或是6类双绞线;在速率高于100Mbit/s时,采用光纤或是6类双绞线。

配线子系统要求在90m范围内,它是指从楼层接线间的配线架至工作区的信息点的实际长度。如果需要某些宽带应用时,可以采用光缆。信息出口采用插孔为ISDN8芯(RJ-45)的标准插口,每个信息插座都可灵活地运用,并根据实际应用要求可随意更改用途。配线子系统最常见的拓扑结构是星形结构,该系统中的每一点都必须通过一根独立的线缆与管理子系统的配线架连接。

(3)管理子系统

本子系统由交连、互连配线架组成。管理点为连接其他子系统提供连接手段。交连和互连允许将通信线路定位或重定位到建筑物的不同部分,以便能更容易地管理通信线路,在使用移动终端设备时能方便地进行插拔。互连配线架根据不同的连接硬件分楼层配线架(箱)IDF和总配线架(箱)MDF,IDF可安装在各楼层的干线接线间,MDF一般安装在设备机房。

(4)垂直干线子系统(图10-3-3)

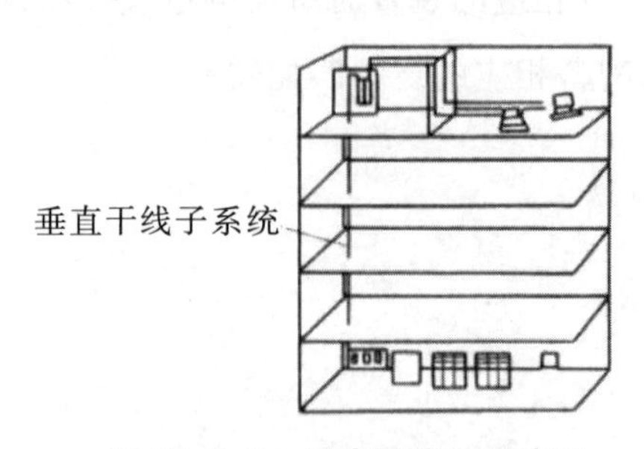

图10-3-3 垂直干线子系统图

作用是实现计算机设备、程控交换机(PBX)、控制中心与各管理子系统间的连接,是建筑物干线电缆的路由。该子系统通常是两个单元之间,特别是在位于中央点的公共系统设备处提供多个线路设施。系统由建筑物内所有的垂直干线多对数电缆及相关支撑硬件组成,以提供设备间总配线架与干线接线间楼层配线架之间的干线路由。常用介质是大对数双绞线电缆和光缆。

干线的通道包括开放型和封闭型两种。前者是指从建筑物的地下室到其楼顶的一个开放空间,后者是一连串的上下对齐的布线间,每层各有一间,电缆利用电缆孔或是电缆井穿过接线间的地板,由于开放型通道没有被任何楼板所隔开,为施工带来了很大的麻烦,因此后者一般不采用。

(5)设备子系统

本子系统主要由设备间中的电缆、连接器和有关的支撑硬件组成,作用是将计算机、程控交换机、摄像头、监视器等弱电设备互连起来并连接到主配线架上。设备包括计算机系统、网络集线器、网络交换机、程控交换机、音响输出设备、闭路电视控制装置和报警控制中心等。

(6)建筑群子系统(图10-3-4)

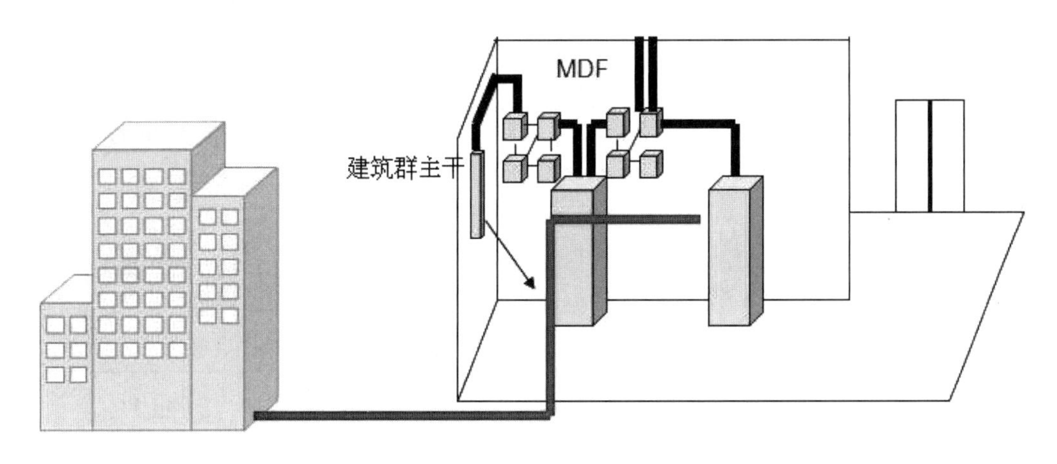

图10-3-4　建筑群子系统图

该子系统将一个建筑物的电缆延伸到建筑群的另外一些建筑物中的通信设备和装置上,是结构化布线系统的一部分,支持提供楼群之间通信所需的硬件。它由电缆、光缆和入楼处的过流过压电气保护设备等相关硬件组成,常用介质是光缆。

建筑群子系统布线有以下三种方式。

地下管道敷设方式。在任何时候都可以敷设电缆,且电缆的敷设和扩充都十分方便,它能保持建筑物外貌与表面的整洁,能提供最好的机械保护。它的缺点是要挖通沟道,成本比较高。

直埋沟内敷设方式。能保持建筑物与道路表面的整齐，但扩充和更换不方便，而且给线缆提供的机械保护不如地下管道敷设方式，初次投资成本比较低。

架空方式。如果建筑物之间本来有电线杆，则投资成本是最低的，但它不能提供任何机械保护，因此安全性能较差，同时也会影响建筑物外观的美观性。

二、综合布线系统工程图例识读

某酒店弱电系统综合布线图，如图10-3-5所示。市政电话电缆先由室外引入地下层弱电机房的总接线箱，再由总接线箱经各层分线箱引至楼内的每个电话、数据插座。在竖井内，垂直干线沿桥架接入每层分配线架，水平干线沿桥架与各个终端相连。

该系统以一个房间为一个工作区，每个工作区内根据房间面积和形状设置1—2个终端插座，工作区内的终端插座与水平桥架内的水平干线相连接。户内用超5类线传输数据和语音，确保各终端传输速率合格，并要求各个子系统结构化配制。

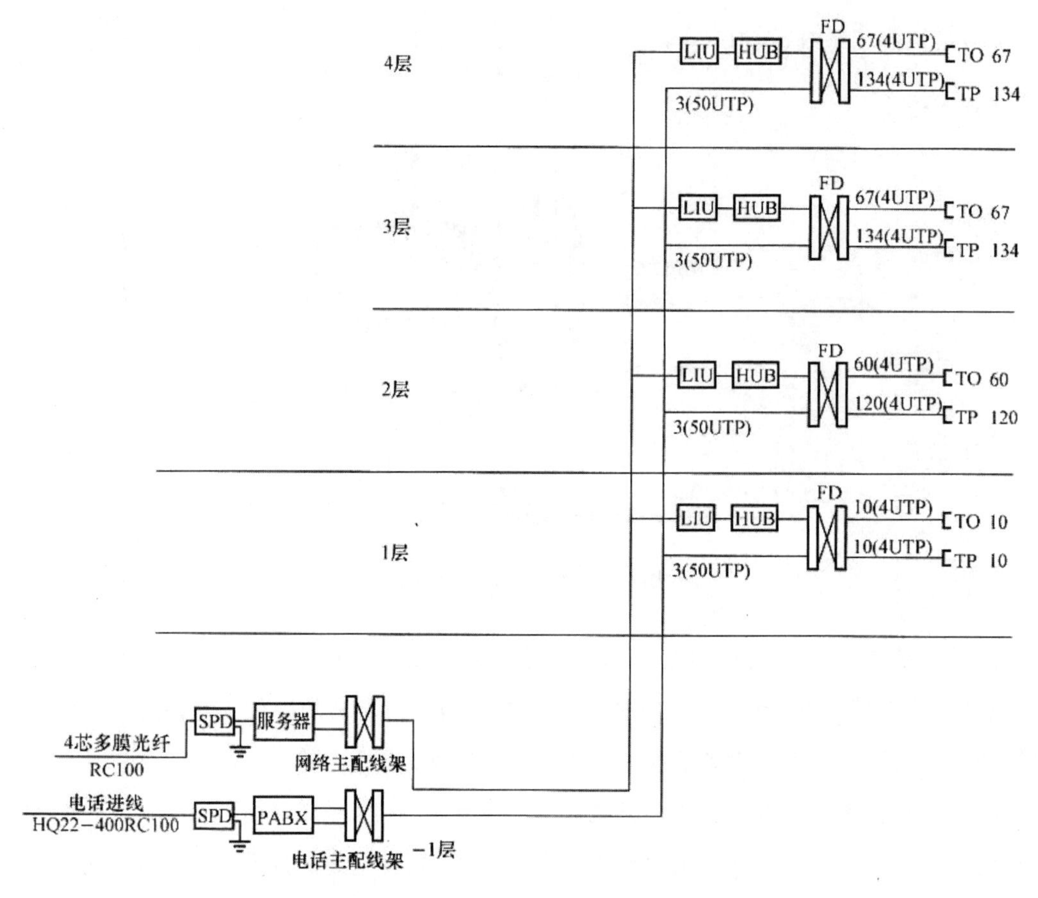

图10-3-5　某酒店弱电系统综合布线图

说一说

说一说综合布线系统的组成部分及各部分的范围。

想一想

想一想综合布线系统工程图的识读要点。

练一练

请阅读图 10-3-6，完成填空内容。

CD-BD 室外埋管布线，BD-FD1 地板埋管布线，BD-FD2，BD-FD3 建筑物墙面埋管布线，FD-T0 一层为地面埋管布线，沿墙壁暗管布线到 T0 插座底盒；二层为明槽暗管布线方式，楼道为明装线槽或者桥架，室内沿隔墙暗管布线到 T0 插座底盒；三层在吊顶上暗装桥架，沿隔墙暗管布线到 T0 插座底盒。

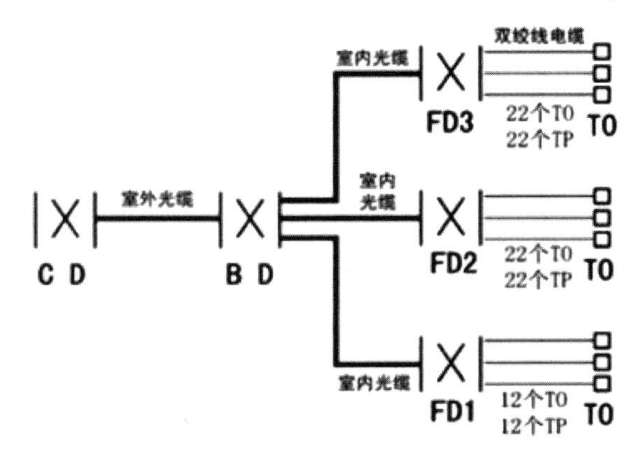

图 10-3-6

(1)图中|×|表示＿＿＿＿＿＿＿＿＿＿＿＿。

(2)图中口表示＿＿＿＿＿＿＿＿＿＿＿＿，可以选择单口或双口网络插座。

(3)图中—表示＿＿＿＿＿＿＿＿＿＿＿＿，CD-BD 为 4 芯单模室外光缆，BD-FD 为 4 对双纹线电缆，FD-T0 为＿＿＿＿＿＿＿＿＿＿＿＿。

(4)此项目用到了哪些布线方式？

知识拓展

综合布线系统的六大优势

1. 实用性

布线系统实施后，能满足现代通信技术的应用和未来通信技术的发展，以一套标准电

(光)缆系统满足语音、图像、数据传输的要求,并可以用于综合数字业务网,即在系统中能实现语音通信、数字通信、图像通信以及多媒体信息的通信。

2. 灵活性

由于综合布线系统采用了物理星形结构,布线系统能满足灵活应用的要求,即在任何一个信息插座上都能连接不同类型的终端设备,如个人计算机、可视电话机、双音频电话机。可视图文终端、G3或G4类传真机等。

3. 模块化

布线系统中,除去敷设在建筑物内的铜芯或光缆外,其余所有接插件都是积木式标准件,以方便维护人员的管理和使用。

4. 兼容性

传统布线中,建筑群内的语音和数据线路布线的规格不同,配线接插件型号各异,使各个子系统布线互不相容。如要添加新的终端设备,需重新铺线,并且要添加新的接插件,这不仅耗时,还浪费资源。对于综合布线系统不存在以上问题,因为它将语音、数据信号和配线统一设计规划,采用标准的传输介质。信息接插件等,将不同的信号传输线综合到一套标准布线系统中。

5. 可靠性

由于传统布线各子系统之间互不兼容,故一个建筑物内多种布线方式并存,导致不同方式布线件交叉干扰,这样整个系统的可靠性降低。而PDS布线采用了高品质的材料和组合压接方式构成一套高标准的信息网络,所有线缆与器件均通过国际标准,保证了PDS的电气性能。PDS全部使用物理星形拓扑结构,任何一条线路产生故障都不会影响其他线路,从而提高了可靠性;各系统采用相同传输介质,互为备用,又提高了备用冗余。

6. 开放性

对于传统布线,一旦选定了某种设备,也就选定了布线的方式和传输介质,如果要更换一种设备,原有的布线将全部被更换,而对已完工的布线做上述更换既麻烦又增加大量资金。而PDS布线由于采用开放式体系结构,符合国际标准,因此对现有的著名厂商的品牌均是开放的。当然,对通信也是开放的。

任务四　安全防范系统工程图识读

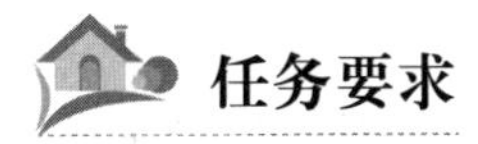

任务要求

1. 了解安全防范系统的定义。
2. 掌握安全防范系统的组成部分。
3. 会识读安全防范各子系统的工程图。

一、概述

1. 安全防范的定义

安全防范的定义：做好准备与保护，以应付攻击或避免受害，从而使被保护对象处于没有危险、不受威胁、不出事故的安全状态。

2. 安全防范系统的组成

(1)物防。即物理防范或称实体防范，它是由能保护防护目标的物理设施（如防盗门、窗、铁柜）构成，主要作用是阻挡和推迟罪犯作案，其功能以推迟作案的时间来衡量。

(2)技防。即技术防范，它是由探测、识别、报警、信息传输、控制、显示等技术设施组成，其功能是发现罪犯，迅速将信息传送到指定地点。

(3)人防。即人力防范，是指能迅速到达现场处理警情的保安人员。

3. 安全防范系统的主要内容

(1)防盗报警系统。它是用探测装置对建筑内外重要地点和区域进行布防，在探测到有非法侵入时，及时向有关人员示警。

(2)出入口控制。就是对建筑物内外正常的出入通道进行控制管理，并指导人员在楼内及其相关区域的行动。

(3)访客对讲系统。是指在高层住宅楼或居住小区，设置能为来访客人与居室中的人们提供双向通话或可视通话和住户遥控入口大门的电磁开关，及向安保管理中心紧急报警的功能，也可向“110”报警的对讲系统。

(4)闭路电视监视系统。是指在重要的场所安装摄像机，它提供了利用电子眼直接监视建筑内外情况的手段，使保安人员在控制中心可以监视整个大楼内外的情况，从而大大加强了保安的效果。

(5)电子巡更系统。是按设定程序路径上的巡更开关或读卡器，使保安人员能够按照预定的顺序在安全防范区域内的巡视站进行巡逻，可同时保障保安人员以及大楼的安全。

(6)停车场综合管理系统。是指实现汽车出入口通道管理、停车计费、车库内外行车信号指示、库内车位空额显示诱导等功能的系统。

二、门禁对讲控制系统图的识读

住宅小区楼宇对讲系统有可视型与非可视型两种基本形式。对讲系统把楼宇的入口、住户及小区物业管理部门三个方面的通信包含在同一网络中,成为防止住宅受非法入侵的重要防线,有效地保护了住户的人身和财产安全。

楼宇对讲系统是采用计算机技术、通信技术、CCD摄像即视频显像技术而设计的一种访客识别的智能信息管理系统。

楼门平时总处于闭锁状态,避免非本小区人员未经允许进入楼内。本楼内的住户可以用钥匙或密码开门、自由出入。当有客人来访时,需在楼门外的对讲主机键盘上按出被访住户的房间号,呼叫被访住户的对讲分机,接通后与被访住户的主人进行双向通话或可视通话。通过对话或图像确认来访者的身份后,住户主人允许来访者进入,就用对讲分机上的开锁按键打开大楼入口门上的电控门锁,来访客人便可进入楼内。

住宅小区的物业管理部门通过小区对讲管理主机,对小区内各住宅楼宇对讲系统的工作情况进行监视。如有住宅楼入口门被非法打开或对讲系统出现故障,小区对讲管理主机会发出报警信号和显示出报警的内容和地点。

小区楼宇对讲系统的主要设备有对讲管理主机、门口主机、用户主机、电控门锁、电源等相关设备。对讲管理主机设置在住宅小区物业管理部门的安全保卫值班室内,门口主机设置安装在各住户大门内附件的墙上或门上。

室内安防子系统以家庭防盗报警系统为主,主要探测器有门磁开关、主动红外探测器、紧急按钮,另外还有燃气探测器等用于检测火警的探测器。

1. 对讲门禁系统的框架图(图10-4-1)

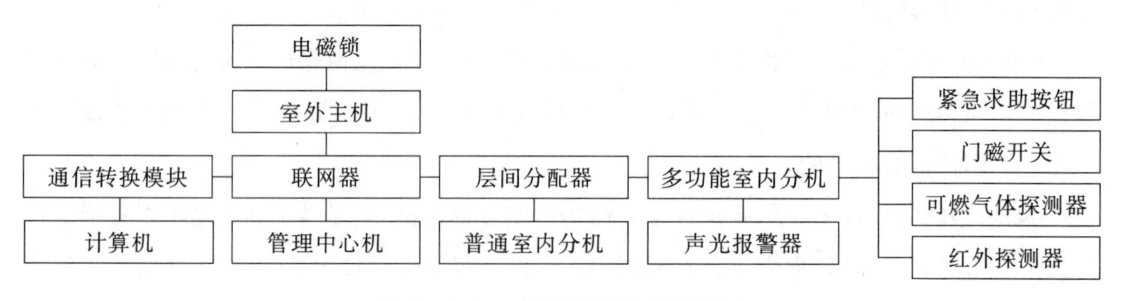

图10-4-1　对讲门禁系统的框架图

2. 对讲门禁系统的系统图的识读

某住户对讲门禁系统的系统图，如图10-4-2所示。该楼宇对讲系统为联网型可视对讲系统。用户室内设置一台可视对讲电话分机和一台非可视对讲电话分机。单元门口设置一台可视单元门口主机，住户可通过刷卡和密码开启单元门。可通过门口主机实现在单元门口与住户的呼叫与对讲。从图10-4-2中可以看出，视频信号线采用SYV75-3-1，信号线采用RVVP2×0.2mm^2，电源线采用RV0.4mm^2。

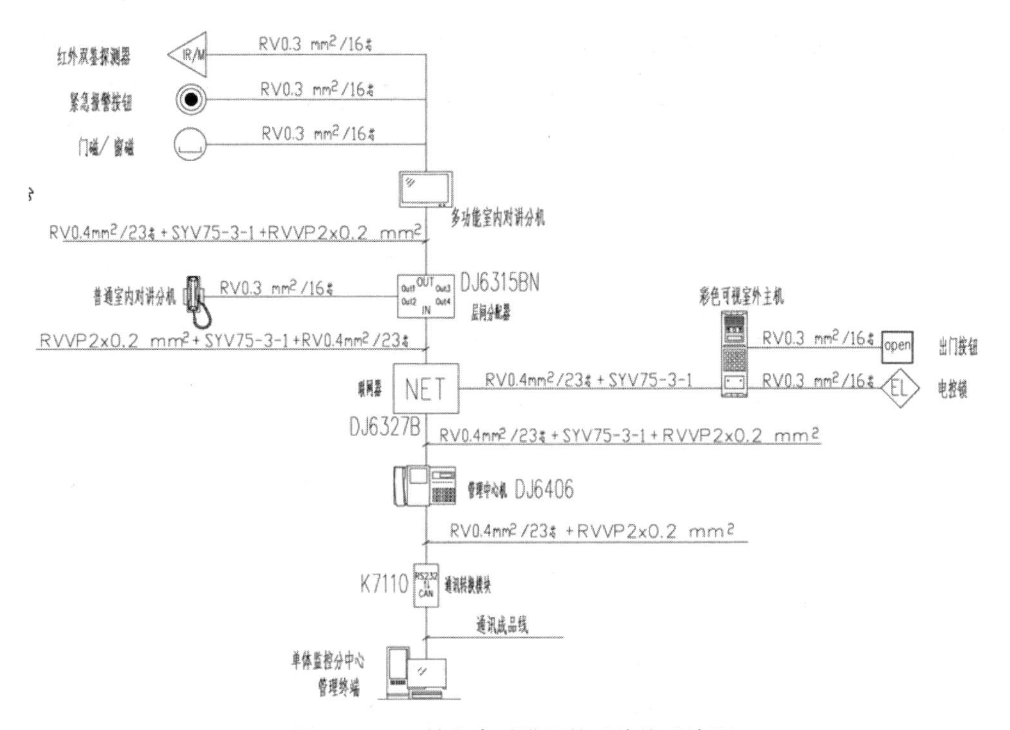

图10-4-2　某住户对讲门禁系统的系统图

三、视频监控系统图的识读

监控系统由摄像、传输、控制、显示、记录登记等5大部分组成。摄像机通过同轴视频电缆、网线、光纤将视频图像传输到控制主机，控制主机再将视频信号分配到各监视器及录像设备，同时可将需要传输的语音信号同步录入到录像机内。通过控制主机，操作人员可发出指令，对云台的上、下、左、右的动作进行控制及对镜头进行调焦变倍的操作，并可通过控制主机实现在多路摄像机及云台之间的切换。利用特殊的录像处理模式，可对图像进行录入、回放、处理等操作，使录像效果达到最佳。

1. 视频监控系统的工作原理

监控是各行业重点部门或重要场所进行实时监控的物理基础，管理部门可通过它获得有效数据、图像视频监控系统原理图或声音信息，对突发性异常事件的过程进行及时的监视和记忆，用以提供高效、及时的指挥、布置警力、处理案件等。随着当前计算机应用的迅速发展和推广，全世界掀起了一股强大的数字化浪潮，各种设备数字化已成为安全防护的首要目标。数码监控报警的性能特点：监控画面实时显示，录像图象质量单路调节功能，每路录像速度可分别设置，快速检索，多种录像方式设定功能，自动备份，云台/镜头控制功能，网络传输等。

加装时间发生器，将时间显示叠加到图像中。在线路较长时加装音视频放大器以确保音视频监控质量。适用范围：银行、证券营业场所、企事业单位、机关、商业场所内外部环境、楼宇通道、停车场、高档社区家庭内外部环境、图书馆、医院、公园。视频监控系统的工作原理图，如图10-4-3所示。

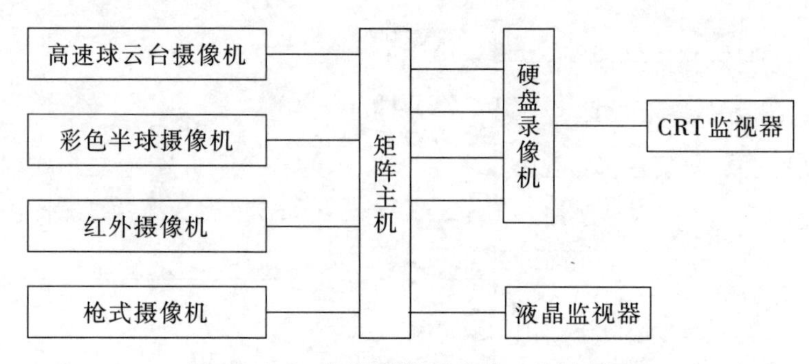

图10-4-3 视频监控系统的工作原理图

2. 视频监控系统的组成设备

视频监控系统产品包含光端机、光缆终端盒、云台、云台解码器、视频矩阵、硬盘录像机、监控摄像机、镜头、支架。视频监控系统组成部分包括监控前端、管理中心、监控中心、PC客户端及无线网桥。各组成部分的说明如下。

(1)监控前端。用于采集被监控点的监控信息，并可以配备报警设备。

①普通摄像头+视频服务器。普通摄像头可以是模拟摄像头，也可以是数字摄像头。原始视频信号传到视频服务器，经视频服务器编码后，以TCP/IP协议通过网络传至其他设备。

②网络摄像头。网络摄像头是融摄像、视频编码、Web服务于一体的高级摄像设备，内嵌了TCP/IP协议栈，可以直接连接到网络。

(2)管理中心。承担所有前端设备的管理、控制、报警处理、录像、录像PC机回放、用户管理等工作。各部分功能分别由专门的服务器各司其职。

(3)监控中心。用于集中对所辖区域进行监控，包括电视墙、监控客户终端群。系统中可以有一个或多个监控中心。

(4)PC客户端。在监控中心之外，也可以由PC机接到网络上进行远程监控。

(5)无线网桥。无线网桥用于接入无线数据网络,并访问互联网。通过无线网桥,可以将IP网上的监控信息传至无线终端,也可以将无线终端的控制指令传给IP网上的视频监控管理系统。常用的无线网络为CDMA网络。

3. 某建筑电视监控系统图的识读

某建筑的电视监控及报警系统图,如图10-4-4所示。此建筑为地下1层,地上6层,监控中心设置在1层。监控室统一提供给摄像机、监视机及其他设备所需要的电源,并由监控室操作通断。1层安装13台摄像机,2层安装6台摄像机,其余楼层各安装2台摄像机。视频线采用SYV-75-5,电源线采用BV-2×1.5,摄像机通信线采用RVVP-2×1.0(带云台控制另配一根RVVP-2×1.0)。视频线、电源线、通信线共穿25mm的PC管暗敷设。系统在1层、2层设置了安防报警系统,入侵报警主机安装在监控室内。2层安装了4只红外、微波双鉴探测器,吸顶安装。1层安装了9只红外、微波双鉴探测器,3只紧急呼叫按钮,1只警铃。

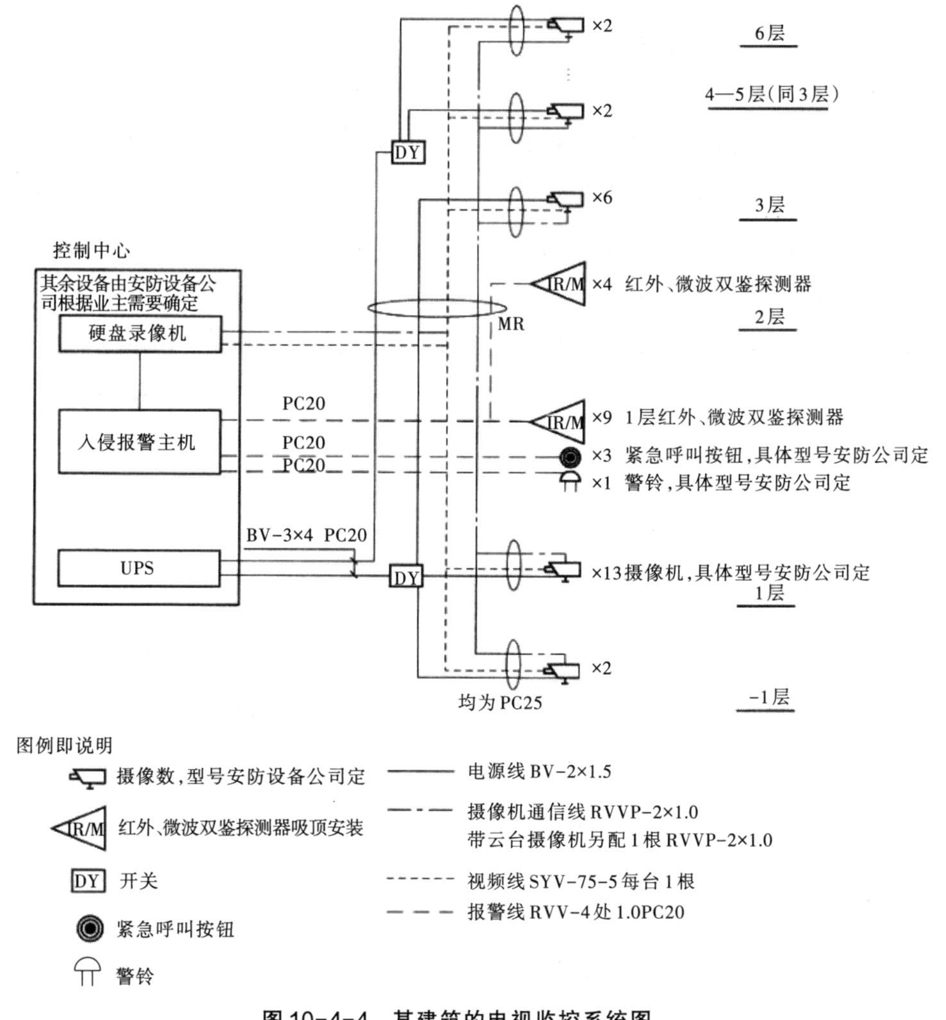

图10-4-4 某建筑的电视监控系统图

四、停车场管理系统图的识读

停车场管理系统是通过计算机、网络设备、车道控制设备搭建的一套对停车场车辆出入、场内车流引导、收取停车费进行管理的网络系统。它是专业车场管理公司必备的工具。它通过采集记录车辆出入记录、场内位置,实现车辆出入和场内车辆的动态和静态的综合管理。前期系统一般以射频感应卡为载体,目前使用广泛的光学数字镜头车牌识别方式代替传统射频卡计费,通过感应卡记录车辆进出信息,通过管理软件完成收费策略实现、收费账务管理、车道设备控制等功能。

车道控制设备是停车场系统的关键设备,是车辆与系统之间数据交互的界面,也是实现友好的用户体验的关键设备。所以很多人就直接把车道控制设备理解成停车场系统,很多专业设备提供商也在介绍材料中把两者混淆。实际上,车道控制设备只是属于停车场管理系统的一个模块单元,两者有本质区别。

1. 停车场管理系统的组成

停车场管理系统配置包括停车场控制机、自动吐卡机、远程遥控、远距离卡读感器、感应卡(有源卡和无源卡)、自动道闸、车辆感应器、地感线圈、通信适配器、摄像机、传输设备、停车场系统管理软件等。这种系统有助于公司企业、政府机关等对内部车辆和外来车辆的进出进行现代化的管理,对加强企业的管理力度和提高公司的形象有较大的帮助。

3. 停车场管理系统图识读

某一进一出停车场的系统图,如图10-4-5所示。系统主要设备有出入口读卡机、电动

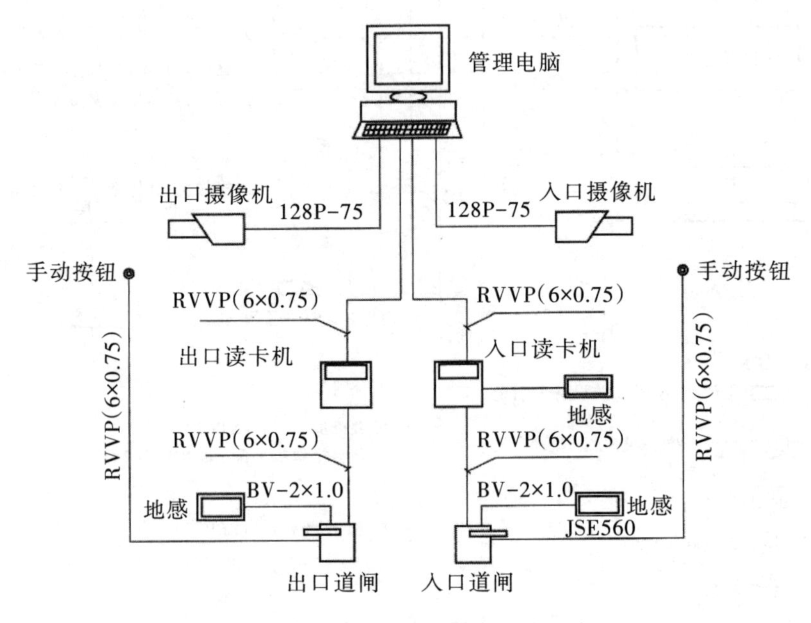

图10-4-5　某一进一出停车场的系统图

栏杆、地感线圈、出入口摄像机、手动按钮、管理电脑等。出入口道闸可以手动和自动抬起、落下。管理电脑和读卡机之间,读卡机和道闸之间均采用RVVP-6×0.75线缆。地感和道闸之间采用BV2×1.0线缆,手动按钮和道闸之间采用RVVP-6×0.75线缆;管理电脑和摄像机之间采用128P-75的视频电缆。停车场自动管理系统平面图,如图10-4-6所示。图10-4-6中显示了停车场自动管理系统各设备之间的电气联系。

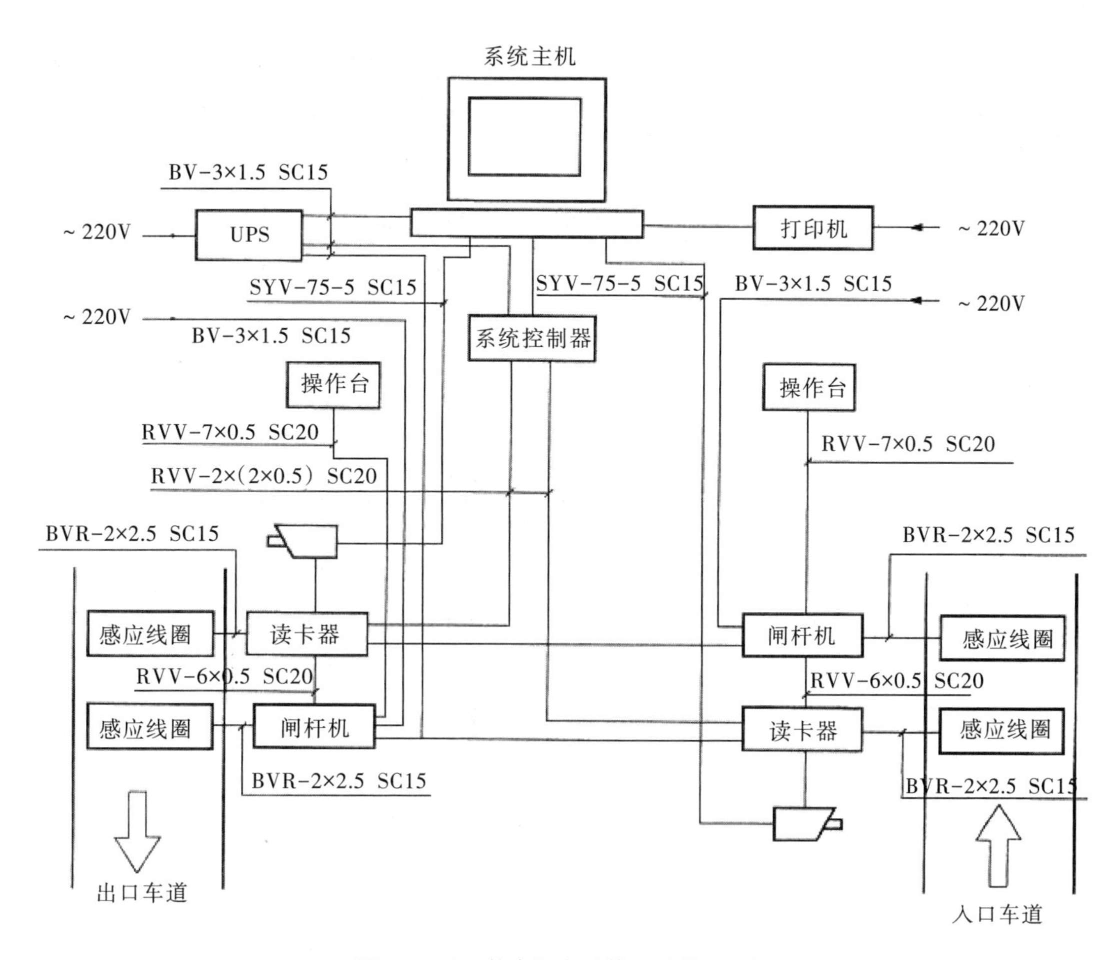

图10-4-6　停车场自助管理系统平面图

五、防盗报警系统工程图的识读

防盗报警系统的设备一般分为前端探测器和报警控制器。如图10-4-7所示。报警控制器是一台主机,如电脑的主机一样,用来控制包括有线/无线信号的处理。系统本身故障的检测、电源部分、信号输入、信号输出、内置拨号器等方面,一个防盗报警系统中,报警控制器是必不可少的。前端探测器包括门磁开关、玻璃破碎探测器、红外探测器和红外/微波双鉴器、紧急呼叫按钮。

1. 防盗报警系统的组成

第一道安全防线：由周界防范报警系统构成，以防范翻围墙和周边进入社区的非法入侵者。采用感应线缆或主动红外线对射器。

第二道安全防线：由社区监控系统构成，对出入社区和主要通道上的车辆、人员及重点设施进行监控管理。配合小区报警系统和周界防护系统对现场情况进行监控记录，提高报警响应效率。

第三道安全防线：由保安巡逻管理系统构成，通过住宅区保安人员对住宅区内可疑人员、事件进行监管。配合电子巡更系统，确保保安人员的巡逻到位，实现小区物业的严格管理。

第四道安全防线：由联网型楼宇可视对讲系统构成，可将闲杂人员拒之梯口外，防止外来人员四处游窜。

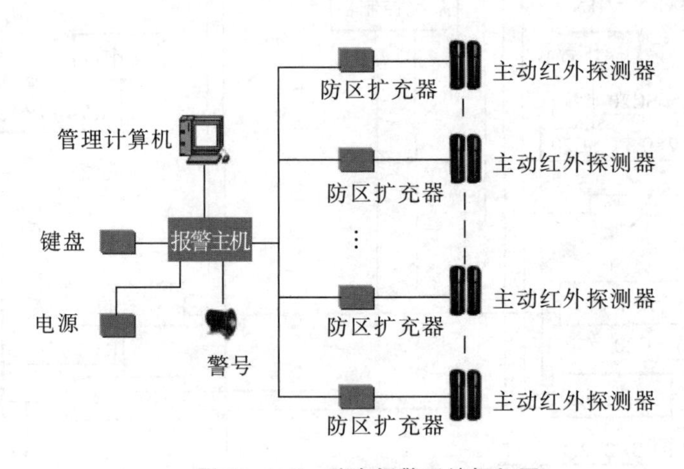

图 10-4-7　防盗报警系统框架图

2. 防盗报警系统工程图的识读

某建筑防盗报警系统图，如图10-4-8所示。图10-4-8中一些图形符号可参考表10-1-2。该建筑的防盗报警系统布防在1—4层。1层共设置了8个探测点，分别为2个电子振动探测器、2个栅栏探测器、2个玻璃破碎探测器、2个声控探测器。同时还有10个无线巡更按钮。各个探测器将探测信号发送至收集器，再送至安防控制中心。2层设置了18个探测点，分别为3个吸顶双鉴探测器、3个门磁开关、3个紧急按钮开关、3个玻璃破碎探测器、1个振动分析仪，并连接6个振动探测器。3层共20个探测点，4层共25个探测点。1—3层每层安装了1台收集器和1台电源，4层因探测点较多，因此安装了2台收集器和与其配套的电源装置。通过系统图可以看出，各层收集器的电源由控制室UPS供给，使用RVV3×1.5绝缘线，收集器至控制主机的通信线采用RVVP2×1.0线。收集器到双鉴探测器、吸顶双鉴探测器、玻璃破碎探测器、红外探测器、骰波探测器、电子振动探测器等均使用RVV×0.5线或者使用RVV4×0.5线；到振动探测器、紧急按钮、门磁开关、栅栏探测器等均使用RVV2×0.5线；声控探测器则使用RVVP3×0.75线，警号采用RVVP3×0.75线。

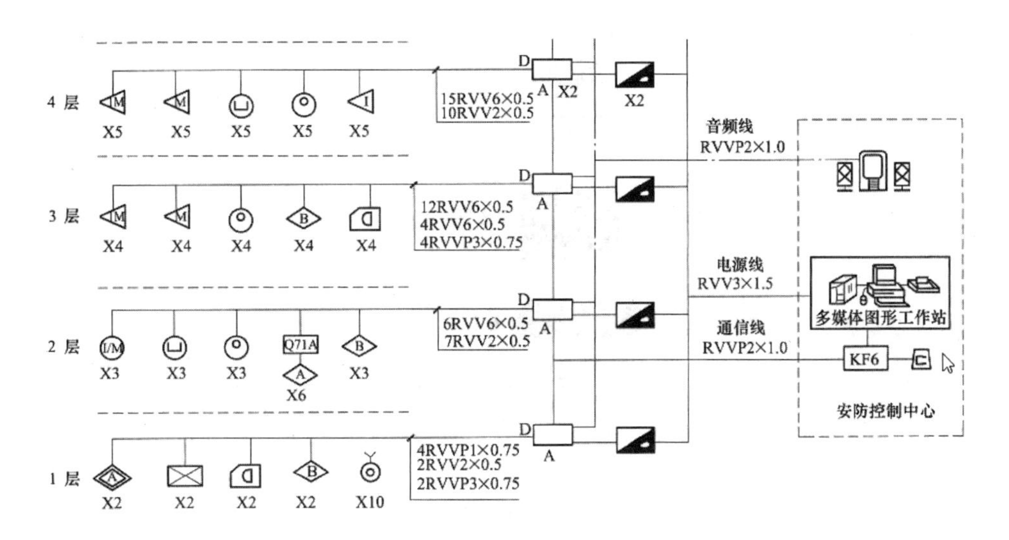

图10-4-8　某建筑防盗报警系统图

六、巡更系统图的识读

1. 电子巡更系统的定义

电子巡更系统是一种采用先进的自动识别技术，将巡逻人员在巡更巡检工作中的时间、地点及情况自动准确记录下来，对巡逻人员的巡更巡检工作进行科学化、规范化管理的系统。它是治安管理中人防与技防相结合的一种有效的、科学的管理方案。

2. 电子巡更系统的主要组成

(1)巡更器(数据采集器)，又名巡更棒、巡检器。

(2)通信座(数据下载转换器)，又名传输器。

(3)巡更点(信息标识器)。

(4)管理软件。

3. 电子巡更系统的工作原理

将巡更点安放在巡逻路线的关键点上，保安在巡逻的过程中用随身携带的巡更棒读取自己的信息码，然后按线路顺序读取巡更点，在读取巡更点的过程中，如发现突发事件可随时读取事件点，巡更棒将巡更点编号及读取时间保存为一条巡逻记录。定期用通信座(或通信线)将巡更棒中的巡逻记录上传到计算机中。管理软件将事先设定的巡逻计划同实际地巡逻记录进行比较，就可得出巡逻漏检、误点等统计报表，通过这些报表可以真实地反映巡逻工作的实际完成情况。

4. 电子巡更系统的示意图

电子巡更系统的示意图,如图 10-4-9 所示。

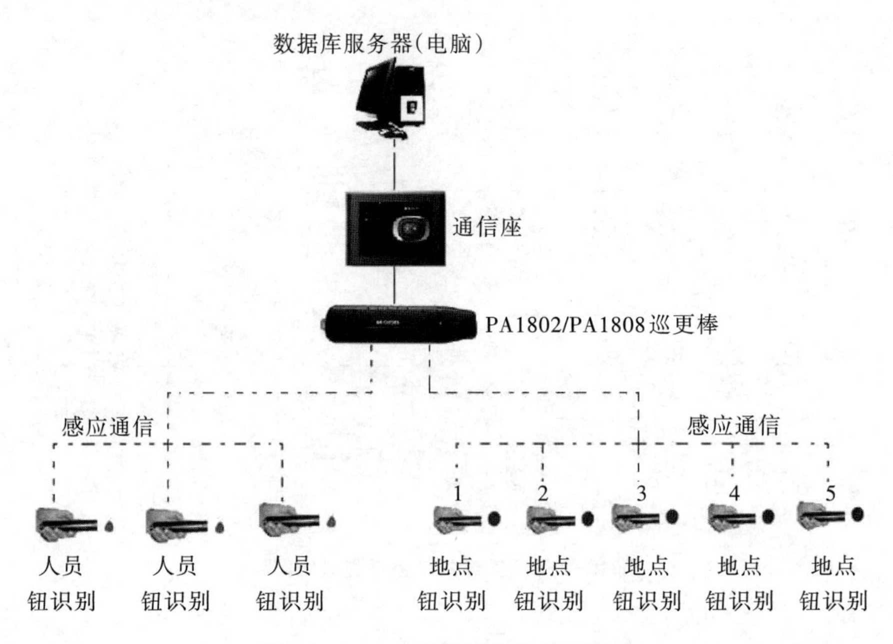

图 10-4-9　电子巡更系统的示意图

说一说

说一说安全防范的各个子系统的内容及其作用。

想一想

想一想如何识读安全防范各子系统工程图。

练一练

1. 电子巡更系统由__________、__________、__________、__________四部分组成。

2. 安全防范系统的三个环节是__________、__________、__________。

3. 视频监控系统由__________、__________和__________三部分组成。

4. 说出防盗报警系统的前端探测设备有哪些,试着举几个例子。

5. 如图 10-4-10 所示是某小区安全防范系统的结构图,试说出:(1)安全防范系统的工作原理;(2)安全防范各个子系统工程图的识读要点。

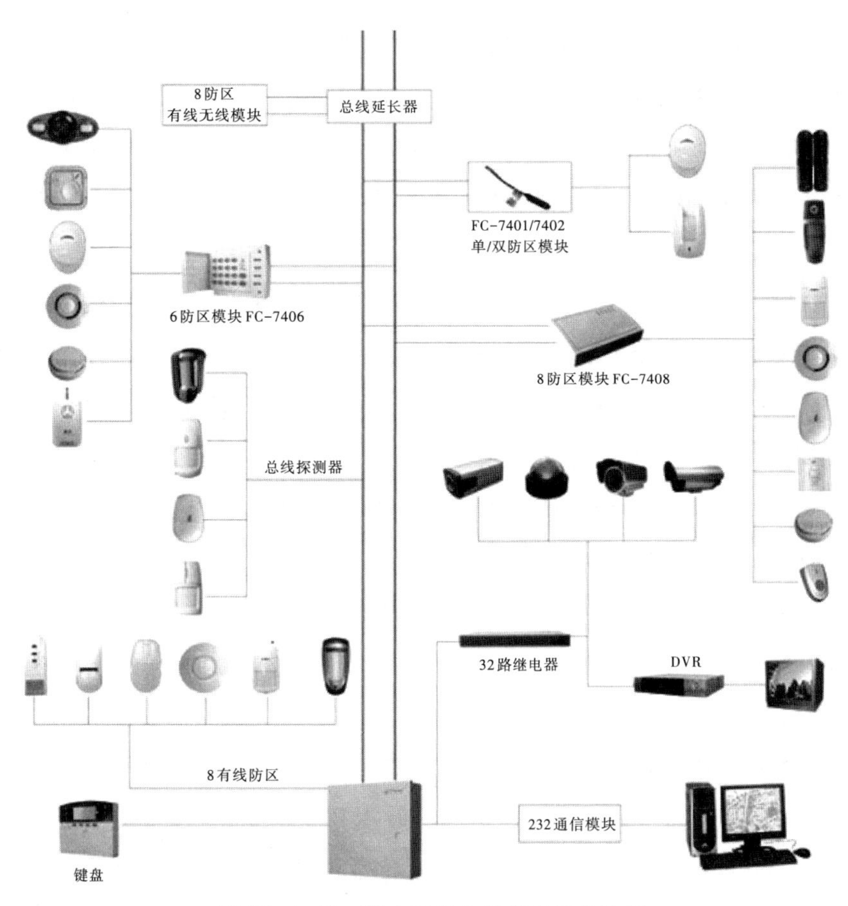

图 10-4-10　某小区安全防范系统结构图

知识拓展

智能建筑与弱电系统

智能建筑是时代的必然产物，建筑智能化程度随科学技术的发展而逐步提高。将4C技术综合应用于建筑物之中，在建筑物内建立一个计算机综合网络，使建筑物智能化。智能建筑的目标是：应用现代4C技术构成智能建筑结构与系统，结合现代化的服务与管理方式给人们提供一个安全、舒适的生活、娱乐、学习与工作环境空间。

1. 智能建筑的发展过程

1984年1月，美国联合科技集团的UTBS公司在康涅狄格州哈伏特市建成了世界上第一座智能大厦，它是由一座旧金融大厦改建而成的都市大厦。在这座3层高，总建筑面积达10万多平方米的建筑里，客户不必自己添置设备，便可获得语言通信、文字处理、电子邮件、市场行情信息、科学计算和情报资料检索等服务。此外，大厦实现了自动化综合管理，楼内的空调、供水、防火、防盗供配电系统等均由电脑控制，使客户真正感到舒适、方便和安全，因此引起各国的重视和仿效,发达国家和某些发展中国家纷纷开始智能建筑的建设。

在2000年"中国建筑智能化论坛"上,欧洲智能建筑集团执行主席Alan Kell先生介绍了他们开发的Interger智能屋,它包括结构的革新、可持续材料、绿色技术、智能系统、房间的朝向、形状和外形等五个方面。在亚洲,新加坡政府为推广智能建筑,拨巨资进行专项研究,计划将新加坡建成"智能城市花园"。此外,印度也于1995年起在加尔各答的盐湖开始建设"智能城"。中国台湾的智能大楼起步较早,1989年竣工最多,1991年已建成约1300栋,其中有233栋具有较高智能化,以台北市密度最高,台北101大厦是中国台湾乃至世界智能大楼的典范。中国香港智能建筑建得也较早,相继出现了汇丰银行大厦、立法会大厦、中银大厦等一批智能化程度较高的智能建筑。

智能建筑的发展也带动和促进了相关行业的发展,建筑制冷机组、电梯、变配电、照明等系统设备的控制系统的智能化程度越来越高。智能建筑正在成为建筑革命的先声,成为21世纪的重要产业部门,乃至成为一个国家科学技术、文化发展水平的重要标志,也是未来建筑的重要标志。

2. 智能建筑的未来发展趋势

第一,智能化小区及数字化社区。近年来智能大楼的概念引入了居住小区,智能化居住小区发展非常迅速,目前在大城市几乎所有的新建的居住小区都对智能化提出了需求,随着住宅建设的发展,对智能化数字化的需求越来越高。实际上,从发展远景上看,网络建设的前途无限光明,智能住宅小区建设方兴未艾,充满无限生机。

第二,智能建筑的节能和绿色环保。如何采用高科技的手段,节约能源和降低污染应成为智能建筑永恒的话题,在某种意义上,智能建筑也可称为生态智能建筑或绿色智能建筑,生态智能建筑就应该处理好人、建筑和自然三者之间的关系,它既要为人创造一个舒适的空间环境,同时又要保护好周围的大环境,绿色智能建筑则要符合"安全、舒适、方便、节能、环保"的原则。

第三,开放式的智能化建筑。智能建筑是一个动态的、发展的系统,开放式系统的智能大厦能够不断吸收新的技术,更新旧的设备,从而使整个智能化系统设施运行得更好。

第四,智能建筑的个性化。个性化设计就是坚持以大系统、动态运行的角度进行建筑对象和使用对象的系统分析,针对特定建筑的具体需求,根据系统运行状态,深入细节地进行设计。以大系统的角度进行个性化设计就是贴近环境的差异性,贴近用户能力差异性,贴近应用的差异性,还要贴近管理差异性,对不同管理模式采取不同设计,细化到对同一幢建筑里不同功能区域的差异性。

项目十一　施工图识图专项实训

该项目以砌体结构的社区居委会拆迁安置楼2#(具体图纸见图11-1-1—图11-1-11)为例,综合运用前面所学的知识,全面、系统地介绍建筑施工图的基本内容、识图步骤和方法。

一、建筑施工图的基本内容

1. 平面图

包括首层标准层、顶层平面图。平面图须有纵横向定位轴线,外墙、内墙、隔墙的位置与厚度,门窗的位置、编号、洞口宽度和门的开启方式,首层平面须标注室外地坪标高、散水、明沟、台阶、坡道、花台等的位置和平面尺寸剖切号和指北针,各层平面均应标注楼地面标高,楼梯中间平台标高,阳台板面标高,楼梯上下行线和步数,阳台的宽度与长度,烟道、通风道、垃圾道及固定设备(如洗池、浴盆、坐便器、灶台、壁橱、雨水管、消防栓箱、配电箱等)的位置。

2. 立面图

包括正立面、背立面、侧立面图。立面图上须反映门窗的形状、开启方式和标高,楼地面标高,室外地坪标高,门廊雨篷、阳台、檐口、水箱间等的标高,端部和转折处轴线号,外装修的材料做法和分仓线、雨水管位置。

3. 剖面图

包括横剖面、纵剖面和局部剖面图,基础部分属结构部分不予表示。剖面图须有轴线位置与编号,窗台、门窗过梁、圈梁、楼板、檐口、台阶、梯段等的竖向尺寸,层高、总高、地面、楼面、屋面的材料做法。

4. 屋顶平面图

屋顶的檐口轮廓线,端部及转折处的轴线号,烟囱、通风口、上入孔、天沟、女儿墙、雨水口等的位置,排水分水线、汇水线、坡向、坡度。

5. 详图

对尺寸较小构造较复杂的非标准设计部位须放大比例绘制,并详尽标注尺寸,如楼梯、门廊、檐口、吊顶、美术地面、卫生间、异型门窗等。

6. 其他

设计说明、工程做法汇总、门窗统计表等。

二、识图步骤

1. 粗略全览整套图纸,对建筑有个整体了解。

2. 粗读各层平面图,了解建筑的总长、总宽、总面积、单元分割、套类型,门窗、楼梯及各项设施的位置和尺寸。

3. 照立面图上的线条了解在平面图上的构造做法。

4. 根据平面图上所示的剖切位置及方向精读剖面图。通过剖面图辨认墙柱的受力特点,了解过梁、圈梁、梁板与墙体的关系。

5. 据索引号指定的位置查阅详图,了解详图所示的构造方法、材料和尺寸。

6. 精读屋顶平面图,了解排水方式、雨水口位置、分水线、汇水线的位置、坡度、坡向和防水材料做法。

7. 对照图纸的设计说明、工程做法和门窗表等资料,进一步理解设计意图,并记录图中的疑点、遗漏和错误。

砌体结构施工图的实例

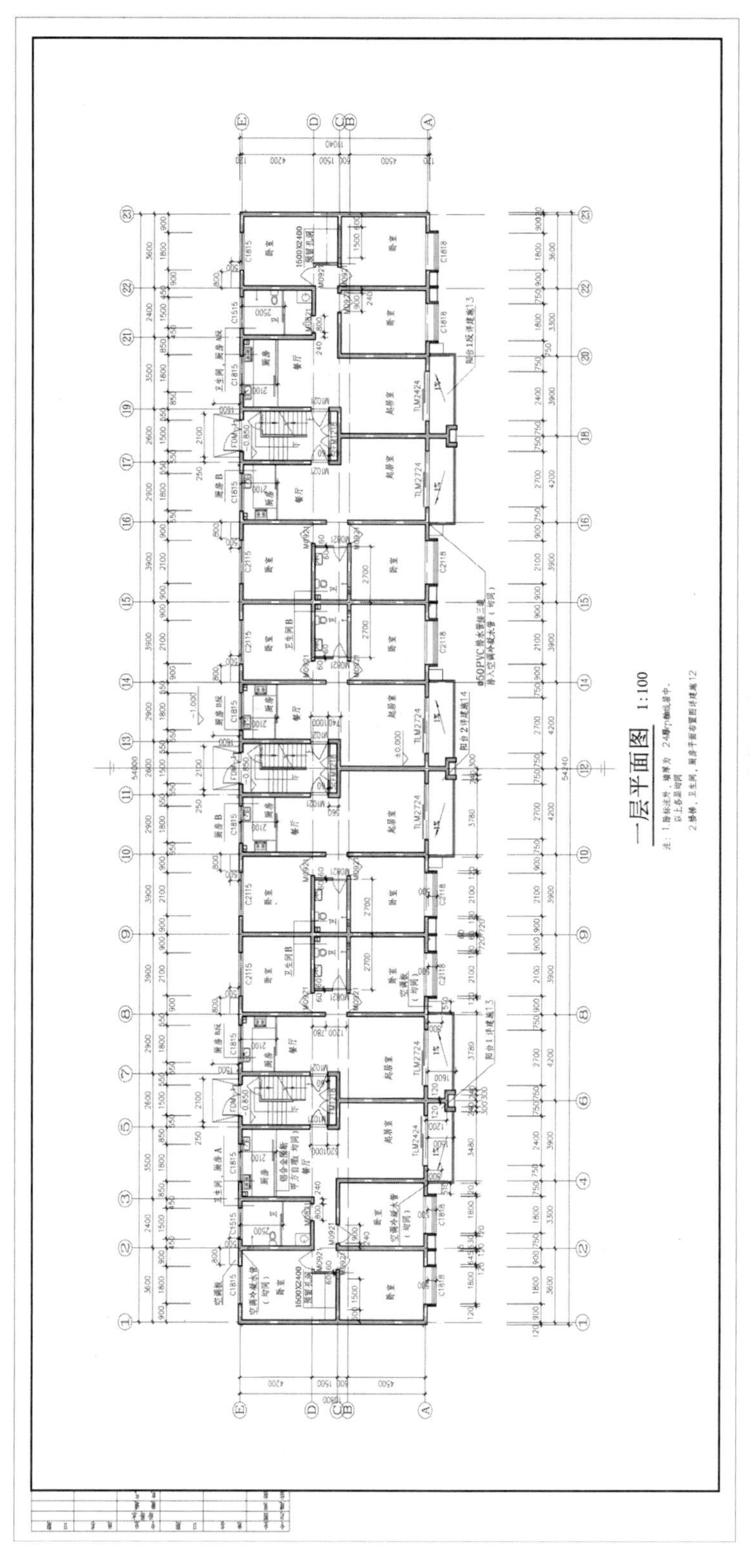

图 11-1-1　建筑设计说明

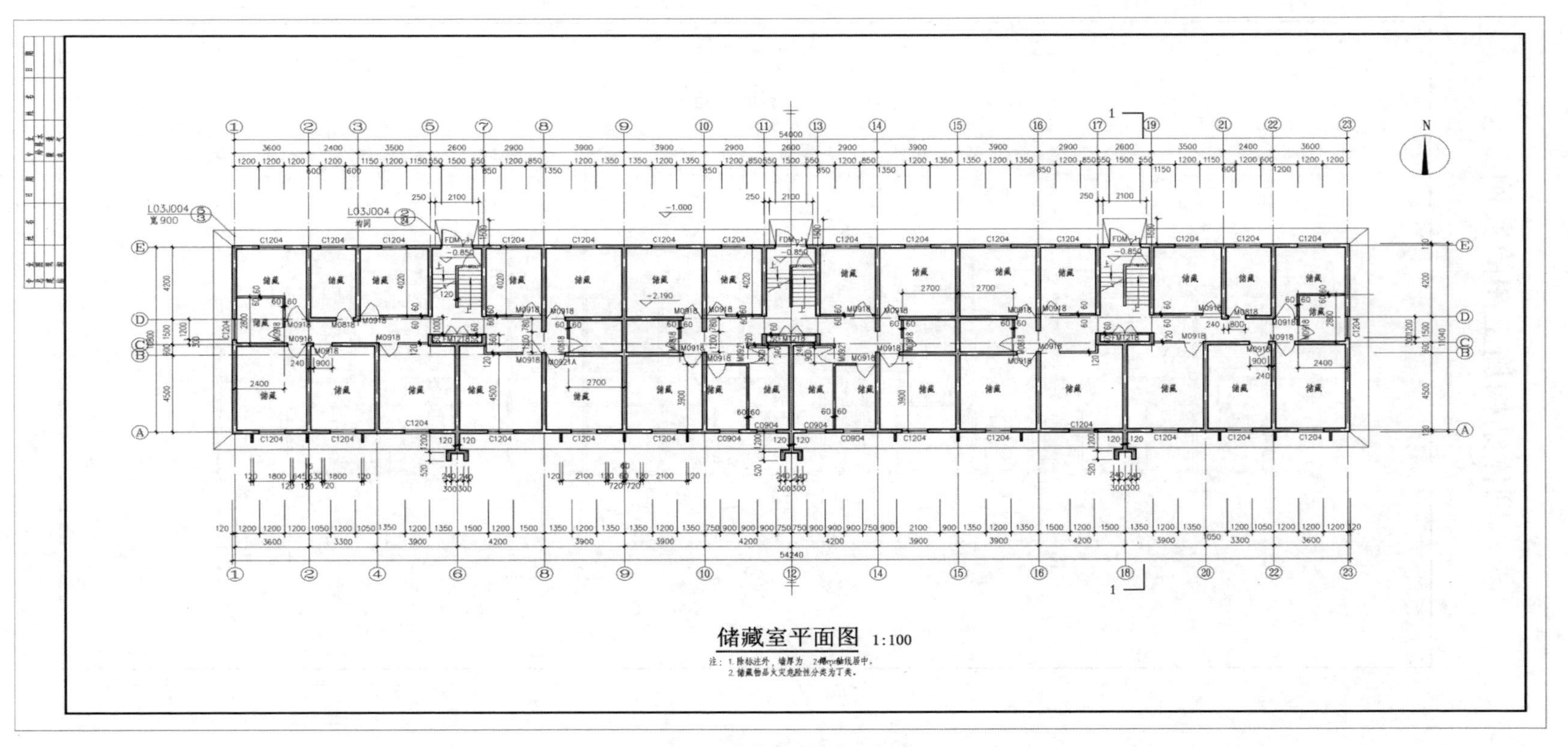

图 11-1-2 储藏室平面图

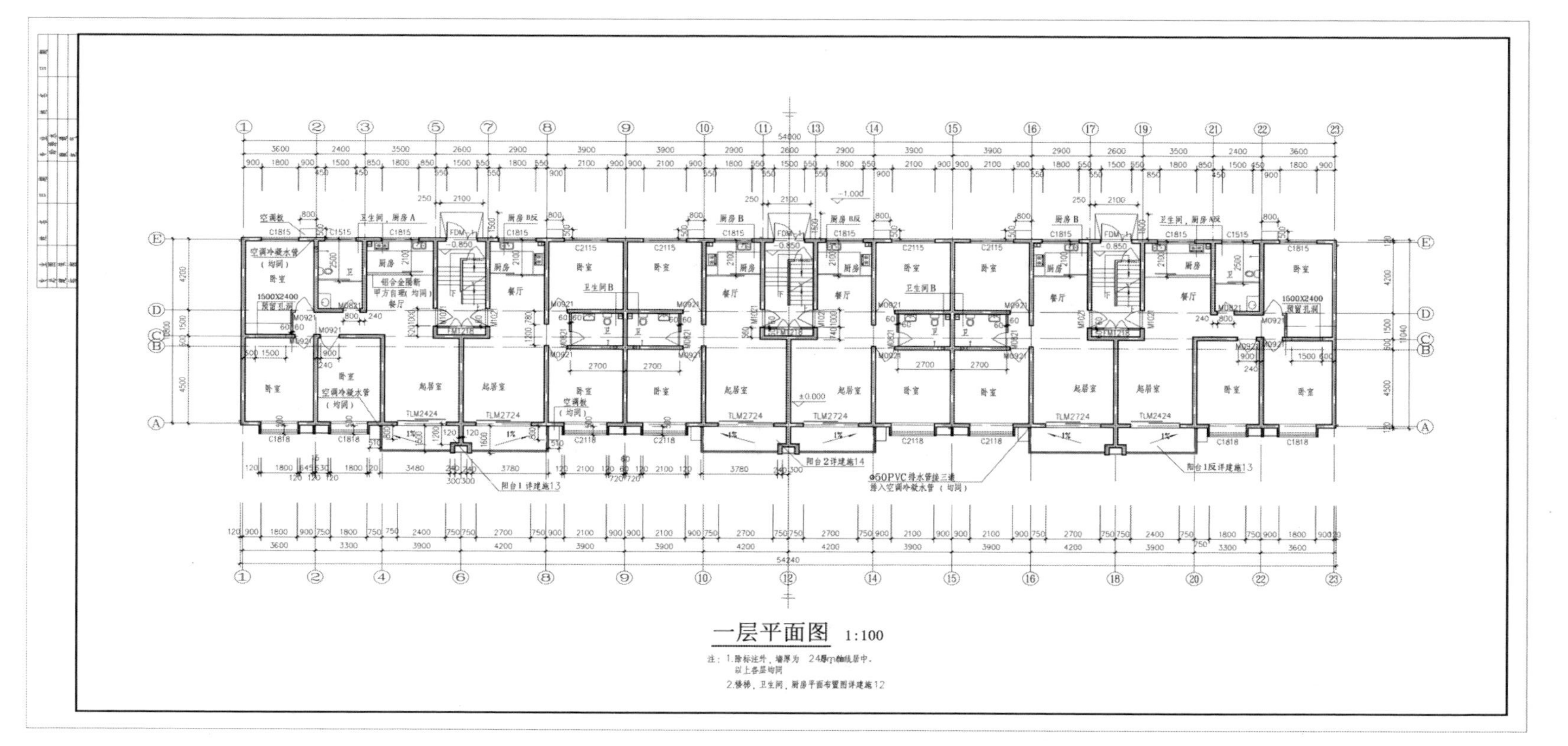
一层平面图　1:100
注：1.除标注外，墙厚为 24墙，轴线居中。
以上各层均同
2.楼梯，卫生间，厨房平面布置图详建施12
卧室
起居室
餐厅
厨房
卫生间B
54000
54240
±0.000
阳台2详建施14
阳台1详建施13
阳台1反详建施13
Φ50PVC排水管接三通
接入空调冷凝水管（均同）

图 11-1-3　一层平面图

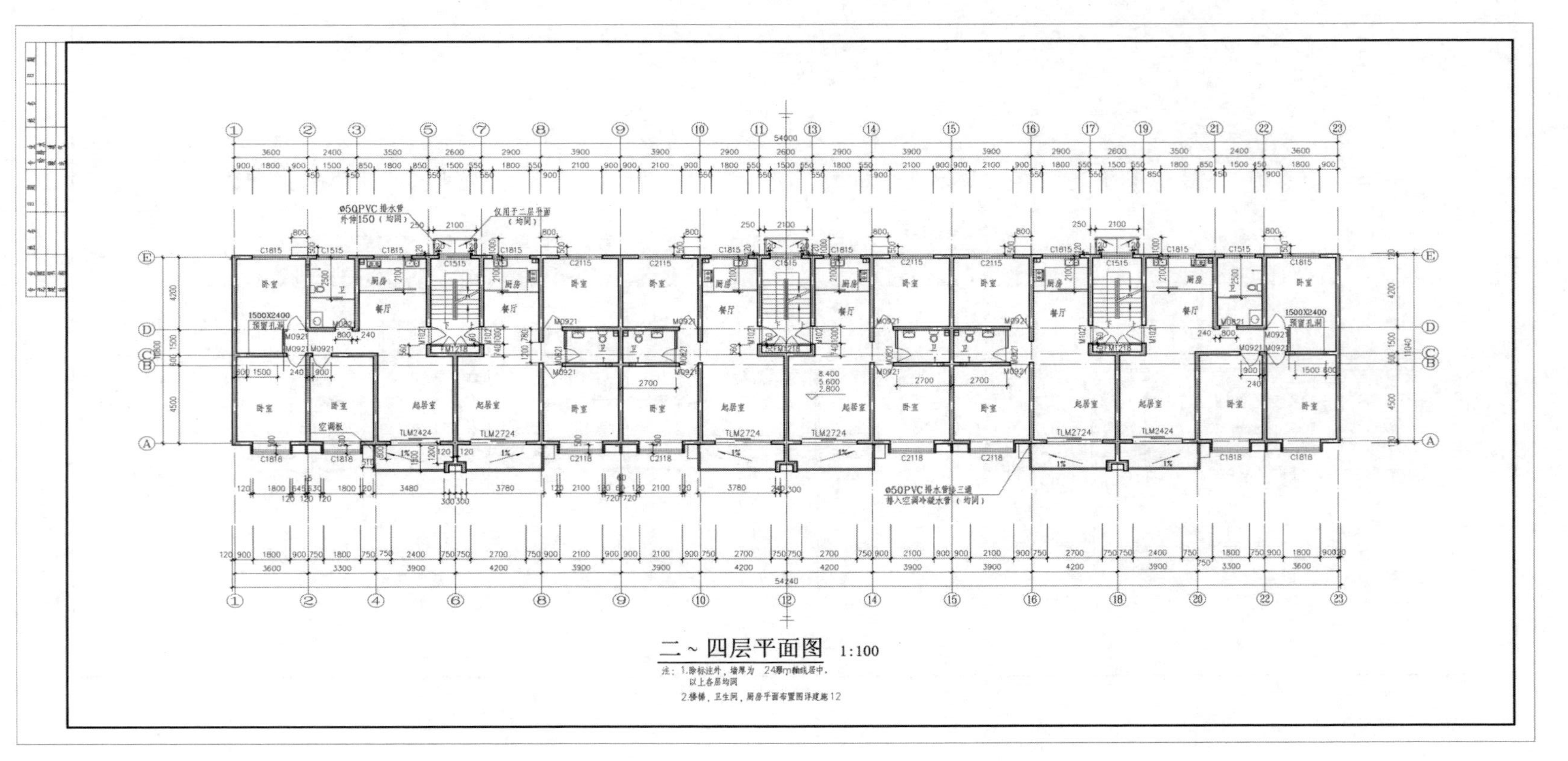

图 11-1-4　二～四层平面图

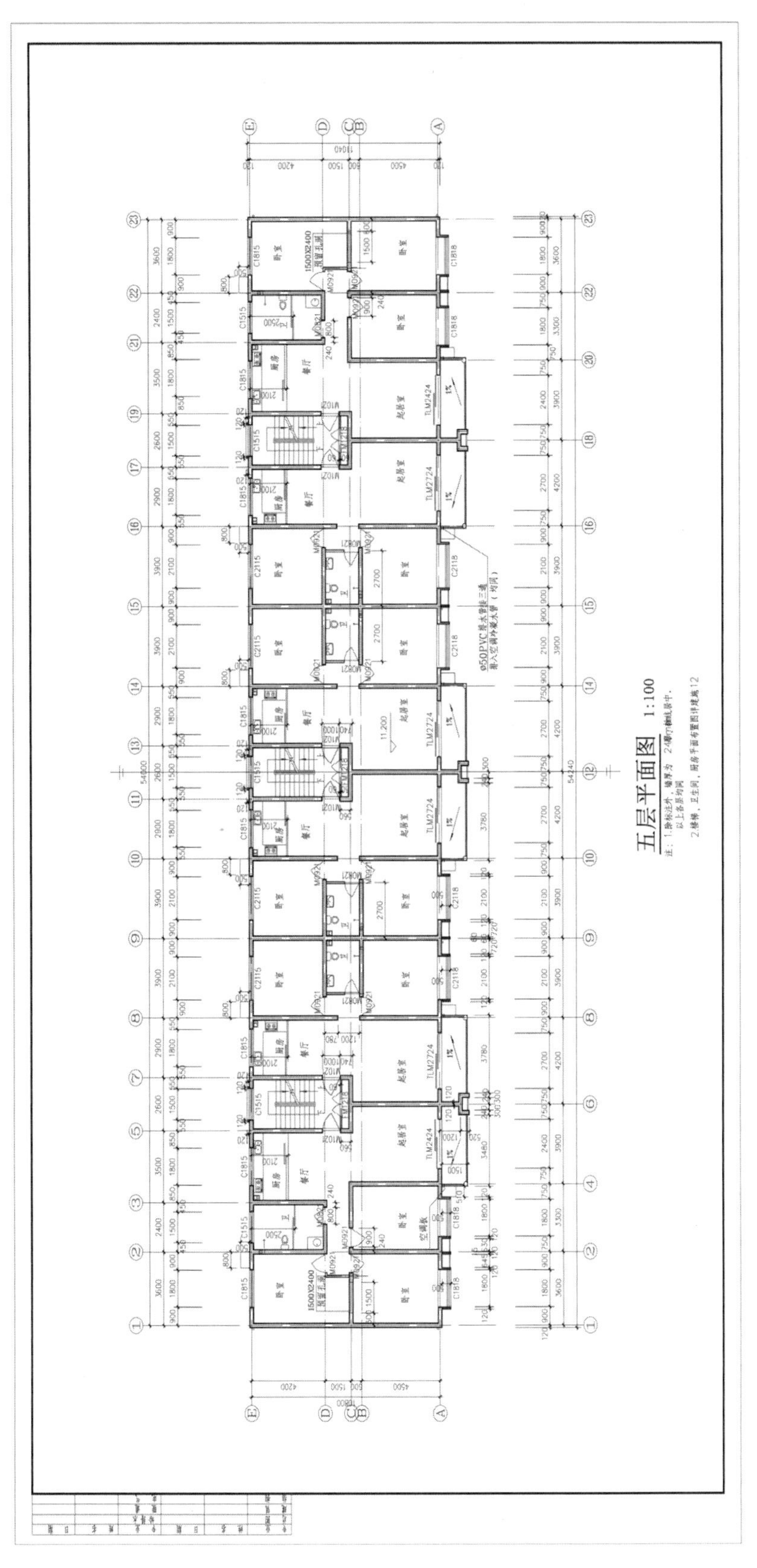

图 11-1-5 五层平面图

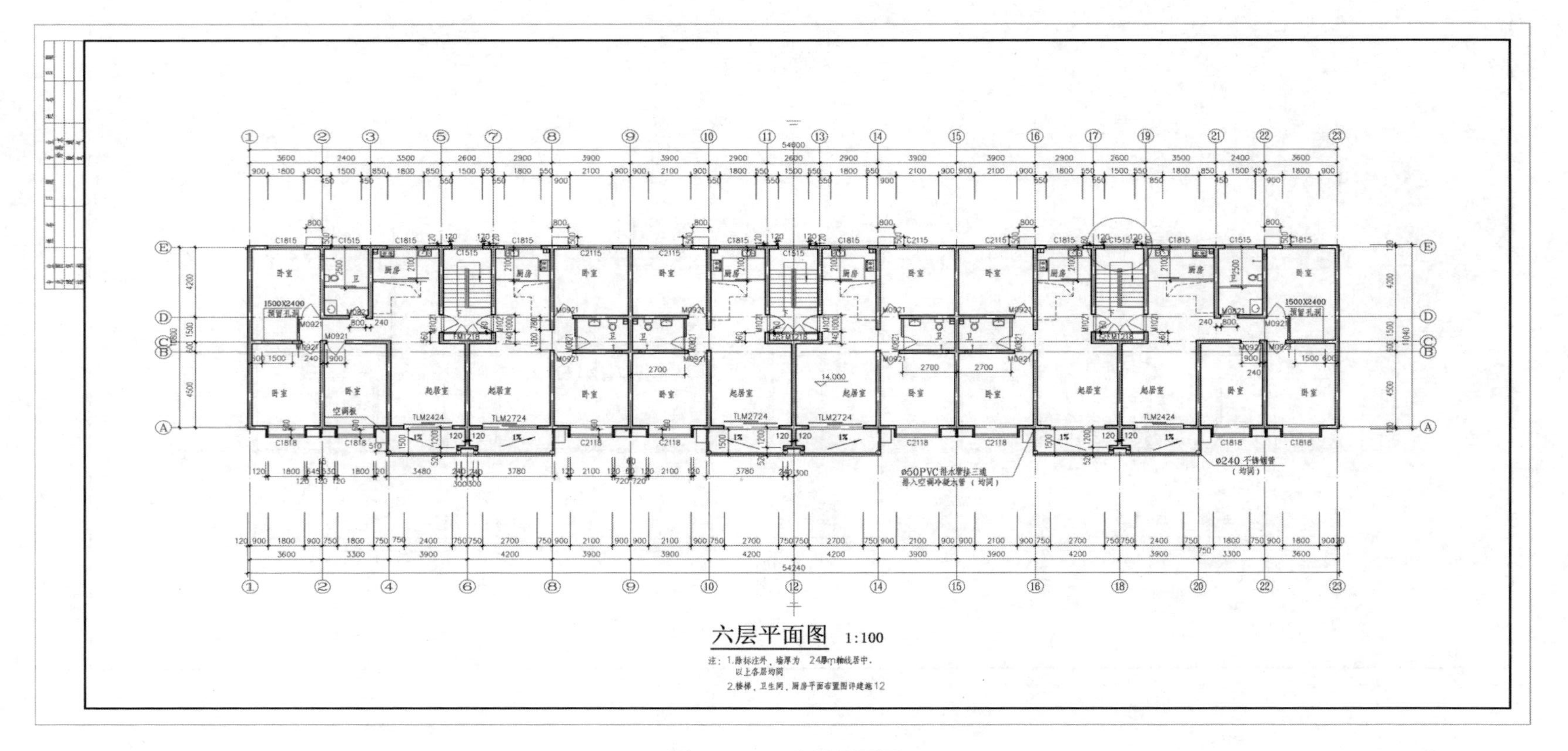
六层平面图 1:100
注：1.除标注外，墙厚为 240mm轴线居中，以上各层均同
2.楼梯，卫生间，厨房平面布置图详建施12

图11-1-6　六层平面图

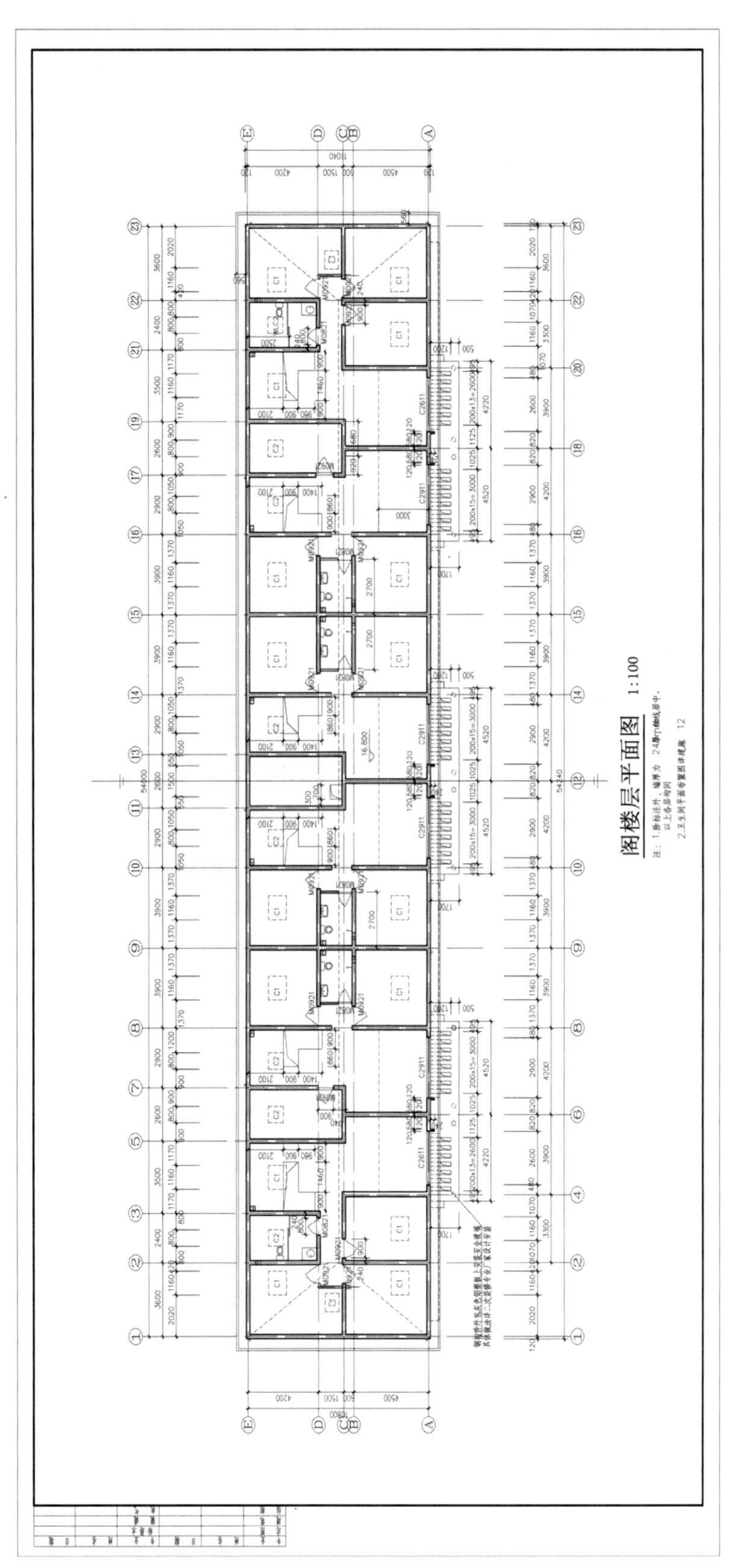

图 11-1-7　阁楼层平面图

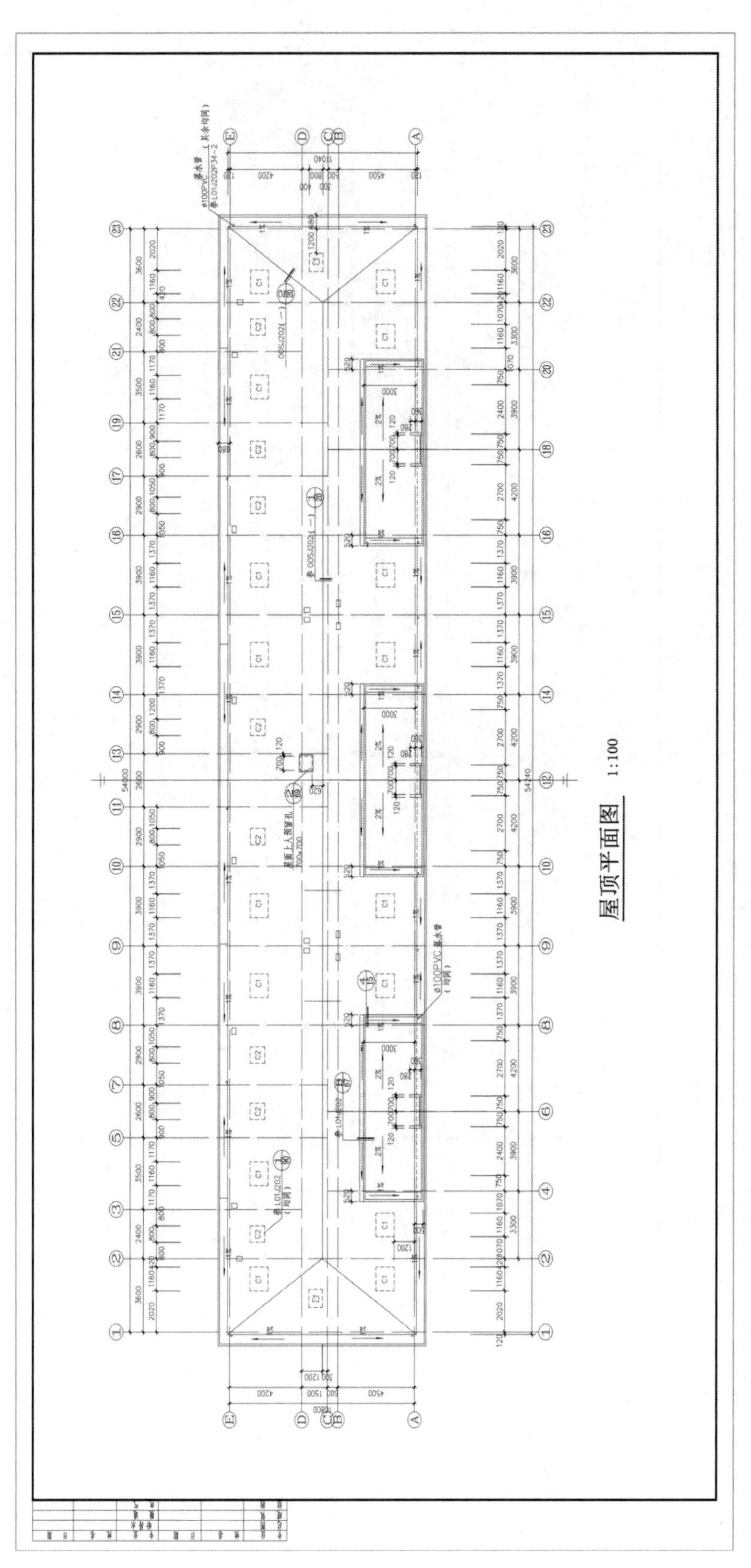

图11-1-8 屋顶平面图

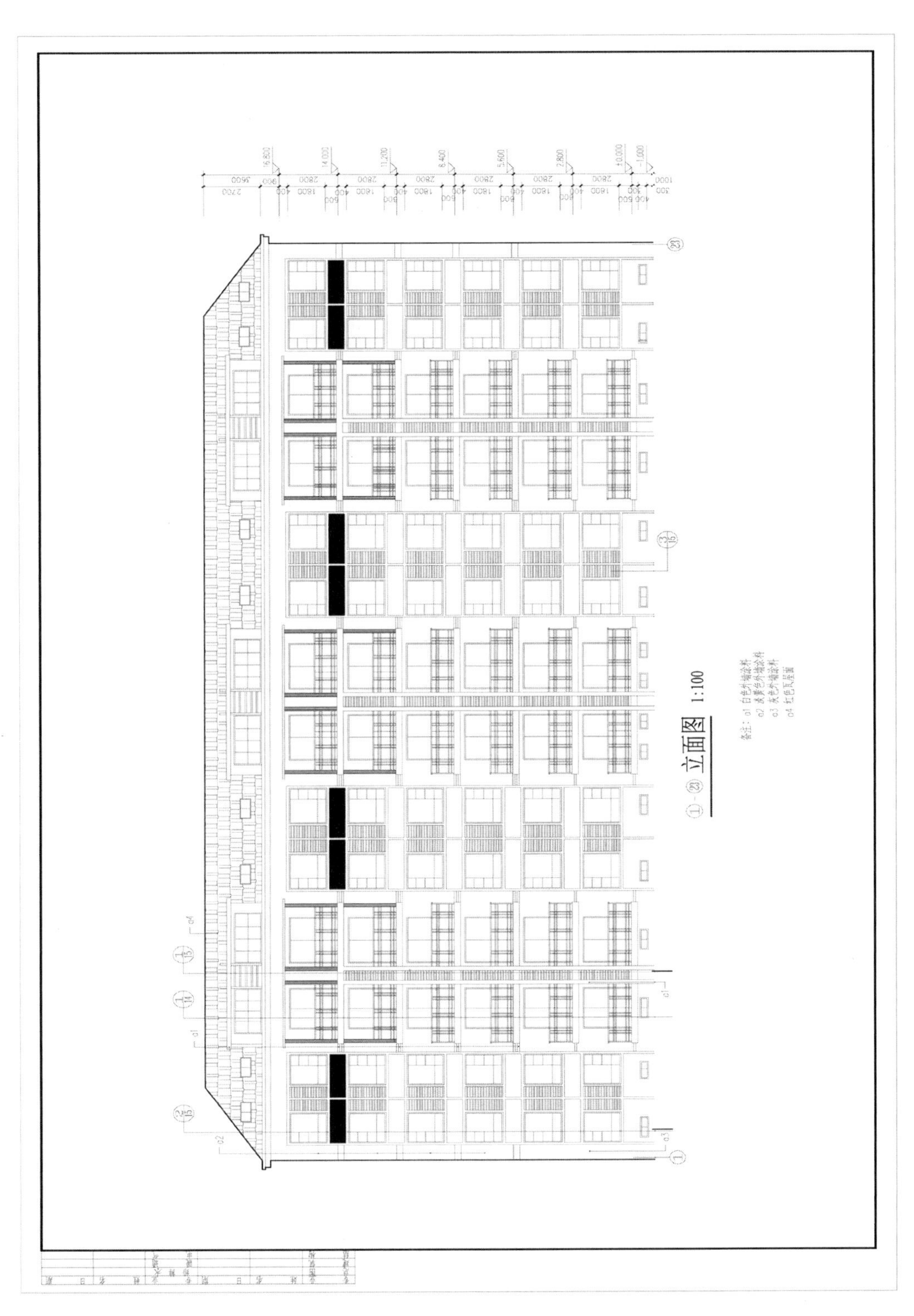

图11-1-9　①～㉓立面图

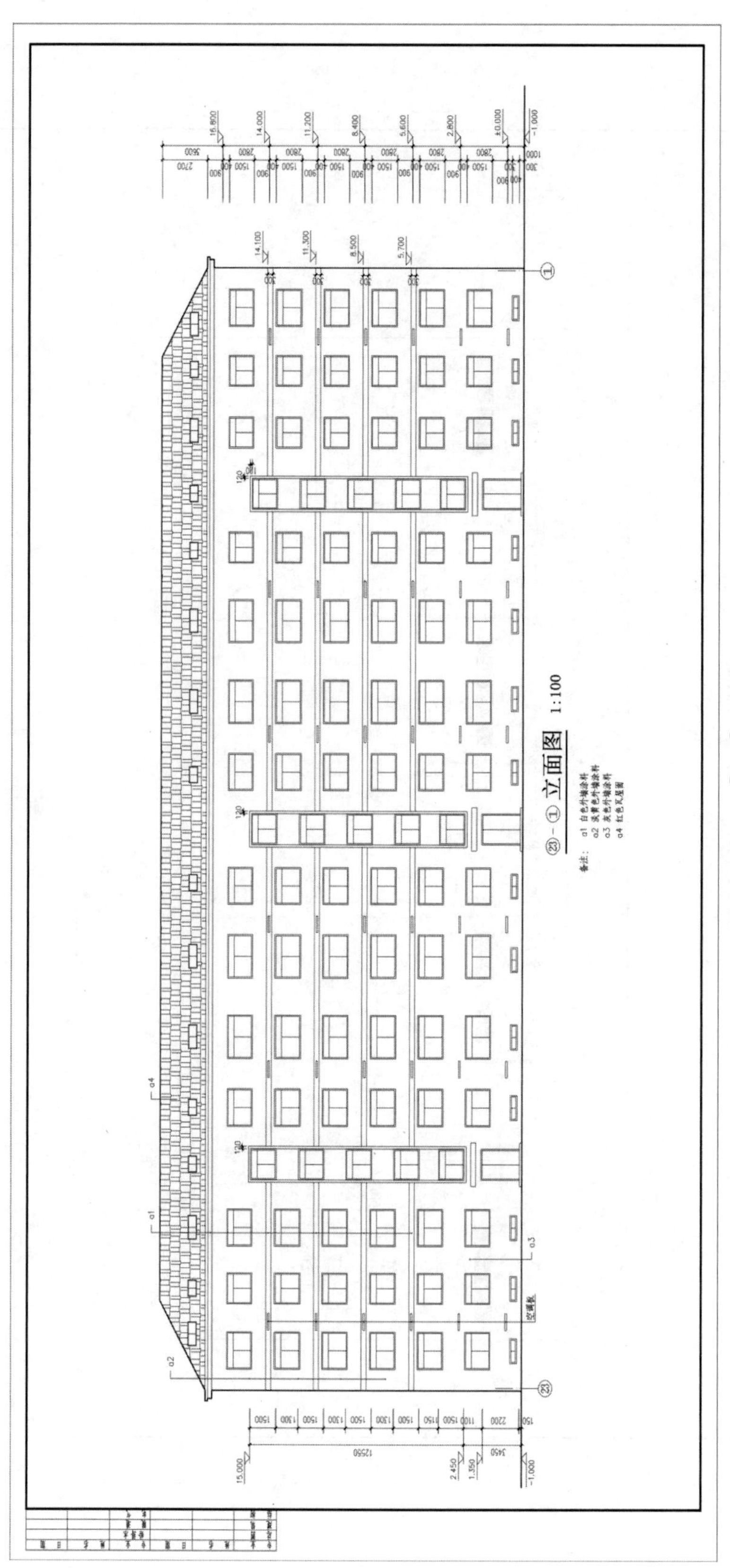

图11-1-10 ㉓~①立面图

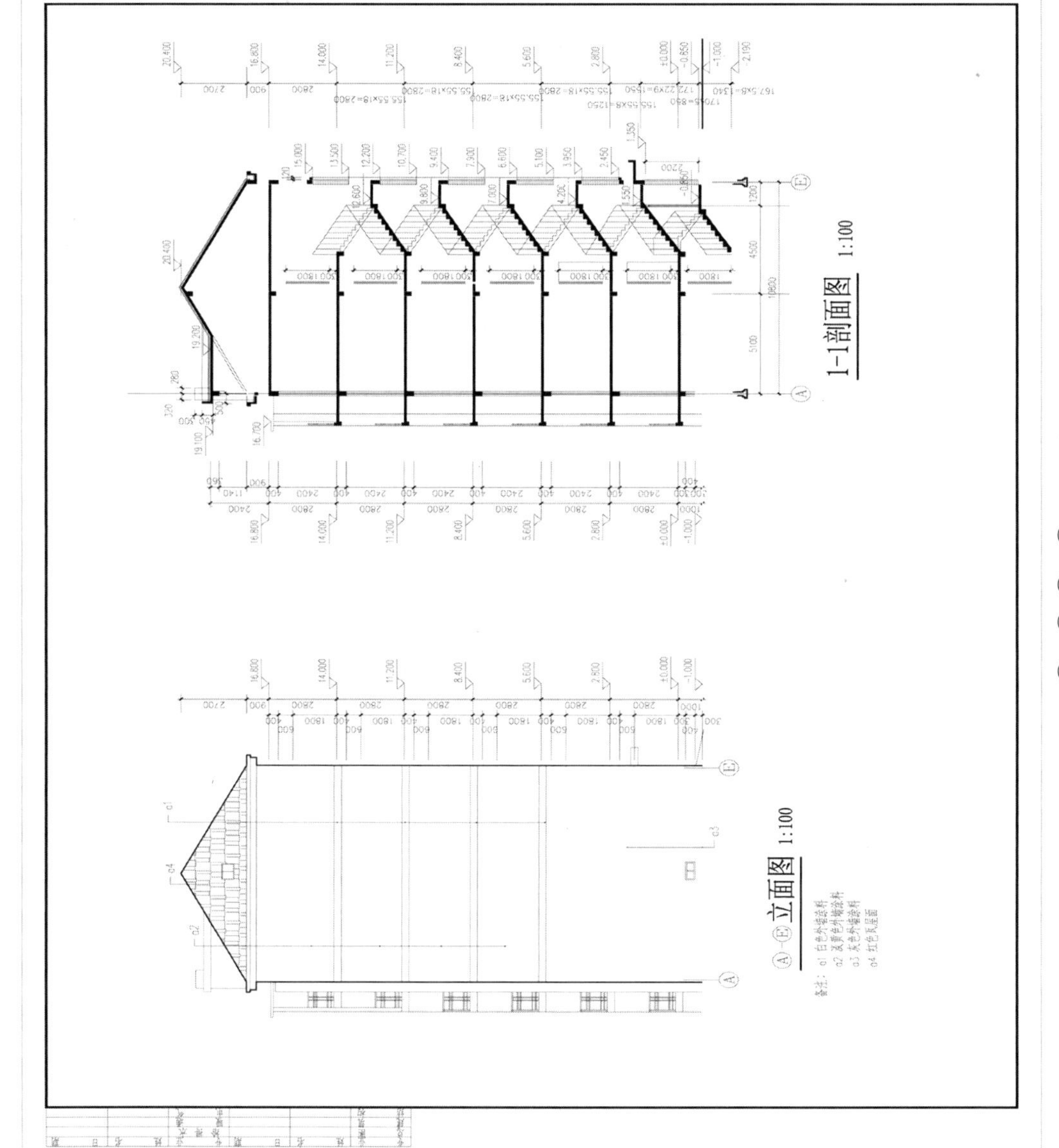

图 11-1-11　Ⓐ—Ⓔ、Ⓔ—Ⓐ立面图和 1-1 立面图

附录

受拉钢筋基本锚固长度、锚固长度和绑扎搭接长度的确定

受拉钢筋基本锚固长度、锚固长度和绑扎搭接长度的确定，见附表1—附表2。

附表1　受拉钢筋基本锚固长度l_{ab}、l_{abE}

钢筋种类	抗震等级	混凝土强度等级				
		C20	C25	C30	C35	C40
HPB300	一、二级(l_{abE})	45d	39d	35d	32d	29d
	三级(l_{abE})	41d	36d	32d	29d	26d
	四级(l_{abE}) 非抗震(l_{ab})	39d	34d	30d	28d	25d
HRB335 HRBF335	一、二级(l_{abE})	44d	38d	33d	31d	29d
	三级(l_{abE})	40d	35d	31d	28d	26d
	四级(l_{abE}) 非抗震(l_{ab})	38d	33d	29d	27d	25d
HRB400 HRBF400 RRB400	一、二级(l_{abE})	—	46d	40d	37d	33d
	三级(l_{abE})	—	42d	37d	34d	30d
	四级(l_{abE}) 非抗震(l_{ab})	—	40d	35d	32d	29d

附表2　受拉钢筋锚固长度l_a、抗震锚固长度l_{aE}

非抗震	抗震	注： 1. l_a不应小于200 2. 锚固长度修正系数ζ_a按附表3取用，当多于一项时可按连乘计算，但不应小于0.6 3. ζ_{aE}为抗震锚固长度修正系数，对一、二级抗震等级取1.15，对三级抗震等级取1.05，对四级抗震等级取1.00
$l_a = \zeta_a l_{ab}$	$l_{aE} = \zeta_{aE} l_a$	

说明：

（1）HPB300级钢筋末端应做180°弯钩，弯后平直段长度不应小于3d，但做受压钢筋时可不做弯钩。

（2）当锚固钢筋的保护层厚度不大于5d时，锚固钢筋长度范围内应设置横向构造钢筋，其直径不应小于d/4（d为锚固钢筋的最大直径）；对梁、柱等构件间距不应大于5d，对板、墙等构件间距不应大于10d，且均不应大于100（d为锚固钢筋的最小直径）。

（3）受拉钢筋锚固长度修正系数ζ_a，见附表3。纵向受拉钢筋绑扎搭接长度L_L、L_{LE}，见附表4。

附表3 受拉钢筋锚固长度修正系数

锚固条件		ζ_a	–
带肋钢筋的公称直径大于25		1.10	
环氧树脂涂层带肋钢筋		1.25	
施工过程中易受扰动的钢筋		1.10	
锚固区保护层厚度	3d	0.80	注：中间时按内插值，d为锚固钢筋直径
	5d	0.70	

附表4 纵向受拉钢筋绑扎搭接长度L_L、L_{LE}

纵向受拉钢筋绑扎搭接长度l_l、l_{lE}				注：1. 当直径不同的钢筋搭接时，l_l、l_{lE}按直径较小的钢筋计算 2. 任何情况下不应小于300mm 3. 式中ζ_l为纵向受拉钢筋搭接长度修正系数。当纵向钢筋搭接接头百分率为表的中间值时，可按内插取值
抗震	非抗震			
$l_{lE}=\zeta_l l_{aE}$	$l_l=\zeta_l l_a$			
纵向受拉钢筋搭接长度修正系数ζ_l				
纵向钢筋搭接接头面积百分率（%）	≤25	50	100	
ζ_l	1.2	1.4	1.6